高职高专通信技术专业系列教材

通信电缆、光纤光缆
——设计·制造·测试

俞兴明　编著

慕成斌　主审

西安电子科技大学出版社

内 容 简 介

本书共分为 7 章。第一章为通信线路概论，介绍了通信线路在通信网中的作用及国内外通信线路的发展历程；第二章为金属传输线的基本理论，为后续通信电缆知识的学习做铺垫；第三章和第四章分别介绍了数据通信用对绞电缆、射频同轴电缆的传输理论、性能指标、设计方法、制造技术及测试方法；第五、六、七章分别介绍了各种光纤光缆的性能、设计、制造及测试技术。

本书专业性较强，既有一定的通信传输线缆的理论分析，又有各类通信传输线缆的设计制造及测试技术的详细介绍，突出理论与实际的结合。

本书可作为普通高等院校及高职高专院校通信工程、电子信息工程专业的专业课教材，也可作为通信线缆制造企业员工及通信线路建设和维护技术人员的参考书。

图书在版编目(CIP)数据

通信电缆、光纤光缆：设计·制造·测试 /俞兴明编著. 一西安：
西安电子科技大学出版社，2020.9(2021.1 重印)
ISBN 978 - 7 - 5606 - 5480 - 5

Ⅰ. ① 通… Ⅱ. ①俞… Ⅲ. ①通信电缆—高等职业教育—教材 ②光导纤维—高等职业教育—教材 Ⅳ. ① TM248 ②TQ342

中国版本图书馆 CIP 数据核字(2019)第 252863 号

策划编辑 毛红兵
责任编辑 王 斌 毛红兵
出版发行 西安电子科技大学出版社(西安市太白南路 2 号)
电 话 (029)88242885 88201467 邮 编 710071
网 址 www.xduph.com 电子邮箱 xdupfxb001@163.com
经 销 新华书店
印刷单位 陕西日报社
版 次 2020 年 9 月第 1 版 2021 年 1 月第 2 次印刷
开 本 787 毫米×1092 毫米 1/16 印张 13.75
字 数 322 千字
印 数 501～2500 册
定 价 35.00 元

ISBN 978 - 7 - 5606 - 5480 - 5/TM

XDUP 5782001 - 2

序　言

　　21世纪人类进入了信息社会新时代，信息通信传输技术的开发和应用水平，已经成为一个国家综合国力的体现和国际竞争力的重要标志。通信电缆、光纤光缆作为通信网络传输媒质所取得的重大变革和技术发展进步，构筑了其在现代化通信网络中无可替代的主导地位。通信电缆、光纤光缆通信技术及产业的发展标志着一个国家基础信息架构的水平和实力，并成为国民经济增长不可或缺的动力源泉。

　　自从19世纪70年代磁石电话发明以来，有线传输经历了铜线（架空明线）、纸绝缘（纸绝缘电话电缆）、低频长途通信电缆、高频长途通信电缆，塑料绝缘（全塑市话电缆）、发泡塑料绝缘通信电缆（高频电缆、铁道信号综合缆、数字通信电缆（5、6、7、8类）等、同轴通信电缆（小同轴、中同轴、大同轴（射频电缆、漏泄同轴电缆））的时代。我国从20世纪四五十年代到六七十年代再到现在，基本经历了这样的发展历程。

　　自我国1977年研制出长度大于1 km、衰减小于20 dB/km的多模光纤，并使用其成功传输电视图像以来，国家通信业得到快速发展，光纤光缆技术和产业也得到了显著发展。光纤光缆产业自主创新，核心技术群体突破，不断发展壮大，成为我国通信网络建设、发展的支撑力量。遍布全国的光纤光缆传输网络，实现了我国传输媒介的重大变革，为我国通信事业的发展做出了重要的贡献。特别是20世纪80年代以来，我国已经可以规模生产符合市场需求的光纤和光缆产品，普通光缆，浅海、深海海洋工程光缆，电力通信OPGW、ADSS、FTTH，智能社区、数据中心等领域产品，都取得了出色的业绩，并具备相当的储备。在尖端的光纤预制棒技术、产业布局等方面都取得了重要的成绩。行业正在向产业制造智能化、经营管理国际化、产品技术标准化、创新研发常态化发展，产业规模逐渐扩大。

　　进入21世纪20年代，我国光纤光缆产业仍面临良好的发展机遇和挑战。宽带中国上升为国家战略，并不断提升修订战略目标。骨干传输网向400G系统升级，4G（第四代）/5G（第五代）/物联网/数据全面云化，骨干传输网将给新型光纤光缆带来发展新需求。宽带向千兆发展，潜力巨大，千兆网络发展也必将带来城域网、接入网、数据中心及 ODN 产业的新发展、新挑战。4G 移动通信网络仍在持续建设，在 5G 来临之前，我国的 4G 移动通信网络仍需持续建设，并且将在 5～10 年内与 5G 并行发展。5G 移动通信技术持续发展，基站数将大幅增多，将是 4G 基站数的 2 倍乃至更多，一张覆盖全国的 5G 骨干传输网络，至少带来 500 万座基站的新需求。国际海缆系统再次面临投资建设高潮，国际海缆系统设计、生产、施工、运维能力的全面提升，都将给我国海缆产业带来新的发展契机。

在此，感谢本书的适时出版。本书详尽地介绍了电信有线传输线原理、光纤通信传输原理、对称通信电缆设计与制造、同轴通信电缆设计与制造、通信光纤光缆设计与制造及其测试等。作者在内容编排方面，做到了社会时代发展与新产品应用技术发展相协调、应用领域与时代进步相协调、传输原理与产品技术性能相协调，使读者感受到学习专业知识的过程就是感受社会进步发展需求的过程，也是逐步加深了解、探求未来发展的过程，还是循序渐进、展望未来发展的过程。感谢作者的精心思考，及其所做的努力和贡献！

本书即将进入高等学校，作者把渊博的学问知识和资深实践阅历汇集于此，相信本书一定会受到电信通信与工程类、电气绝缘与电线电缆类、光纤通信与工程类以及测量仪表、石英制品、高分子等材料类专业同学、老师的欢迎！

全国通信电缆光缆专家委员会名誉主任

2019.4.1.于苏州

前言
QIANYAN

现代通信网都是有线通信和无线通信的综合体，其中，汇聚网和骨干网都以光纤光缆有线传输为主，用户接入网是有线和无线传输共存的局面。无线接入网虽然灵活方便，但普遍接入距离不到 1 km，而且无线频谱资源紧张，接入技术复杂，设备昂贵。有线接入网稳定可靠，频谱资源丰富，成本较低。近年来家庭固定宽带和固定电话也都实现了光纤接入。所以无论是骨干网还是接入网，有线通信都不可能被无线通信全部取代。作为通信传输线路的各类通信电缆、光纤、光缆是现代通信网的重要组成部分，是通信网的基石，线路占通信网的成本约为 70%。通信传输线缆性能和质量的好坏将直接影响整个通信网络的性能、安全和寿命。

在科技书籍市场上，介绍通信系统的书很多，但介绍通信线路的书不多，详细地介绍各类通信线缆的性能、设计、制造及测试的书更少。有一些大学本科教材能系统性地介绍传输线理论，但主要以抽象的理想的传输线模型为研究对象，偏重数学推导，内容偏理论且偏难，都不涉及具体的传输线实际产品，学生学习后虽然建立了一定的理论功底，但并不了解这些理论在实际传输线设计、制造、测试时的具体应用，使理论知识与实际工作存在一定的差距。

对于应用型本科和高职院校通信技术专业的学生，毕业后有很大一部分将从事通信线路工程的规划、施工、测试及维护工作，也有部分学生会去通信线缆制造企业从事生产技术工作，所以有必要向学生传授各种当代常用的通信线缆的知识和技能，但必须精简理论，突出实际应用。遗憾的是，在教材市场上找不到一本全面介绍各种通信传输线缆的设计、制造、性能测试方面的书籍。

作者在多年通信光电缆企业技术工作和高校教学经历的基础上，总结了各类通信电缆、光纤光缆的设计制造及测试技术，去繁就简，注重实际，力争把最常用的通信电缆和光纤光缆有关技术奉献给读者，帮助读者在学习光电缆相关知识后，可将其直接应用于相关技术岗位，并争取做到无缝对接。

全书共分为 7 章。第一章为通信线路概论；第二章为金属传输线的基本理论；第三章为数据通信用对绞电缆；第四章为射频同轴电缆；第五章为光纤及其传输特性；第六章为光纤光缆的制造工艺；第七章为光纤光缆的测试技术。本书可作为普通高等院校及高职高专院校通信工程和电子信息工程专业的专业课教材，也可作为通信线缆制造企业员工以及通信线路建设和维护技术人员的参考书。

本书的编写，得到了江苏通鼎集团、江苏亨通集团、苏州胜信光电等苏州光电缆制造企业的支持，也得到了苏州职业大学电子信息工程学院领导及同事的关心和帮助，全国通信电缆光缆专家委员会名誉主任慕成斌教授（高工）审阅了全稿并提出了宝贵意见，在此表示感谢。

由于编写时间仓促，书中可能有不足之处，请广大读者多提宝贵意见。

俞兴明

2019 年 10 月

目录

MULU

第一章 通信线路概论

信息的传输是现代社会信息交流的重要手段，而作为信息传输的媒介——通信传输线缆，则是现代信息社会的重要基础设施，它们就是现代信息系统中的高速公路。随着社会经济的发展，人们生活水平得到提高，对通信的需求也越来越高，不再满足于打打电话、发发传真，而是更多依赖于大宽带的高速传输应用，如高清视频点播、可视电话、网上就医、云计算等，这些都是以宽带为基础的，而这些应用都离不开高质量的通信传输线缆。因此，设计、制造高质量的通信传输线缆是建设信息高速公路的基础。本书的主要内容就是介绍现代通信最常用的几种通信传输线缆的设计、制造和测试方法。

1.1 通信网的基本组成

通信是人类的基本需求之一，在人类的活动过程中需要相互传递信息，要将带有信息的信号通过某种方式由发送者传送给接收者，这种信息的传递就是通信。因此，所谓通信，就是由一个地方向另一个地方传递和交换信息。

自古以来，人们已经创造出了很多种通信方式，例如，古代的烽火台、旌旗，近代的灯光信号，现代的电报、电话、传真、因特网（Internet）、电视等。显然，现代通信以电信号和光信号来传递信息是最好的，它传得既快又准确可靠。如今的"通信"大部分是指用这种光电信号传输的电子通信，简称"电信"。用电信号或光信号传递信息的系统，叫做通信系统。通信系统有模拟通信系统和数字通信系统两大类，前者传输的是模拟信号，后者传输的是数字信号。通信系统的最基本的模型如图 1-1 所示，其基本组成包括信源、变换器、信道、噪声源、反变换器、信宿等几部分。

图 1-1 通信系统的基本构成模型

在这里要重点强调一下信道。信道是信号的传输媒介。信道按传输介质的种类可以分为有线信道和无线信道。在有线信道中电磁信号被约束在某种金属传输线（如架空明线、电缆）上传输、光信号被约束在光纤中传输；在无线信道中电磁信号沿空间（大气层、对流层、电离层）传输。

图 1-1 所示的只是一个最基本的单向的通信系统，实际的通信系统必须是双向的乃至有多个通信方，即多点通信的系统，并构成一个通信网。通信网可以描述为由一定数量的

节点(包括交换设备和终端设备)互相有机地组合在一起,以实现两个或多个规定节点间信息传输的通信体系。

电信网(Telecommunication Network)是可供多个用户相互通信的多个电信系统相互连接而构成的通信体系,是人类实现远距离通信的重要基础设施,它利用电缆、光纤、无线或者其他电磁系统,传送、发射和接收标识、文字、图像、声音或其他信号。电信网由终端设备、传输链路和交换设备三要素构成,运行时还应辅之以信令系统、通信协议以及相应的运行支撑系统。现在世界各国的通信体系已从模拟通信发展为数字化的电信网,并且向宽带化、智能化、综合化的方向发展。

图1-2是一个20世纪90年代传统电话通信网的硬件线路连接示意图。端局至汇接局的传输线路一般称为中继线路,端局至用户的传输线路称为用户线路,一个城市的汇接局与另一城市的汇接局连接的线路称为长途线路。端局用户既可通过端局交换设备与本局范围内的用户相互接续,也可以通过端局和汇接局交换设备与本地区任一端局的用户完成接续。一般将这种类型的网称为汇接式的星型网。目前,通信网的基本结构有五种形式:网型网、星型网、环型网、总线型网和复合型网。它们各有特点,各有应用场合。

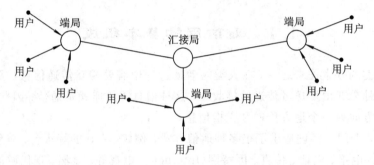

图1-2 20世纪90年代电话通信网的基本形式

最早的长途线路是架空金属明线,传输载波模拟信号。我国从20世纪60年代中期开始使用长途对称电缆(包括纸绝缘高低频长途对称电缆、铜芯泡沫(或称为发泡)聚乙烯高低频长途对称电缆以及数字传输长途对称电缆),在20世纪70年代中期开始在长途线路中使用同轴电缆(包括中同轴电缆、小同轴电缆和微小同轴电缆),开通的模拟载波路数得到更大的提高。20世纪90年代后,长途线缆逐渐被光缆取代,现在的有线长途通信线路已经全部被光缆代替。

早期的中继线路采用的是市话电缆线对,后来在数字程控交换机普及后,局间中继线采用的是有内屏蔽的、低电容线对的PCM电缆。20世纪90年代后,局间中继线路也已经全部采用光缆。

用户线路是连接市话交换局和用户设备(如电话等)的线路。用户线路的长度与用户密度分布、交换区面积、形状、自然地理环境等因素有关。大城市用户密集,用户线较短,而农村用户较稀,用户线长度较长。据统计,我国市话网用户线路的平均长度(端局到用户话机之间的线路长度)为2.6 km,标准偏差为1.54 km,50%的用户处于2.0 km范围内,90%的用户处于4 km范围内,95%的用户基本处于离端局5 km的范围内。对于铜电缆,用户线路传输设计应考虑环路电阻和用户电路参考当量限值的要求。我国在20世纪80年代之前,用户线路主要采用的是铜导体纸浆绝缘铅包护套电缆;20世纪80年代中期开始,全塑市话通信电缆的生产技术逐渐成熟，用户线路开始向全塑市话电缆转变；20 世纪 90 年代中期开始，用户线路中局端设备逐渐向用户靠拢，光进铜退已开始成为趋势，光缆逐步向用户延伸。21 世纪开始，用户线路中的大对数电缆（馈线电缆）也已大量被光缆代替，小对数的全塑市话电缆只作为接入用户的配线电缆，光纤到户（Fiber To The Home，FTTH）已成为一种趋势。

现代的 Internet（互联网）是全球最大的计算机通信网，由众多的计算机网络互联组成，它是一个世界性的网络，采用 TCP/IP 协议簇，使世界各地成千上万个用户进行通信和资源共享。总体来说，Internet 具有以下特点：主要采用 TCP/IP 协议；采用分组交换技术；由众多的路由器连接而成；与电话网一样，计算机通信网也有长途网、本地网和用户网之分。长途网和本地网（或称为城域网（MAN））传输线路主要采用光纤光缆连接，少数采用卫星和微波；本地局域网（LAN）中的主要传输线路也大都采用室外或室内光缆；只有工作区楼层的水平布线采用的是五类或超五类或六类铜导体对绞数据电缆。随着技术的发展，光纤到户（FTTH）的宽带互联网接入也已经实现。

现代的通信网都趋向于多网融合，即电话网、计算机数据通信网、广播电视网等的融合，全部信息实现数字化 IP 化传输，在一个网络中能实现上述多种类型的服务，通信网正向更大带宽、更优服务质量的方向发展。用户接入到 Internet 的接入网是向亿万用户提供通信服务的最后一英里，是庞大繁杂的网络工程。20 世纪 90 年代中后期利用已经普遍存在的铜线电话线对（市话电缆）进行拨号上网，数据信号采用 PCM 传输，一对电话线只能传输 56 kb/s 速率的数据；90 年代后期成功开发了利用铜线电话线对开通数字用户线（Digital Subscriber Line，DSL）技术。DSL 技术主要有 HDSL（High-bit-rate DSL）、ADSL（Asymmetric DSL，非对称数字用户线）、VDSL（Very High Data Rate DSL，甚高速数字用户线）等几种。ADSL 利用一对双绞电缆传输上、下行速率从 64 kb/s、1.5 Mb/s 到 640 kb/s、6 Mb/s，支持同时传输数据和语音；VDSL 在用户回路长度小于 1524 m（5000 ft）的情况下，可以提供的速率高达 13 Mb/s 甚至还可能更高，这种技术可作为光纤到路边网络结构的一部分。2010 年起，随着光纤通信技术的不断进步，用户接入 Internet 逐步采用光纤到户（FTTH）的接入技术，具体有 EPON 技术和 GPON 技术，能实现语音、数据、视频的全业务接入，接入网实现全光纤化。

现代的 4G（LTE）承载网也是一个分层的数据通信网络结构，它由本地接入网、地级市汇聚网、汇聚层设备连接到核心网设备的骨干网等组成。移动通信网在骨干网设备上连接到 Internet，实现移动互联业务。无论是本地网、汇聚网还是骨干网，所用的传输介质均使用光纤光缆。

1.2　通信线路的发展历史

1.2.1　通信线路的发展历史

通信线路是传送电信号的媒质，自有电信之日起就有了通信线路。

电信始于电报。1835 年美国人 S. F. B. Morse（莫尔斯）创造了电报通信的莫尔斯电码，1837 年他得到机械师 A. L. VaiL（维尔）的帮助研制出电磁式电报机。最早的电信线路是电报线，早期的电报线十分简单，只是架挂起来的单根的导线。1844 年，由美国建设的从华盛顿到巴尔的摩的电报线，就是以大地作为回路的单根导线。1850 年，在法国和英国之间的英吉利海峡敷设了一条电报线，这是世界上第一条传送电报的海底电缆。

1876 年电话发明以后，最初用来传送电话信号的也是这种电报线。但后来发现，用这种线路传送电话信号，噪音干扰很大，以致无法使用。这迫使人们去改进通信线路并进行新的开发。

1883 年，出现了采用第二根导线作为回路的线路，使电话通信的噪音干扰大大减轻。

电话的迅速发展，使城市上空的电话线路密布，显得拥挤不堪。例如，1890 年，纽约的街上出现了许多高 90 ft 的电线杆，在它上面装有 30 根线担，架挂了 300 多条电话线，布满了街道的空间。为了解决架空电话线路拥挤影响市容的问题，人们开发了一种埋设在地下的电缆。最早的地下电缆出现在 1883 年，这就是连接布鲁克林和波士顿的用油渍丝包的电缆。后来出现了铅包电缆，这时缆芯改用纸浆和纸绝缘。为了解决电缆芯线间相互串音的问题，出现了扭绞线对的缆芯。这种方式一直沿用至今。1889 年美国 WE 公司开始大批量生产纸带绕包绝缘铅包市内通信电缆。1891 年英法海峡敷设最早的海底电缆。1896 年，市内电话开始使用电缆管道。1898 年英国在伦敦与伯明翰之间敷设了一条长达 46 千米的 19 个四线组成的长途通信电缆，用至 1938 年又改为载波通信。大约在 1900 年，哥伦比亚大学的 M. I. Pupin(普平)教授发明了"电缆加感"技术，他在电缆线路上每隔一定距离加进一个电感线圈(称为普平线圈)，改善了电缆传输的性能，使电缆可用较细的芯线，并且通话距离可延长 3～4 倍。

1910 年发明了四线组电缆，即将两对线互相扭绞在一起组成的电缆。这种结构使每两对线可以增加一对额外的音频电路(即幻像电路)。四线组电缆盛行于 20 世纪 20 年代，大部分用于长途通信。

1935 年同轴电缆问世，1941 年美国建成了第一条同轴电缆线路，最初开通 480 路载波电话，随后发展到 3600 路、10 800 路及 13 200 路。

1936 年，德国制造宽带同轴电缆用以传输电视信号。

1939 年，德国、美国开发了聚乙烯材料，应用于各种通信电缆。

1944 年，美国与法国间敷设了距离最长的(185.2 千米)海底电缆。

1949 年，美国制成公用天线电视电缆(CATV 同轴电缆)。

1950 年，美国制成全塑(PE)皱纹铝带综合护层全塑市话通信电缆。

1956 年，英、美、加三国合作敷设了第一条跨越大西洋的对称式电话电缆，全长 4300 千米；1959 年，美、法、加三国合作敷设了第二条大西洋海底通信电缆(同轴式)。至 1976 年，共敷设 6 条跨越大西洋的海底通信电缆。此后，在大西洋及各个海域陆续又敷设了大量的海底通信电缆，使世界各地区、各国之间信息传输全部畅通。

1970 年，美国康宁玻璃公司研制成功了传输衰减仅为 20 dB/km 的光纤，光缆的制作从此开始受到重视。1976 年，第一条实用化的通信光缆应用于美国贝尔研究所的实验系统。1977 年，在美国芝加哥相距 7 千米的电话局之间敷设了多模光纤光缆，被称为第一代光纤通信系统。1988 年，第一条横跨大西洋的海底光缆敷设成功。现在，光缆已经成为世界电信骨干线路的主要支柱。

1.2.2 我国通信线路的发展

19世纪70年代，电信技术传入我国。1871年4月由丹麦大北电报公司，秘密从海上将海缆引出，沿长江、黄浦江敷设到上海市内，并在南京路12号设立报房，1871年6月3日开始通报。这是帝国主义入侵中国后建立的第一条电报水线和在上海租界设立的第一个电报局。

1875年，福建巡抚丁日昌积极倡导创办电报，在福建船政学堂附设了电报学堂，培训电报技术人员，这是中国第一所电报学堂。1877年，丁日昌利用去台湾视事的机会提出设立台湾电报局，于1877年8月开工，同年10月11日完工，全线长47.5千米。这是中国人自己修建、自己掌管的第一条架空电报线路。

1879年，李鸿章在其所辖范围内修建大沽(炮台)、北塘(炮台)至天津以及从天津兵工厂至李鸿章衙门的电报线路。这是中国自主建设的第一条军用电报线路。

1881年，从上海、天津两端同时开工，至12月24日，全长1537.5千米的津沪电报线路全线竣工。12月28日正式开放营业，收发公私电报。全线在紫竹林、大沽口、清江浦、济宁、镇江、苏州、上海七处设立了电报分局。这是中国自主建设的第一条长途公众电报线路。

1900年，南京首先开办了磁石式电话局。苏州、武汉、广州、北京、天津、上海、太原、沈阳等城市，在1900至1906年间先后开办了市内电话局，使用的都是磁石式电话交换机。

1906年，因广东琼州海缆中断，在琼州和徐闻两地设立了无线电机，开通了民用无线电通信。这是中国民用无线电通信之始。

1912年，国民政府接管清政府邮传部，将其改组为交通部，设电政、邮政、路政、航政四个司。是年，上海电报局开始用打字机抄收电报。京津长途电话线路通过加装加感线圈(即普平线圈或负载线圈)，提高通话质量。

1931年，山东、江苏、浙江、安徽、河北、湖南等省先后开办了省内长途电话业务。我国第一条长途电话地下电缆建成。广东建成了广州、香港之间的长途电话地下电缆，有三十余对线，全线长160千米。这是我国第一条地下长途电话电缆。

1934年1月起，国民政府交通部提出建设"九省联络长途电话"的计划，计划建设江苏、浙江、安徽、江西、湖北、湖南、河南、山东、河北等9个省的联络长途电话线路，干线总长3173千米，于1935年8月竣工。

1949年以前，长途线路绝大部分为架空明线，开通单路或3路载波。市内线路有少数进口的铅包纸绝缘电缆。

1949年新中国成立后，迅速地恢复和建设了北京至全国各主要城市的长途电信线路。

1950年12月12日，我国第一条有线国际电话电路——北京至莫斯科的电话电路开通。经由苏联转接通往东欧各国的国际电话电路也陆续开通。

1952年开始，我国在主要通信干线上开通12路载波电话(北京至石家庄)。

20世纪50年代中期，我国能生产最大对数1200对的纸绝缘市内通信电缆和低频长途星绞多芯对称电缆。

1962年，在北京和石家庄之间开通了我国自主设计制造的60路载波高频长途对称电缆。

20 世纪 60 年代末，开始建设京津四管中同轴铝护套电缆 1800 路试验段。

1976 年，我国开通了自己设计制造的 1800 路京沪杭中同轴电缆线路。

20 世纪 70 年代末，我国成功开发出性能完全符合 G.623 建议中 60 MHz(10800 路)规定的同轴电缆。

1978 年，我国开始研制光纤(多模)光缆，研制成功后在上海敷设了第一条长 1.8 千米可传送 120 路电话的光纤通信线路，之后推广到武汉和北京三条市内局间中继线路上。

20 世纪 80 年代初，我国成功开发出聚乙烯垫片/聚苯乙烯绝缘铝护套小同轴电缆，可开通 300/390 路载波系统，很快在全国省内干线上推广使用。

1983 年，我国在 1800 路京沪杭干线的湖州至杭州段上，将增音段从原来的 6 千米改为 3 千米，传输 24 MHz(4380 路)载波。

1983 年，武汉市话中继光缆系统(13.5 km、850 nm、多模 3.5 dB/km、8 Mb/s)正式投入电话网使用，标志着中国光纤通信走向实用化阶段，1985 年该系统扩容到 34 Mb/s。

1983 年拉制出第一批单模光纤(G.652 光纤)，但质量与国外品牌光纤相比有一定差距。

1984 年，我国首次从美国引进全塑市话电缆生产线、关键原料、测量设备和相关技术，试制出了合格的铜芯全塑市内通信电缆。

1984 年，我国开始在长途通信线路上使用单模光纤。

20 世纪 80 年代末，我国与荷兰飞利浦合资建立武汉长飞光纤光缆公司，运用 PCVD 法生产光纤，质量接近国外品牌光纤。

1987 年，第一个长距离架空光缆通信系统(34 Mb/s)在武汉至荆州之间试通。9 月 20 日，钱天白教授发出了我国第一封电子邮件，此为中国人使用因特网之始。

1988 年，第一个实用单模光纤通信系统(34 Mb/s)在扬州、高邮之间开通，全长为 75 km。北京高能物理所成为我国最早使用因特网的单位。它利用因特网实现了与欧洲及北美地区的电子邮件通信。

1989 年，第一条 1920 路(140 Mb/s)单模光纤长途干线在合肥、芜湖之间建成并开通。

"九五"计划期间，全国建成了"八纵八横"的光缆长途干线，在建成的干线上采用了带有掺铒光纤放大器的波分复用技术，大大增加了光纤的带宽容量。

20 世纪 90 年代初，光缆开始应用于本地网。

1993 年 12 月，我国成功开通了首条国际海底光缆——中日海底光缆，上海南汇至日本九州宫崎海底光缆系统正式开通。

1999 年，1 月 14 日，我国第一条开通在国家一级干线上的，传输速率为 $8 \times 2.5\text{Gb/s}$ 的密集波分复用(DWDM)系统通过了信息产业部鉴定，使光纤通信的容量比原来扩大了 8 倍。

20 世纪 90 年代末，光缆开始进入接入网(即用户线网)。

1997 年开始，我国开始大量生产 5 类及以上级别的应用于计算机网络的数据通信电缆。

2011 年起，光纤到户(FTTH)技术成熟，全国开展 FTTH 建设热潮。

第二章　金属传输线的基本理论

2.1　概　　述

金属传输线理论是分布参数电路理论，它在场分析和基本电路理论之间架起了桥梁。金属传输线理论用来分析传输线上电压和电流的分布，以及传输线上阻抗的变化规律。

随着工作频率的升高，波长不断减小，当波长可以与电路的几何尺寸相比拟时，传输线上的电压和电流将随空间位置而变化，使电压和电流呈现出波动性，这一点与低频电路完全不同。在射频频段，基尔霍夫定律不再适用，必须使用金属传输线理论取代低频电路理论。本章提及的传输线均指传输高频电磁信号的金属传输线。

2.1.1　传输线举例

金属传输线有特殊的结构。它有 TEM 传输线和 TE、TM 传输线（如波导）之分。TEM 传输线有许多种类，常用的有平行双导线、同轴线、带状线和微带线（传输准 TEM 波），如图 2-1 所示。本书涉及的金属传输线只涉及 TEM 传输线。

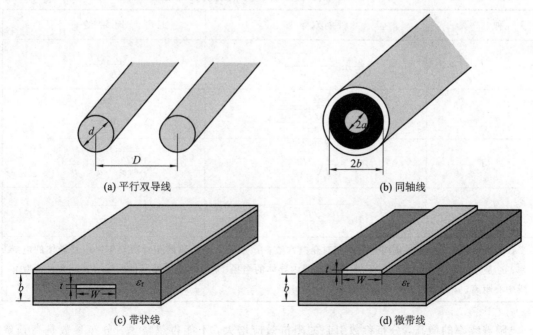

(a) 平行双导线　　　　　　　(b) 同轴线

(c) 带状线　　　　　　　(d) 微带线

图 2-1　各类 TEM 传输线

2.1.2 传输线等效电路表示法

在低频传输线中，信号波长远大于传输线几何尺寸，我们可以认为传输线所有位置上的电压(电流)同相位。而对于高频传输线，特别是射频(300 kHz～300 GHz)传输线，信号波长与传输线尺寸可以比拟，这种传输线称为"长线"。

电路理论与传输线理论的区别，主要在于电路尺寸与波长的关系。传输线属于长线，沿线各点的电压和电流(或电场和磁场)既随时间变化，又随空间位置变化，是时间和空间的函数，传输线上电压和电流呈现出了波动性，所以长线用传输线理论来分析。

传输线上各点的电压和电流(或电场和磁场)不相同，可以从传输线的等效电路得到解释，这就是传输线的分布参数概念。分布参数是相对于集总参数而言的。在低频电路中，我们认为电场能量集中在电容器中，磁场能量集中在电感器中，电磁能的消耗全部集中在电阻元件上，连接元件的导线是既无电感、电容，又无电阻、电导的理想导线，这就是集总参数的概念。传输线理论是分布参数电路理论，认为分布电阻、分布电感、分布电容和分布电导这4个分布参数存在于传输线的所有位置上。当频率增高到射频，连接元件的传输线由于集肤效应的出现，使传输线的有效面积减小，传输线上的电阻增加，并且分布在传输线上，可称为传输线的分布电阻；当传输线上有高频电流流过时，传输线周围就必然有高频磁场存在，沿线就存在电感，可称为传输线的分布电感；又因传输线两导体间有电压，故两导体间存在高频电场，沿线就分布着电容，可称为传输线的分布电容；传输线两导体间有漏电，沿线两导体间就存在着漏电导，可称为传输线的分布电导。平行双导线和同轴线的分布参数如表2-1所示。

表 2-1 平行双导线和同轴线的分布参数

种　类	平行双导线	同　轴　线
L	$\dfrac{\mu_r}{\pi}\ln\dfrac{D+\sqrt{D^2-d^2}}{d}$	$\dfrac{\mu_r}{2\pi}\ln\dfrac{b}{a}$
C	$\dfrac{\pi\varepsilon_r}{\ln\dfrac{D+\sqrt{D^2-d^2}}{d}}$	$\dfrac{2\pi\varepsilon_r}{\ln\dfrac{b}{a}}$
R	$\dfrac{2}{\pi d}\sqrt{\dfrac{\omega\mu_r}{2\sigma_2}}$	$\sqrt{\dfrac{f\mu_r}{4\pi\sigma_2}}\left(\dfrac{1}{a}+\dfrac{1}{b}\right)$
G	$\dfrac{\pi\sigma_1}{\ln\dfrac{D+\sqrt{D^2-d^2}}{d}}$	$\dfrac{2\pi\sigma_1}{\ln\dfrac{b}{a}}$

在上面公式中，ε_r 是导体间介质的相对介电常数；μ_r 是导体间介质的相对磁导率；σ_2 是导体的电导率；σ_1 是导体间介质的漏电导率；a 为同轴线内导体的半径；b 为同轴线外导体的半径；D 为平行双导线中心距；d 为平行双导线导体直径

随着频率的增高，分布参数引起的阻抗效应增大，不能再忽略了，分布参数是高频条件下的必然结果，必须加以考虑。传输线的等效电路如图2-2所示。其中图2-2(a)为一段长为 dz 的传输线的等效电路，图2-2(b)为一条传输线的等效电路。

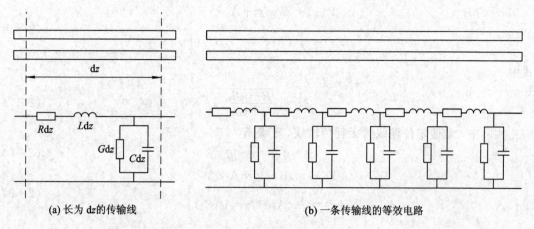

(a) 长为 dz 的传输线   (b) 一条传输线的等效电路

图 2-2 传输线的等效电路

2.1.3 传输线方程及其解

传输线方程是研究传输线上电压、电流的变化规律以及它们之间相互关系的方程。对于均匀传输线，线元 dz 可以看成集总参数电路，线元 dz 上的电压和电流满足如下关系，即

$$-\frac{\partial v(z,t)}{\partial z}=Ri(z,t)+L\frac{\partial i(z,t)}{\partial t} \left.\begin{array}{c}\\ \\ \\ \\\end{array}\right\}$$

$$-\frac{\partial i(z,t)}{\partial z}=Gv(z,t)+C\frac{\partial i(z,t)}{\partial t} \tag{2-1}$$

式(2-1)称为均匀传输线方程。

通常传输线的始端接角频率为 ω 的正弦信号源，此时传输线上电压和电流的瞬时值 $v(z,t)$ 和 $i(z,t)$ 可以表示为

$$v(z,t)=\text{Re}\big[V(z)\text{e}^{\text{j}\omega t}\big] \left.\begin{array}{c}\\ \\\end{array}\right\}$$

$$i(z,t)=\text{Re}\big[I(z)\text{e}^{\text{j}\omega t}\big] \tag{2-2}$$

于是得到如下的传输线方程，即

$$-\frac{\text{d}V}{\text{d}z}=(R+\text{j}\omega L)I \left.\begin{array}{c}\\ \\\end{array}\right\}$$

$$-\frac{\text{d}I}{\text{d}z}=(G+\text{j}\omega C)V \tag{2-3}$$

式中，$R+\text{j}\omega L=Z$，称为传输线单位长度的串联阻抗；$G+\text{j}\omega C=Y$，称为传输线单位长度的并联导纳。在式(2-3)两边对 z 再微分一次，可以得到

$$\frac{\text{d}^2V}{\text{d}z^2}-\gamma^2V=0 \left.\begin{array}{c}\\ \\ \\ \\\end{array}\right\}$$

$$\frac{\text{d}^2I}{\text{d}z^2}-\gamma^2I=0 \tag{2-4}$$

式中

$$\gamma=\sqrt{(R+\text{j}\omega L)(G+\text{j}\omega C)}=\alpha+\text{j}\beta \tag{2-5}$$

式(2-4)称为均匀传输线的波动方程。γ 称为传输线上波的传播常数，在一般情况下，γ 为复数，其实部 α 称为衰减常数，虚部 β 称为相移常数。式(2-4)的解为

$$V(z) = A_1 e^{-\gamma z} + A_2 e^{\gamma z} \left.\begin{array}{c}\\\\\end{array}\right\} \tag{2-6}$$
$$I(z) = \frac{1}{Z_0} (A_1 e^{-\gamma z} - A_2 e^{\gamma z})$$

式中

$$Z_0 = \sqrt{\frac{R + j\omega L}{G + j\omega C}} \tag{2-7}$$

实际中，常假定传输线为无耗传输线，于是有

$$\alpha = 0, \quad \gamma = j\beta \tag{2-8}$$

$$V(z) = A_1 e^{-j\beta z} + A_2 e^{j\beta z} \left.\begin{array}{c}\\\\\end{array}\right\} \tag{2-9}$$
$$I(z) = \frac{1}{Z_0} (A_1 e^{-j\beta z} - A_2 e^{j\beta z})$$

式（2-9）给出了均匀无耗传输线上电压和电流的分布。

2.1.4 传输线的基本特性参数

传输线的基本特性参数包括传输线的特性阻抗，反射系数，驻波系数和行波系数，电压和电流的最大值、最小值，输入阻抗，传播常数，相移常数、相速度和波长，传输功率等。下面对上述参数分别加以介绍。

1. 特性阻抗

根据传输线理论，当双线均匀传输线的单位长度上的 R、L、C、G 和使用频率已知时，特性阻抗 Z_C 可表示为

$$Z_C = \sqrt{\frac{Z}{Y}} = \sqrt{\frac{R + j\omega L}{G + j\omega C}} = |Z_C| e^{j\varphi_C} \tag{2-10}$$

（1）在直流情况下，$\omega = 0$，可得

$$Z_C = \sqrt{\frac{R}{G}} \tag{2-11}$$

式（2-11）表明，在直流情况下，均匀传输线（包括同轴电缆、对称电缆等双线传输线）具有纯电阻特性的特性阻抗。

（2）在音频范围时，传输线的电参数具有下列特点，即

$$R \gg \omega L, \quad \omega C \gg G$$

从而使式（2-10）成为

$$Z_C \approx \sqrt{\frac{R}{j\omega C}} = \sqrt{\frac{R}{\omega C}} \angle -45° \quad (\Omega) \tag{2-12}$$

（3）在高频情况下，$R \ll \omega L$，$\omega C \gg G$，则

$$Z_C = \sqrt{\frac{j\omega L\left(1 + \frac{R}{j\omega L}\right)}{j\omega C\left(1 + \frac{G}{j\omega C}\right)}} = \sqrt{\frac{L}{C}}\left(1 + \frac{R}{j\omega L}\right)^{\frac{1}{2}}\left(1 + \frac{G}{j\omega C}\right)^{-\frac{1}{2}}$$

以及

$$(1 + m)^{\frac{1}{2}} = 1 + \frac{1}{2}m - \frac{1}{8}m^2 + \cdots \quad (|m| < 1)$$

$$(1+n)^{-\frac{1}{2}}=1-\frac{1}{2}n+\frac{3}{8}n^2-\cdots \quad (|n|<1)$$

从而有

$$Z_C=\sqrt{\frac{L}{C}}\cdot\left[1+\frac{1}{2}\frac{R}{\mathrm{j}\omega L}-\frac{1}{8}\left(\frac{R}{\mathrm{j}\omega L}\right)^2+\cdots\right]\cdot\left[1-\frac{1}{2}\frac{G}{\mathrm{j}\omega C}+\frac{3}{8}\left(\frac{G}{\mathrm{j}\omega C}\right)^2-\cdots\right]$$

若只取前三项，则有

$$Z_C\approx\sqrt{\frac{L}{C}}\left[1+\frac{1}{8\omega^2}\left(\frac{R}{L}-\frac{G}{C}\right)\left(\frac{R}{L}+\frac{3G}{C}\right)-\mathrm{j}\frac{1}{2\omega}\left(\frac{R}{L}-\frac{G}{C}\right)\right] \tag{2-13}$$

于是

$$|Z_C|=\sqrt{\frac{L}{C}}\cdot\sqrt{1+\frac{1}{2\omega^2}\left[\left(\frac{R}{L}\right)^2-\left(\frac{G}{C}\right)^2\right]+\frac{1}{64\omega^4}\left(\frac{R}{L}-\frac{G}{C}\right)^2\left(\frac{R}{L}+\frac{3G}{C}\right)^2} \tag{2-14}$$

$$\varphi_C=\arctan\frac{-\frac{1}{2\omega}\left(\frac{R}{L}-\frac{G}{C}\right)}{1+\frac{1}{8\omega^2}\left(\frac{R}{L}-\frac{G}{C}\right)\left(\frac{R}{L}+\frac{3G}{C}\right)} \tag{2-15}$$

对于常见的均匀传输线，电参数 R、L、C 和 G 之间存在着下列关系，即

$$\frac{R}{L}>\frac{G}{C}$$

式(2-13)表明，$|Z_C|$ 和 φ_C 的数值均随频率的增高而下降。当频率无限增高时，φ_C 趋近于 0，$|Z_C|$ 趋近于 $\sqrt{L/C}$，即

$$\lim Z_C=\sqrt{\frac{L}{C}} \quad (\Omega) \tag{2-16}$$

由上面的分析可知，双线传输线的特性阻抗的模值和角度均随频率而变。当 $|Z_C|$ 的最大值出现于直流时；随着频率的增高，$|Z_C|$ 急剧下降；当 $f\geqslant 30\ \mathrm{kHz}$ 时，$|Z_C|$ 的变化变缓，并逐渐趋近于一个常数。特性阻抗的频率特性如图 2-3 所示。φ_C 的特点是：当 $f=0$ 时，$\varphi_C=0$；其后，随着频率的升高，φ_C 为负值，即表明特性阻抗呈容性，在音频范围内，$|\varphi_C|$ 达到最大值。频率超过 30 kHz 后，$|\varphi_C|$ 又逐步下降，并随频率的升高而

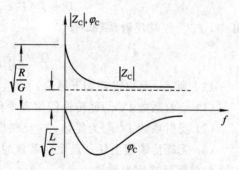

图 2-3　特性阻抗的频率特性

趋近于零，可认为传输线具有电阻性的特性阻抗。特性阻抗是一个复数，它的角度表达了电流滞后于电压的程度。事实上，当频率高于 30 kHz 时，用式(2-16)来计算 Z_C，已可保证一般所需的精度。

应当指出的是，传输线的特性阻抗仅与传输线的结构、制造传输线时所用的材料有关，而与传输线的长度无关。

特性阻抗常用的数值有：对于架空明线，取 $Z_C=600\ \Omega$；对于对称双绞数据电缆(平行双导线)，$Z_C=100\pm15\ \Omega$；对同轴电缆，$Z_C=75\ \Omega$ 或 50 Ω。以下是其余两种传输线的特性阻抗的计算公式。

平行双导线的特性阻抗为

$$Z_C = 120\ln\left[\frac{D}{d} + \sqrt{\left(\frac{D}{d}\right)^2 - 1}\right] \approx 120\ln\frac{2D}{d} \approx 276\lg\frac{2D}{d} \quad （\Omega） \qquad (2-17)$$

同轴电缆的特性阻抗为

$$Z_C = \frac{60}{\sqrt{\varepsilon_r}}\ln\frac{b}{a} \approx \frac{138}{\sqrt{\varepsilon_r}}\lg\frac{b}{a} \quad （\Omega） \qquad (2-18)$$

式中，ε_r 为同轴电缆两导体间介质的相对介电常数。

2. 反射系数

传输线上的波一般为入射波与反射波的叠加。波的反射现象是传输线上最基本的物理现象，传输线的工作状态也主要决定于反射的情况。为了表示传输线的反射特性，我们引入反射系数 Γ。反射系数是指传输线上某点的反射电压与入射电压之比，也等于传输线上某点反射电流与入射电流之比的负值。反射系数为

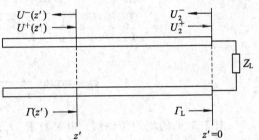

图 2-4　传输线上的入射电压、反射电压和反射系数

$$\Gamma(z') = \frac{U^-(z')}{U^+(z')} = -\frac{I^-(z')}{I^+(z')} \qquad (2-19)$$

式中，$U^+(z')$ 和 $U^-(z')$ 为 z' 处的入射电压和反射电压，$I^+(z')$ 和 $I^-(z')$ 为 z' 处的入射电流和反射电流。传输线上的入射电压、反射电压和反射系数如图 2-4 所示。

反射系数还可以表示为

$$\Gamma(z') = \Gamma_L e^{-j2\beta z'} = |\Gamma_L| e^{j(\phi_L - 2\beta z')} \qquad (2-20)$$

其中，Γ_L 为终端反射系数，有

$$\Gamma_L = \frac{U_2 - I_2 Z_0}{U_2 + I_2 Z_0} = |\Gamma_L| e^{j\phi_L} \qquad (2-21)$$

综上所述，可以得到如下结论：

(1) 反射系数 $\Gamma(z')$ 随传输线位置变化。

(2) 反射系数 $\Gamma(z')$ 为复数，这反映出反射波与入射波之间有相位差异。

(3) 无耗传输线上任一点反射系数的模值是相同的，说明无耗传输线上任一点反射波与入射波振幅之比为常数。

(4) 反射系数 $\Gamma(z')$ 是周期性函数，周期为 $\lambda/2$。

(5) 当 Z_L 不变时，反射系数 $\Gamma_L = 0$，传输线上无反射波，只有入射波，称为行波状态。

(6) 当 $Z_L = 0$（终端短路）时，反射系数 $\Gamma_L = -1$，称为驻波状态。

(7) 当 $Z_L = \infty$（终端开路）时，反射系数 $\Gamma_L = 1$，称为驻波状态。

(8) 当 $Z_L = R_L \pm X_L$ 时，反射系数 $0 < \Gamma_L < 1$，称为部分反射工作状态，即为行驻波状态。

3. 驻波系数和行波系数

由上面的结果可以看出，反射系数是复数，并且随传输线的位置而改变。为更方便地表示传输线的反射特性，工程上引入驻波系数的概念。

驻波系数定义为传输线上电压最大点与电压最小点的电压振幅之比，用 VSWR 或 ρ 表示。驻波系数也称为电压驻波比。

$$\text{VSWR}(\text{或}\ \rho) = \left| \frac{U_{\max}}{U_{\min}} \right| \tag{2-22}$$

$$\rho = \frac{1 + |\Gamma_L|}{1 - |\Gamma_L|} \tag{2-23}$$

电压驻波比的倒数为行波系数，用 K 表示，有

$$K = \frac{1}{\rho} = \left| \frac{U_{\min}}{U_{\max}} \right| \tag{2-24}$$

$$K = \frac{1 - |\Gamma_L|}{1 + |\Gamma_L|} \tag{2-25}$$

可以得到如下结论：

(1) 当 $|\Gamma_L| = 0$，即为行波状态时，驻波系数 $\rho = 1$，行波系数 $K = 1$。

(2) 当 $|\Gamma_L| = 1$，即为驻波状态时，驻波系数 $\rho = \infty$，行波系数 $K = 0$。

(3) 当 $0 < |\Gamma_L| < 1$，即为行驻波状态时，驻波比 $1 < \rho < \infty$，行波系数 $0 < K < 1$。

4. 电压和电流的最大值、最小值

传输线上电压的振幅为最大值时，电流的振幅为最小值，分别为

$$\left. \begin{array}{l} |U_{\max}| = |U_2^+|(1 + |\Gamma_L|) \\ |I_{\min}| = |I_2^+|(1 - |\Gamma_L|) \end{array} \right\} \tag{2-26}$$

传输线上电压的振幅为最小值时，电流的振幅为最大值，分别为

$$\left. \begin{array}{l} |U_{\min}| = |U_2^+|(1 - |\Gamma_L|) \\ |I_{\max}| = |I_2^+|(1 + |\Gamma_L|) \end{array} \right\} \tag{2-27}$$

即传输线上电压最小值所在点，电流为最大值；传输线上电压最大值所在点，电流为最小值。

5. 输入阻抗

传输线上任意一点电压 $U(z)$ 与电流 $I(z)$ 之比称为传输线的输入阻抗。输入阻抗为

$$Z_{\text{in}}(z) = \frac{U(z)}{I(z)} \tag{2-28}$$

输入阻抗还可表示为

$$z_{\text{in}}(z') = z_0 \frac{Z_L + jZ_0 \tan\beta z'}{Z_0 + jZ_L \tan\beta z'} \tag{2-29}$$

式中，Z_L 为传输线的负载阻抗。

传输线的负载阻抗 Z_L 是指传输线负载端的阻抗，即负载端的电压与电流之比。传输线上任一点的阻抗是由该点向负载看进去的阻抗，也即输入阻抗 $Z_{\text{in}}(z')$，如图 2-5 所示。

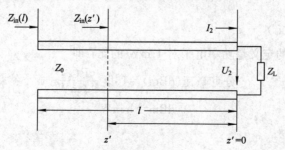

图 2-5　传输线上的输入阻抗

传输线的输入阻抗有如下结论：

(1) 当负载 $Z_L = Z_0$ 时，输入阻抗 $Z_{in}(z') = Z_0$。这是负载匹配的情况，在负载匹配时，传输线上所有点的输入阻抗 $Z_{in}(z')$ 都等于特性阻抗 Z_0。

(2) 当负载 $Z_L \neq Z_0$ 时，输入阻抗 $Z_{in}(z')$ 随传输线的位置 z' 而变，输入阻抗 $Z_{in}(z')$ 与负载阻抗 Z_L 不相等。

(3) 输入阻抗 $Z_{in}(z')$ 是周期性函数，周期为 $\lambda/2$。

6. 传播常数

传播常数用 γ 表示，它是描述传输线上入射波和反射波的衰减和相位变化的参数。传播常数的一般公式为

$$\gamma = \sqrt{(R+j\omega L)(G+j\omega C)} = \alpha + j\beta \qquad (2-30)$$

γ 一般是频率的复杂函数，应用很不方便。对于无耗和射频低耗的情况，其表示式可以简化。对于射频低耗传输线，有

$$\alpha = \frac{R}{2Z_0} + \frac{GZ_0}{2}, \ \beta = \omega\sqrt{LC} \qquad (2-31)$$

7. 衰减常数

衰减常数表示单位长度行波振幅的变化，常用分贝(dB)和奈培(Np)这两个单位表示，下面分别加以介绍。

1) 分贝(dB)

若传输线有衰减，可以将传输线上两点功率电平用 P_1 和 P_2 的比值，即用分贝(dB)来表示，有

$$10\lg\left(\frac{P_1}{P_2}\right) = 20\lg\left(\frac{U_1}{U_2}\right)(dB) \qquad (2-32)$$

2) 奈培(Np)

传输线中的衰减常用奈培(Np)来表示，即

$$\frac{1}{2}\ln\frac{P_1}{P_2} = \ln\frac{U_1}{U_2} \qquad (2-33)$$

分贝与奈培的关系为

$$1 \text{ 奈培(Np)} = 8.686 \text{ 分贝(dB)}$$

$$1 \text{ 分贝(dB)} = 0.115 \text{ 奈培(Np)}$$

由式(2-32)计算出的分贝数和式(2-33)计算出的奈培数，只能表示传输线上两点之间的相对电平，由分贝引申出来的下面两个基本单位，可以用于确定传输电路中某点的绝对电平。

3) dBm(分贝毫瓦)

分贝毫瓦(dBm)的定义是功率电平对 1 mW 的比，即

$$\text{分贝毫瓦(dBm)} = 10\lg\frac{P(z)}{1\,(mW)}$$

$$0 \text{ dBm} = 1 \text{ mW} \qquad (2-34)$$

4) dBW(分贝瓦)

分贝瓦(dBW)的定义是功率电平对 1 W 的比，即

$$分贝瓦(dBW) = 10 \lg \frac{P(z)}{1(W)} \tag{2-35}$$

分贝毫瓦(dBm)与分贝瓦(dBW)的关系为

$$30 \text{ dBm} = 0 \text{ dBW}$$

8. 相移常数、相速度和波长

相移常数表示单位长度行波相位的变化。行波的相速度为

$$v_p = \frac{c}{\sqrt{\varepsilon_r}} \tag{2-36}$$

式中，c 为光速，这表明传输线上波的速度与同介质中波的速度相同。

同一时刻相位相差 2π 的两点之间的距离为波长，以 λ 表示，于是有

$$\omega t_1 - \beta(z_1 + \lambda) = \omega t_1 - \beta z_1 - 2\pi$$

由此可得

$$\lambda = \frac{2\pi}{\beta} \tag{2-37}$$

9. 传输功率

传输线的传输功率为

$$P(z') = \frac{1}{2} \text{Re}[U(z')I^*(z')] = \frac{1}{2} \text{Re}\left\{ \frac{|U^+(z')|^2}{Z_0} [1 - |\Gamma(z')|^2 + \Gamma(z') - \Gamma^*(z')] \right\} \tag{2-38}$$

式中，$\Gamma(z') - \Gamma^*(z')$ 为虚数，因此式(2-38)可以写成

$$P(z') = \frac{|U^+(z')|^2}{2Z_0} [1 - |\Gamma(z')|^2] = P^+(z') - P^-(z')$$

式中，$P^+(z')$ 和 $P^-(z')$ 分别表示通过 z' 点处的入射波功率和反射波功率，这表明无耗传输线上通过任意点的传输功率等于该点的入射波功率与反射波功率之差。

对于无耗传输线，通过线上任意点的传输功率都是相同的，为简便起见，在电压波峰点(即电流波谷点)处计算传输功率，传输功率为

$$P(z') = \frac{1}{2} |U|_{\max} |I|_{\min} = \frac{1}{2} \frac{|U|_{\max}^2}{Z_0} K \tag{2-39}$$

由此可见，传输线的功率容量与行波系数 K 有关有关，K 越大，功率容量就越大。

2.2 史密斯圆图

在传输线问题的计算中，经常涉及输入阻抗、负载阻抗、反射系数和驻波系数等参数，以及这些参数之间的相互关系，利用前面讲过的公式计算这些参数并不困难，但比较繁琐。为简化计算，P. H. Smith(史密斯)提出了一种图解的方法，这种方法可以在一个图中简单、直观地显示传输线上各点阻抗与反射系数的关系，该图称为史密斯圆图。

2.2.1 复平面上反射系数的表示方法

反射系数可以用来了解传输线上的工作状态，史密斯圆图是在反射系数的复平面上建立起来的，为此，下面首先介绍复平面上反射系数的表示方法。

1. 反射系数复平面

无耗传输线上距离终端为 z' 处的反射系数为

$$\begin{aligned}
\Gamma(z') &= |\Gamma_L| e^{j(\varphi_L - 2\beta z')} \\
&= |\Gamma_L| \cos(\varphi_L - 2\beta z') + j|\Gamma_L| \sin(\varphi_L - 2\beta z') \\
&= \Gamma_r + j\Gamma_i
\end{aligned} \tag{2-40}$$

式(2-40)表明反射系数是复数，可以在复平面上表示 $\Gamma(z')$，不同的反射系数 $\Gamma(z')$ 对应复平面上不同的点。

2. 等反射系数圆

在 $\Gamma(z') = \Gamma_r + j\Gamma_i$ 的复平面上，同一条传输线上各点的反射系数在同一个圆上，这个圆称为等反射系数圆。等反射系数圆的轨迹是以坐标原点为圆心、$|\Gamma_L|$ 为半径的圆。因为 $0 \leqslant |\Gamma_L| \leqslant 1$，所以所有传输线的等反射系数圆都位于半径为1的圆内，这个半径为1的圆称为单位反射圆。等反射系数圆（如图2-6所示）的特点如下：

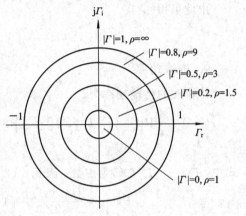

（1）当等反射系数圆的半径为0，即在坐标原点处时，反射系数的模值 $|\Gamma_L| = 0$，驻波系数 $\rho = 1$。所以，反射系数复平面上的坐标原点为匹配点。

（2）当等反射系数圆的半径为1时，为单位反射圆，单位反射圆上反射系数的模值 $|\Gamma_L| = 1$，驻波系数 $\rho = \infty$。所以，反射系数复平面上的单位反射圆对应着终端开路、终端短路和终端接纯电抗负载时传输线上各点的反射系数。

图 2-6　等反射系数圆

（3）所有等反射系数圆均在单位反射圆内，圆的半径随负载阻抗与特性阻抗失配度的不同而不同，同一条传输线上各点的反射系数在同一个圆上。

3. 电刻度圆

反射系数的相角为

$$\varphi = \varphi_L - 2\beta z' = \varphi_L - \frac{4\pi}{\lambda} z' \tag{2-41}$$

式(2-41)为直线方程，表明等相位线是由原点发出的一系列射线。当 z' 增大时，相角向顺时针方向旋转，旋转一周为360°，z' 变化为 $\lambda/2$。

表示电长度变化的圆称为电刻度圆，电刻度圆的起始位置在圆的最左端，顺时针旋转时电刻度曲数值增大。相角的起始位置在圆的最右端，逆时针旋转时相角的数值增大。反射系数的相角和电刻度圆如图2-7所示。

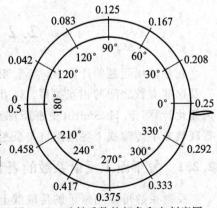

图 2-7　反射系数的相角和电刻度圆

2.2.2 史密斯阻抗圆图

史密斯阻抗圆图用来显示传输线上各点输入阻抗与反射系数的关系。传输线上任意一点的反射系数都与该点的归一化输入阻抗有关，将归一化输入阻抗用归一化电阻和归一化电抗表示，归一化等电阻曲线和归一化等电抗曲线都是圆。将等电阻圆和等电抗圆画在反射系数的复平面上，就构成了史密斯阻抗圆图。

1. 归一化阻抗

归一化输入阻抗简称为归一化阻抗。归一化阻抗定义为

$$z_{in} = \frac{Z_{in}}{Z_C} \tag{2-42}$$

归一化阻抗还可以表示为

$$z_{in} = \frac{1 + \Gamma_r + j\Gamma_i}{1 - \Gamma_r - j\Gamma_i}$$

$$= \frac{1 - \Gamma_r^2 - \Gamma_i^2}{(1 - \Gamma_r)^2 + \Gamma_i^2} + \frac{2\Gamma_i}{(1 - \Gamma_r)^2 + \Gamma_i^2} \tag{2-43}$$

设 r 为归一化电阻，x 为归一化电抗，可以得到

$$r = \frac{1 - \Gamma_r^2 - \Gamma_i^2}{(1 - \Gamma_r)^2 + \Gamma_i^2} \tag{2-44}$$

$$x = \frac{2\Gamma_i}{(1 - \Gamma_r)^2 + \Gamma_i^2} \tag{2-45}$$

由此可见，由传输线上任意一点反射系数的实部 Γ_r 和虚部 Γ_i，可以得到该点归一化电阻 r 和归一化电抗 x。

2. 等电阻圆和等电抗圆

在反射系数的复平面上，归一化电阻为常数的曲线称为等电阻曲线，归一化电抗为常数的曲线称为等电抗曲线。

将式(2-44)变换后得到

$$\left(\Gamma_r - \frac{r}{1+r}\right)^2 + \Gamma_i^2 = \left(\frac{1}{1+r}\right)^2 \tag{2-46}$$

式(2-46)为圆方程，圆心在 $\left(\frac{r}{1+r}, 0\right)$，半径为 $\frac{1}{1+r}$。随着 r 的变化，式(2-46)表示一族圆，对于每一个 r 值都有一个圆和它相对应，而且每一个圆都通过点$(1, 0)$。由于等电阻曲线是一族圆，所以等电阻曲线也称为等电阻圆。

将式(2-45)变换后得到

$$(\Gamma_r - 1)^2 + \left(\Gamma_i - \frac{1}{x}\right)^2 = \left(\frac{1}{x}\right)^2 \tag{2-47}$$

式(2-47)也为圆方程，它的圆心在 $\left(1, \frac{1}{x}\right)$。随着 x 的变化，式(2-47)也表示一族圆。由于等电抗曲线是一族圆，所以等电抗曲线也称为等电抗圆。

归一化等电阻圆和归一化等电抗圆如图 2-8 所示。

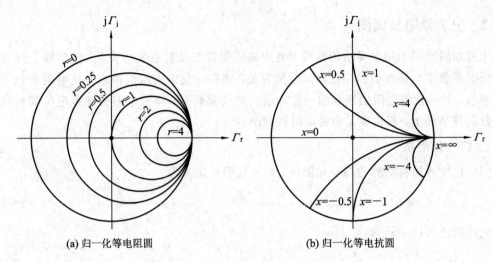

(a) 归一化等电阻圆　　　　　　(b) 归一化等电抗圆

图 2-8　归一化等电阻圆和归一化等电抗圆

3. 史密斯阻抗圆图

将等反射系数圆(如图 2-6 所示)、反射系数相角和电刻度圆(如图 2-7 所示)、归一化等电阻圆(如图 2-8(a)所示)和归一化等电抗圆(如图 2-8(b)所示)都绘制在一起,就构成了史密斯阻抗圆图。为使史密斯阻抗圆图不至于太复杂,通常在圆图中不绘出等反射系数圆,但使用圆图不难求出反射系数模值。史密斯阻抗圆图的构成如图 2-9 所示。

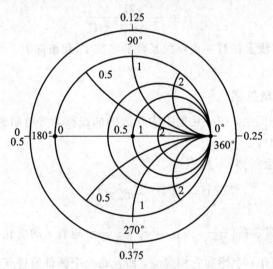

图 2-9　史密斯阻抗圆图的构成

实际使用的史密斯阻抗圆图如图 2-10 所示。由圆图的构成可以知道,史密斯阻抗圆图有如下特点:

(1) 圆图旋转一周为 $\lambda/2$,而非 λ。

(2) 圆周上有 3 个特殊的点:

① 匹配点。坐标为(0,0),此处对应于 $r=1$,$x=0$,$|\Gamma|=0$,$\rho=1$。

② 短路点。坐标为(-1,0),此处对应于 $r=0$,$x=0$,$|\Gamma|=1$,$\rho=\infty$,$\varphi=180°$。

③ 开路点。坐标为(1,0),此处对应于 $r=\infty$,$x=\infty$,$|\Gamma|=1$,$\rho=\infty$,$\varphi=0°$。

（3）圆图上有 3 条特殊的线：

① 右半实数轴线。线上 $x=0$，$r>1$，为电压波峰点的轨迹。同时，线上 r 的读数也为驻波系数的读数。由驻波系数可以求得反射系数的模值。

② 左半实数轴线。线上 $x=0$，$r<1$，为电压波谷点的轨迹。同时，线上 r 的读数也为行波系数的读数。由行波系数可以求得反射系数的模值。

③ 单位反射系数圆。线上 $r=0$，为纯电抗轨迹，反射系数的模值为 1。

（4）圆图上有两个特殊的面。实轴以上的上半平面是感性阻抗的轨迹。实轴以下的下半平面是容性阻抗的轨迹。

（5）圆图上有两个旋转方向。当传输线上的点向电源方向移动时，在圆图上沿等反射系数圆顺时针旋转。当传输线上的点向负载方向移动时，在圆图上沿等反射系数圆逆时针旋转。

（6）由圆图上的点可以得到 4 个参量，即 r、x、$|\Gamma|$、φ。

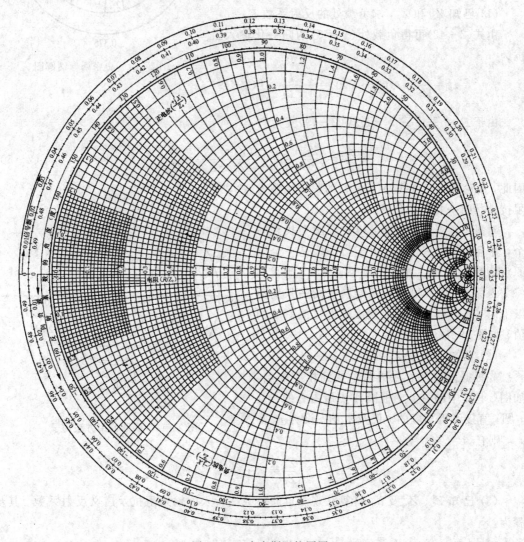

图 2-10　史密斯阻抗圆图

2.2.3 史密斯导纳圆图

归一化导纳可以写为

$$Y = G + jB \tag{2-48}$$

式中，G 为归一化电导；B 为归一化电纳。

将史密斯阻抗圆图上的等电阻圆旋转 $180°$ 成为等电导圆，并将等电抗圆旋转 $180°$ 成为等电纳圆，同时保持反射系数相角和电刻度圆不变，就构成了史密斯导纳圆图。史密斯导纳圆图如图 2-11 所示。

2.2.4 圆图应用

用圆图来进行计算是极其方便的，现举例如下：

(1) 已知 Z_L 和 Z_0，求负载处的反射系数 Γ_L。

由式(2-42)可得负载处($z'=0$)的归一化输入阻抗为

$$z_{in} = \frac{Z_{in}}{Z_C} = r(0) + jx(0) = \frac{1+\Gamma_L}{1-\Gamma_L} \tag{2-49}$$

由于 $\Gamma_L = \dfrac{Z_L - Z_C}{Z_L + Z_C}$，于是式(2-49)变为

$$\frac{Z_{in}}{Z_C} = \frac{(Z_L+Z_0)+(Z_L-Z_0)}{(Z_L+Z_0)-(Z_L-Z_0)} = \frac{Z_L}{Z_C} \tag{2-50}$$

因此，结论是：在负载处($z'=0$)的归一化输入阻抗就是归一化负载阻抗。

对每一组 (r, x)，都可以在圆图上找到一个，并且唯一的一个点。由于 $|\Gamma| e^{j\theta}$ 是一个以原点为圆心，$|\Gamma|$ 为半径的圆系，所以，当我们将 Γ 圆系、r 圆系和 x 圆系绘制在同一张坐标纸上时，就可以从圆图上直接读得 $|\Gamma_L|$ 和 θ 的值，如图 2-12 所示。

(2) 已知 Γ_L，求 Z_L / Z_0。

先根据 $|\Gamma_L|$ 及 θ 在圆图中找到相应的点，如图 2-12 中的 A 点；根据 A 点所占有的 r 及 x 圆，直接读得相应的 r 值及 x 值。设为 r_1 及 x_1，则有

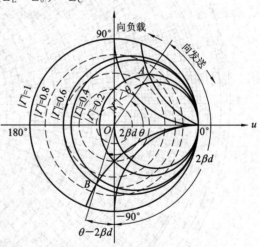

图 2-11 史密斯导纳圆图

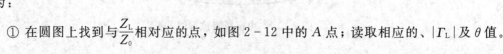

图 2-12 圆图使用方法例子

$$\frac{Z_L}{Z_C} = r_1 + jx_1$$

(3) 已知 Z_L、Z_0 及 d，计算从观测点向负载端看入的输入阻抗及广义反射系数。其步骤为：

① 在圆图上找到与 $\dfrac{Z_L}{Z_0}$ 相对应的点，如图 2-12 中的 A 点；读取相应的、$|\Gamma_L|$ 及 θ 值。

② 以原点为圆心，$|\varGamma_L|$ 的长度为半径画一圆弧，并从 AO 起按顺时针方向取 $\dfrac{4\pi}{\lambda}d\,(\mathrm{rad})$，得到 B 点，如图 $2-12$ 所示。

原因是 $|\varGamma_L|\,e^{j\theta}$ 与广义反射系数 $|\varGamma_L|\,e^{j\theta}\,e^{-j\frac{4\pi}{\lambda}d}$ 只相差一个角度，即 $\dfrac{4\pi}{\lambda}d\,(\mathrm{rad})$。

③ 从 $\varGamma$ 圆系直接读取与 B 点相对应的广义反射系数的模值及角度。

④ 从 r 圆系和 x 圆系读取与 B 点相对应的 r 值值 x 值，设为 r_B 和 x_B，则

$$\frac{Z_{\mathrm{in}}}{Z_C}=r_B+\mathrm{j}x_B$$

2.3　射频网络基础

分析射频电路工作特性的方法有两个：一个是应用波动方程和特定的边界条件，求出其场(或电压和电流)的分布；另一个是把射频电路等效为网络，把连接网络的传输线等效成双导线，用网络的方法进行分析。第一种方法比较严格，但其数学运算繁琐，不便于工程应用；第二种方法避开了射频电路的复杂分析，能够得到射频电路的主要传输特性，并且网络参量可以用测量的方法来确定，便于工程应用。虽然网络方法不能得到射频电路内部场量的分布情况，但由于网络方法计算简便，易于测量，又为广大工程技术人员所熟知，故应用较为广泛。

网络方法是从一个特殊的视角去分析电路，其最重要的是不必了解系统内部的结构，将系统看成了一个"黑盒子"，我们只需研究"黑盒子"的输入和输出参数。射频的这种"黑盒子"方法主要用于分析电路的整体功能而不关注电路元件的组成和复杂特性，可以使设计人员快速掌握射频系统的传输特性，并使设计最优化。因此，这种"黑盒子"方法得到了射频工程设计人员的广泛欢迎。

每个射频网络都可能和几个传输线相连接。按照所连接传输线数目的多少，网络可以分为单端口网络、二端口网络、三端口网络及四端口网络等。实际使用的射频网络多为四端口网络，但四端口以上的网络就很少应用了。

2.3.1　二端口低频网络参量

对一个线性网络特征的描述，可以采用网络参量的形式给出。描述低频线性网络输入和输出的物理量是电压和电流，低频网络的网络参量通过电压和电流的关系给出。二端口网络电压和电流如图 $2-13$ 所示。图中标明了电压和电流的极性和方向。

图 $2-13$　二端口网络的电压和电流

常用的低频网络参量有 3 种，分别称为阻抗参量、导纳参量和转移参量。视具体应用场合，可选择一种最适合电路特性的网络参量。

1. 阻抗参量

用二端口网络两个端口上的电流表示两个端口上的电压,其网络方程为

$$\begin{cases} v_1 = Z_{11}i_1 + Z_{12}i_2 \\ v_2 = Z_{21}i_1 + Z_{22}i_2 \end{cases} \quad (2-51)$$

或写成

$$[U] = [Z][I] \quad (2-52)$$

其中

$$[U] = \begin{bmatrix} v_1 \\ v_2 \end{bmatrix}, \quad [I] = \begin{bmatrix} i_1 \\ i_2 \end{bmatrix}, \quad [Z] = \begin{bmatrix} Z_{11} & Z_{12} \\ Z_{21} & Z_{22} \end{bmatrix}$$

式中,$[Z]$ 称为阻抗参量或阻抗矩阵。

2. 导纳参量

用二端口网络两个端口上的电压表示两个端口上的电流,其网络方程为

$$\begin{cases} i_1 = Y_{11}v_1 + Y_{12}v_2 \\ i_2 = Y_{21}v_1 + Y_{22}v_2 \end{cases} \quad (2-53)$$

或写成

$$[I] = [Y][U] \quad (2-54)$$

其中

$$[Y] = \begin{bmatrix} Y_{11} & Y_{12} \\ Y_{21} & Y_{22} \end{bmatrix} \quad (2-55)$$

式中,$[Y]$ 称为导纳参量或导纳矩阵。

3. 转移参量

用端口 2 的电压和电流表示端口 1 的电压和电流,并且规定进入网络的方向为电流正方向,其网络方程为

$$\begin{cases} v_1 = Av_2 - Bi_2 \\ i_1 = Cv_2 - Di_2 \end{cases} \quad (2-56)$$

或写成

$$\begin{bmatrix} v_1 \\ i_1 \end{bmatrix} = \begin{bmatrix} A & B \\ C & D \end{bmatrix} \begin{bmatrix} v_2 \\ -i_2 \end{bmatrix} \quad (2-57)$$

式中,$\begin{bmatrix} A & B \\ C & D \end{bmatrix}$ 称为转移参量或转移矩阵。

2.3.2 二端口射频网络参量

在射频频段,用参量 $[S]$ 描述网络的网络参量。参量 $[S]$ 可以表征射频器件的特征,在绝大多数涉及射频系统的技术资料和设计手册中,网络参数都是由参量 $[S]$ 表示的。

对于级联网络,射频电路可以利用参量 $[T]$ 简化对网络的分析。本节介绍参量 $[S]$ 和参量 $[T]$ 这两种射频网络参量。

1. 散射参量

在射频频段内,网络端口与外界连接的是各类传输线,端口上的场量由入射波和反射

波叠加而成，散射参量用归一化入射电压和归一化反射电压来表征各网络端口的相互关系，如图 2-14 所示。

图 2-14 归一化入射电压和归一化反射电压的定义

在二端口网络中，归一化入射电压和归一化反射电压的关系用方程表示为

$$\begin{cases} b_1 = S_{11}a_1 + S_{12}a_2 \\ b_2 = S_{21}a_1 + S_{22}a_2 \end{cases} \tag{2-58}$$

将式(2-58)写成矩阵形式，即

$$\begin{bmatrix} b_1 \\ b_2 \end{bmatrix} = \begin{bmatrix} S_{11} & S_{12} \\ S_{21} & S_{22} \end{bmatrix} \begin{bmatrix} a_1 \\ a_2 \end{bmatrix} \tag{2-59}$$

式(2-59)可以简写成

$$[\boldsymbol{b}] = [\boldsymbol{S}][\boldsymbol{a}] \tag{2-60}$$

式中，$[\boldsymbol{S}]$ 称为散射参量或散射矩阵。

S_{11}、S_{12}、S_{21} 和 S_{22} 为散射参量，这些参量的定义如下：

$S_{11} = \dfrac{b_1}{a_1}\Big|_{a_2=0}$：表示端口 2 接匹配负载时端口 1 的电压反射系数。

$S_{12} = \dfrac{b_1}{a_2}\Big|_{a_1=0}$：表示端口 1 接匹配负载时端口 2 至端口 1 的反向电压传输系数。

$S_{21} = \dfrac{b_2}{a_1}\Big|_{a_2=0}$：表示端口 2 接匹配负载时端口 1 至端口 2 的正向电压传输系数。

$S_{22} = \dfrac{b_2}{a_2}\Big|_{a_1=0}$：表示端口 1 接匹配负载时端口 2 上的电压反射系数。

2. 传输参量

用 T_2 参考面上的归一化电压入射波和归一化电压反射波表示 T_1 参考面上的归一化电压入射波和归一化电压反射波，其网络方程为

$$\begin{cases} a_1 = T_{11}b_2 + T_{12}a_2 \\ b_1 = T_{21}b_2 + T_{22}a_2 \end{cases} \tag{2-61}$$

令

$$[\boldsymbol{T}] = \begin{bmatrix} T_{11} & T_{12} \\ T_{21} & T_{22} \end{bmatrix} \tag{2-62}$$

式中，$[\boldsymbol{T}]$ 称为传输参量或传输矩阵。

2.3.3 网络参量之间的互换

前面讨论的低频网络参量和射频网络参量，可以用来表征同一网络，因此不同的网络参量可以相互转换。在网络的分析与综合中，常用到不同网络参量之间的转换，关于网络

参量之间的转换公式，可以参阅人民邮电出版社出版的《射频电路理论与设计》一书。

在 ADS 软件中，对同一网络常用不同的网络参量来表示。例如，在进行 S 参数仿真时，一个网络可以同时给出参量$[Z]$、参量$[Y]$和参量$[S]$。

<h1 style="text-align:center">习 题</h1>

一、选择题

1. 在传输线理论中，什么是"长线"，什么是"短线"，下面说法正确的是（　　）。

    A. 很长的传输线称为长线，很短的传输线称为短线

    B. 长线是长度大于 1 m 的传输线，否则称为短线

    C. 长线是指传输线的几何长度和线上传输电磁波的波长的比值（即电长度）大于或接近于 1 的传输线，反之称为短线

    D. 长途传输电缆称为长线，短途传输电缆称为短线

2. 对于传输线特性阻抗的概念，下列说法哪个是正确的？（　　）。

    A. 特性阻抗是指在传输线的输入端口用万用表量出来的电阻

    B. 特性阻抗是指传输线上某点的总电压 $U(z)$ 与总电流 $I(z)$ 之比

    C. 特性阻抗是指传输线上某点处的入射电压与入射电流之比

    D. 特性阻抗是指传输线上某点处的反射电压与反射电流之比

3. 对于传输线的三种传输状态，下面描述正确的是（　　）

    A. 行波状态时，负载处的反射系数的模 $|\Gamma_L|=0$，驻波系数 $\rho=1$，行波系数 $K=1$

    B. 行波状态时，负载处的反射系数的模 $|\Gamma_L|=1$，驻波系数 $\rho=1$，行波系数 $K=1$

    C. 驻波状态时，负载处的反射系数的模 $|\Gamma_L|=1$，驻波系数 $\rho=0$，行波系数 $K=0$

    D. 行、驻波状态时，$1<|\Gamma_L|<\infty$，驻波比 $0<\rho<1$，行波系数 $0<K<1$

4. 传输线特性阻抗，是反映传输线（　　）的物理量。

    A. 衰减　　　　B. 时延　　　　C. 失真　　　　D. 传输最大能量

5. 关于传输线上的回拨损耗（RL）和插入损耗（IL），下列哪个说法正确？（　　）。

    A. 回波损耗（RL）和插入损耗（IL）都应该越小越好

    B. 回波损耗（RL）和插入损耗（IL）都应该越大越好

    C. 回波损耗（RL）和插入损耗（IL）的数据要适当

    D. 回波损耗（RL）越大越好；插入损耗（IL）越小越好

二、填空题

1. 传输线是用以从一处至另一处传输＿＿＿＿＿＿＿的装置。传输线理论是＿＿＿＿＿＿＿电路理论。

2. 当传输线上信号波长可以与几何尺寸相比拟时，传输线上的电压和电流将随＿＿＿＿＿＿＿位置而变化，使电压和电流呈现出＿＿＿＿＿＿＿性，这一点与低频电路完全不同。

3. 传输线理论用来分析传输线上＿＿＿＿＿＿＿和＿＿＿＿＿＿＿的分布以及传输线上＿＿＿＿＿＿＿的变化规律。

4. 从传输模式上看，传输线上传输的电磁波分＿＿＿＿＿＿＿波、＿＿＿＿＿＿＿波和＿＿＿＿＿＿＿波三种类型。

5. 传输线是长线还是短线，取决于传输线的_____长度而不是它的_____长度。

6. 传输线属于长线，沿线各点的电压和电流（或电场和磁场）是_____和_____的函数。

7. 传输线理论是分布参数电路理论，认为_____、_____、_____和_____这4个分布参数存在于传输线的所有位置上。

8. 传输线上_____与_____之比，称为传输线的特性阻抗；传输线上_____与_____之比，称为传输线的输入阻抗。传输线上某点的反射电压与入射电压之比称为_____。

9. 高频传输线的_____、_____和_____均为传输线的特性参数。此外，_____常数和_____功率也为传输线的特性参数。

10. 按照终端负载 Z_L 的性质，传输线上将有_____波状态、_____波状态和_____波状态等三种不同的工作状态。

11. 驻波系数（也称为电压驻波比）定义为传输线上电压_____与电压_____的_____之比，用 ρ 或 VSWR 表示。

12. 当传输线处于行波状态时，$\Gamma_L =$ _____，$\rho =$ _____；当处于驻波状态时，$\Gamma_L =$ _____，$\rho =$ _____；当处于行驻波状态时，_____ $< \rho <$ _____。

13. 终端短路的传输线过_____后等效于开路。

14. dB 是传输线上两点功率电平 P_1 和 P_2 的比值，dBm 是功率电平对 1 mW 的比，0 dBW = _____ dBm。

15. 传播常数 γ 是描述传输线上入射波和反射波的_____和_____的参数。

16. 当传输线终端_____、_____或接_____负载时，传输线上产生全反射，传输线工作于驻波状态。

17. 信号源的共轭匹配就是使传输线的输入阻抗与信号源的内阻互为_____，此时信号源的功率输出为最大。

18. 史密斯阻抗圆图上有3个特殊的点，匹配点：坐标为(____, ____)，此处对应于 $|\Gamma| =$ _____、$\rho =$ _____；短路点：坐标为(____, ____)，此处对应于 $|\Gamma| =$ _____、$\rho =$ _____、$\varphi = 180°$；开路点：坐标为(____, ____)，此处对应于 $|\Gamma| =$ _____、$\rho =$ _____、$\varphi = 0°$。

三、判断题

1. 无耗传输线上任一点反射系数的模值是相同的。 （ ）
2. 反射系数 $\Gamma(z')$ 是周期性函数，周期为 λ。 （ ）
3. 终端短路的传输线过 $\lambda/2$ 后等效于开路。 （ ）
4. 终端开路传输线上电压、电流和阻抗的分布可以从终端短路传输线缩短（或延长）$\lambda/4$ 获得。 （ ）
5. 所谓信号源与传输线匹配的最佳条件，是指信号源功率的一半被信号源内阻消耗，一半输出给传输线。 （ ）

四、计算题

1. 平行双导线的长度为 0.5 m，信号频率为 300 MHz，此平行双导线是长线还是短线？平行双导线的长度为 100 m，信号频率为 1 kHz，此平行双导线是长线还是短线？

2. 已知同轴线的特性阻抗为 50 Ω，单位长度的电容为 101 pF，信号传输的相速度为光速的 66%，求该同轴线内、外导体间介质的 ε_r 及单位长度的电感。

3. 某平行双导线的导体直径为 2.1 mm，导体间距为 10.5 cm，求其特性阻抗（介质为空气）。某同轴线的内导体半径为 10.5 mm，外导体内半径为 22 mm，求其特性阻抗（介质为空气）；若将此同轴线填充相对介电常数 $\varepsilon_r = 2.3$ 的介质，求其特性阻抗。

4. 某实验得到结果：传输线上两个电压最小点之间的距离为 2.1 cm，从负载到其邻近的第一个电压最小点距离为 0.9 cm，电压驻波比为 2.5，传输线的特性阻抗为 50 Ω。求负载阻抗。

5. 设计一个用于射频电路的开路线阻抗。该阻抗由印制电路板上终端短路的微带线构成，若微带线的等效相对介电常数为 5.6，工作频率为 1.9 GHz，请问该微带线需要多长？

6. 特性阻抗为 50 Ω 的同轴线，负载阻抗为 $(25 + j25)$ Ω，试求反射系数模值和电压驻波比。

7. 一无线发射机产生 3 W 功率输出，发射机通过特性阻抗为 50 Ω 的同轴线与 75 Ω 的天线相连接。假设信号源内阻为 45 Ω，电缆长 11 m，计算输送到天线上的功率。

第三章　数据通信用对绞电缆

本章主要介绍大楼综合布线和计算机局域网中常用的传输媒介——数据通信用对绞电缆（也称为对绞数据通信电缆或对绞数据电缆）。对绞电缆已突破其原有的局限性成为高速局域网布线中的主要媒介而备受青睐。

3.1　数据通信用对绞电缆的分类和结构

3.1.1　分类

按照不同的分类方法，数据通信用对绞（双绞）电缆有以下几种分类：

（1）按线对数来分，可分为 2 对、4 对、25 对或更多对的电缆。

（2）按是否有屏蔽层可分为：

① 非屏蔽扭绞线对（Unshielded Twisted Pair，UTP）电缆。

② 金属箔屏蔽双绞（Shielded Twisted Pair，STP；Foiled Twisted Pair，FTP）电缆。

③ 双屏蔽双绞（Screen Foiled Twisted Pair，SFTP）电缆。

④ 屏蔽-屏蔽扭绞线对（Shielded – Shielded Twisted Pair，SSTP）电缆。

（3）按频率和信噪比分类，根据美国标准 TIA/EIA 568 – A，数据通信用双绞电缆有多个种类，如 3 类、4 类、5 类、5e 类、6 类和 7 类等电缆。用在计算机网络通信方面至少是 3 类以上。以下给出各类电缆的说明：

① 1 类（Cat.1）电缆：主要用于传输语音（一类标准主要用于 20 世纪 80 年代初之前的电话线缆），不适用于数据传输。

② 2 类（Cat.2）电缆：传输带宽为 1 MHz，用于语音传输和最高传输速率为 4 Mb/s 的数据传输，常见于使用 4 Mb/s 规范令牌传递协议的旧的令牌网中。

③ 3 类（Cat.3）电缆：可用在 ANSI 和 TIA/EIA 568 – A 标准中指定的电缆。该电缆的传输带宽为 16 MHz，用于语音传输及最高传输速率为 10 Mb/s 的数据传输。

④ 4 类（Cat.4）电缆：该类电缆的传输带宽为 20 MHz，用于语音传输和最高传输速率为 16 Mb/s 的数据传输，主要用于基于令牌的局域网和 10Base – TX/100Base – T。

⑤ 5 类（Cat.5）电缆：该类电缆增加了绕线密度，外套一种高质量的绝缘材料，传输带宽为 100 MHz，用于语音传输和最高传输速率为 100 Mb/s 的数据传输，主要用于 100Base – TX 网络。

⑥ 5e 类（Cat.5e）电缆：又称为超 5 类电缆，传输带宽仍然为 100 MHz，但对 5 类（Cat.5）电缆的性能做了优化，主要用于 100Base – TX 网络，也可用于支持速率为 1000 Mb/s 的千兆

位以太网(1000Base - T),是现在应用最广泛的网络布线电缆。

⑦ 6 类(Cat.6)电缆:最高工作频率(传输带宽)为 250 MHz,可用于千兆位以太网(1000Base - TX)的网络布线中。

⑧ 超 6 类(Cat.6A)电缆:该类电缆是 6 类电缆的改进版,传输带宽为 500 MHz,主要应用于 2.5G Base - T、5G Base - T 和 10G Base - T 的网络布线中,最大传输速度可达到 10 Gb/s。

⑨ 7 类(Cat.7)电缆:传输带宽为 600 MHz,此类电缆不再是一种非屏蔽双绞电缆了,而是一种屏蔽双绞电缆,每一对线都有一个屏蔽层,4 对线合在一起还有一个公共的屏蔽层。

⑩ 8 类(Cat.8)电缆:传输带宽达到 2000 MHz,分为 Cat8.1 和 Cat8.2 两个子类,将主要应用于 25G Base - T 和 40G Base - T 的数据中心布线,短期内不会成为主流产品,但随着高带宽数据中心的出现和推广,此类电缆的线材会逐渐提升市场份额。

3.1.2 结构及型号

常用的数据通信用对绞电缆是由 4 对双绞线按一定密度反时钟互相扭绞在一起,其外部包裹金属层和/或塑料外皮而组成的。铜导线的直径为 0.4~1 mm。其线对扭绞方向为反时钟,节距为 3.81~14 cm,相邻双绞线的对绞节距不同,可提高线对之间的抗串音性能。双绞线的扭绞密度、扭绞方向以及绝缘材料,直接影响它的特性阻抗、衰减和近端串音等性能指标。数据通信用双绞电缆按结构可以分为以下几类。

1. 非屏蔽扭绞线对电缆

将铜芯绝缘扭绞线对绞合成缆芯后在外面直接套上护套,即为 UTP 电缆。它是最常见和应用最多的一种电缆。4 对 UTP 电缆的外形如图 3-1(a)所示。

非屏蔽扭绞线对(UTP)电缆采用了每对线的节距与所能抵抗电磁辐射及干扰成反比,并结合滤波与对称性等技术,经由精确的生产工艺而制成。它对电磁干扰的唯一防护就靠线对的平衡特性。因为 UTP 电缆无屏蔽层,所以其具有以下特点:

(1) 容易安装。

(2) 较细小且节省空间。

(3) 价格便宜。

2. 金属箔屏蔽双绞电缆

STP(Shielded Twisted Pair,屏蔽双绞线)和 FTP(Foiled Twisted Pair,铝箔屏蔽双绞线)。前者是一个广义名词,后者是一个狭义名词。屏蔽双绞(FTP)电缆与非屏蔽双绞电缆一样,芯线为铜芯双绞线。在 4 个扭绞线对绞合成缆芯后,包上一层聚乙烯带,然后再用一层铝塑复合带包覆(50~70 μm 厚),其中铝箔应置于里面,在第二层铝塑复合带内放一根接地线(导流线)。4 对 FTP 电缆的外形如图 3-1(b)所示。

3. 双屏蔽双绞电缆

SFTP 电缆是在 STP/FTP 电缆的铝箔基础上,再加上一层镀锡铜编织网,最外面是

PVC(聚氯乙烯)外皮,如图3-1(c)所示。

4. 屏蔽-屏蔽扭绞线对电缆

SSTP每个线对的外层均用一层铝塑复合带(50～70 mm厚)包覆,然后用4个扭绞线对绞合而成,最后将电缆用铜线编织,如图3-1(d)所示。

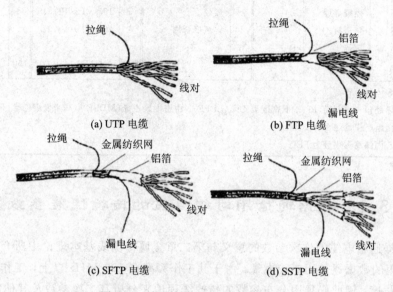

图3-1 数据通信用双绞电缆的结构

从图3-1中可以看出,非屏蔽双绞电缆和屏蔽双绞电缆有的有一根用来撕开电缆保护套的拉绳(可选件)。屏蔽双绞电缆还有一根漏电线,又称为排流线,把它连接到接地装置上,可泄放金属屏蔽的电荷,解除线间的干扰问题。

常用的双绞电缆可分为100 Ω和150 Ω两类。100 Ω电缆又分为3类、4类、5类(及5e类)、6类/Class E(E级)等电缆。150 Ω双绞电缆,目前只有5类(Cat.5)电缆一种。

按照我国通信行业标准YD/T 1019—2013,电缆型号由型式代号和规格代号组成,其表示如下:

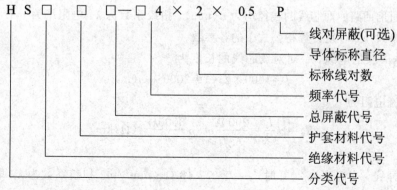

电缆型式代号及含义如表3-1所示。

表 3 - 1　电缆型式代号及含义

分类		绝缘		总屏蔽		护套		最高传输频率		特性阻抗	
代号	含义	代号	含义	代号	含义	代号	含义	代号	含义	代号	含义
HS	数据通信用对绞电缆	Y	实心聚烯烃	省略	无	V	聚氟乙烯	3	16 MHz(100 Ω)	省略	100 Ω
		Z	低烟无卤阻燃聚烯烃			Z	低烟无卤阻燃聚烯烃	4	20 MHz(100 Ω)		
							含氟聚合物	5	100 MHz(100 Ω)		
					有			6	200 MHz(100 Ω)		
		W	聚全氟乙丙烯	P		W						
								省略	300 MHz(150 Ω)	150	150 Ω

注：① 实心铜导体代号省略。
　　② 实心聚烯烃包含聚丙烯(PP)、低密度聚乙烯(LDPE)、中密度聚乙烯(MDPE)、高密度聚乙烯(HDPE)。
　　③ 低烟无卤阻燃聚烯烃简称 LSNHP。
　　④ 聚全氟乙丙烯缩写代号为 FEP

3.2　数据通信用对绞电缆的传输性能参数

　　对绞数据通信电缆的一次参数的意义与第二章金属传输线基本理论中所介绍的基本相同。对于常用的数据通信用对绞电缆，由于其工作频率在 100 MHz 以上，工作波长远小于电缆的几何长度，因此必须用分布参数的传输线理论来分析其二次参数及其他传输参数。

3.2.1　数据通信用对绞电缆的一次参数

1. 回路电阻 R

　　构成通信回路的两根导线的电阻之和称为回路电阻，一般用 Ω/km 表示。要提醒大家的是，这里的"km"指的是电缆皮长，而不是指芯线长度。

　　回路电阻 R 由直流电阻 R_0 和交流电阻 $\tilde{R}$（交流电信号通过回路时所引起的附加电阻）两部分组成，即

$$R = R_0 + \tilde{R} \quad (\Omega/\text{km}) \tag{3-1}$$

　　设构成通信回路的两芯线的线径均为 $d(\text{mm})$、扭绞系数为 λ、电阻率为 $\rho(\Omega \cdot \text{mm}^2/\text{m})$，则由电阻定律 $R = \rho l/S$ 可计算得公式中的各参数。

　　对于 1 km 长的电缆，一对对绞芯线的长度为

$$l = 1000 \times 2 \times \lambda = 2000\,\lambda \quad (\text{m})$$

　　所以直流电阻为

$$R_0 = \rho\,\frac{l}{S} = \frac{2000\lambda}{\frac{\pi}{4}d^2}\rho = \rho\,\frac{8000\lambda}{\pi d^2} \quad (\Omega/\text{km}) \tag{3-2}$$

　　对于铜导线，当温度为 20℃时，$\rho = 0.017\,48\ \Omega \cdot \text{mm}^2/\text{m}$。扭绞系数为 λ，取 1.01。

　　当温度为 t℃时，R_0 变为

$$R_t = R_{20}[1 + \alpha(t-20)] \quad (\Omega/\text{km}) \tag{3-3}$$

式中，R_t 为温度为 t℃时的直流电阻值；R_{20} 为温度为 $+20$℃时的直流电阻值；α 为导体的电阻温度系数，铜的 α 值为 0.003 93；t 为计算时的实际温度。

交流电阻 $\widetilde{R}$ 的计算式因各种电缆的工作频段不同而不同。在回路中通以交流电流后，所附加的 $\widetilde{R}$ 是由集肤效应、临近效应和在金属媒质中产生的涡流损耗三部分所引起的。

2. 回路电感 L

载流导体所产生的磁通 Φ 可分为导体的内部磁通和外部磁通两部分，而电感 L 等于单位电流 I 产生的磁链 $N\Phi$ 数，即 $L=N\Phi/I$，因此，回路电感也相应分为内电感和外电感。内电感等于导线内部的磁链与流经导线内电流的比值；而外电感则等于导线外部的磁链与导线内电流的比值。所以，对于双线回路来说，回路的电感就包括三个部分：导体 a 的电感 L_a、导体 b 的电感 L_b 以及 a、b 间的电感 L_{ab}。可表示为

$$L=L_内+L_外=L_a+L_b+L_{ab} \tag{3-4}$$

根据推导，对称型回路中导体 a 与导体 b 的内电感相等，均为

$$L_a=L_b=\frac{1}{2}\mu_r \cdot Q(kr)\times10^{-4} \quad (\text{H/km})$$

式中，μ_r 为芯线材料的相对磁导率；$Q(kr)$ 为随 kr 变化的贝塞尔函数（k 为涡流系数，r 为导线半径（单位为 mm））。

而导体 a、b 间的电感为

$$L_{ab}=4\ln\frac{2a-d}{d}\times10^{-4} \quad (\text{H/km}) \tag{3-5}$$

式中，d 为导体直径，单位为 mm；a 为回路两根导线中心间的距离，单位为 mm。

因而，对称回路的总电感为

$$L=\lambda\left[4\ln\frac{2a-d}{d}+\mu_r Q(kr)\right]\times10^{-4} \quad (\text{H/km})$$

对于铜导线，$\mu_r=1$，故有

$$L=\lambda\left[4\ln\frac{2a-d}{d}+Q(kr)\right]\times10^{-4} \quad (\text{H/km}) \tag{3-6}$$

随着传输电流频率的增加，集肤效应增强，使得 $Q(x)$ 趋于零，而外电感与频率无关，因此对于应用在高频的数据通信电缆，其总电感为

$$L=4\lambda\ln\frac{2a-d}{d}\times10^{-4} \quad (\text{H/km}) \tag{3-7}$$

3. 回路电容 C

电缆内的各芯线间，由于用绝缘介质隔开，因此可以理解为许许多多的电容器均匀分布在导线回路中。由于电缆芯线间的距离比明线小得多，而且又有绝缘介质，因此电缆回路的电容比明线要大得多。另外，由于一条电缆中有许多芯线密集地排列在一起，并且缆芯外还有金属护套（或屏蔽层）等，任何相邻芯线之间及芯线与金属护套（或屏蔽层）之间都会有电容存在，情况比较复杂。为了分析方便，一般将电缆回路的电容分为工作电容和部分电容两类。

工作电容是指被研究回路（线对）两芯线间存在的等效电容，它是决定电缆传输质量的主要参数之一，也就是一般测试仪器测出来的电容。部分电容是指电缆各芯线间或芯线与金属护套（或屏蔽层）间孤立存在时的电容，是工作电容的组成部分。

双绞电缆回路的工作电容为

$$C = \frac{\lambda \varepsilon_r \times 10^{-6}}{36 \ln \left(\frac{2a}{d} \psi \right)} \quad (\text{F/km}) \tag{3-8}$$

式中，λ、d 意义及单位同前述；ε_r 为绝缘与空气混合介质的等效相对介电常数；ψ 为由于接地金属护套和临近导线产生影响而引起的修正系数，其值对不同的线组可按表 3-2 计算。

表 3-2　工作电容的修正系数 ψ

d_1/d （绝缘外径/导体直径）	1.6	1.8	2.0	2.2	2.4
ψ	0.706	0.712	0.725	0.736	0.739

4. 绝缘电导 G

绝缘电导 G 是与工作电容 C 并联存在在芯线间的一个参数。电缆芯线上虽然包有绝缘物，但是任何绝缘介质都不可能绝对不导电，因此回路上实际总会存在着一定的绝缘电导。

电缆回路的绝缘电导是由直流电导 G_0 和交流电导 $\widetilde{G}$ 组成的，即

$$G = G_0 + \widetilde{G} \quad (\text{S/km}) \tag{3-9}$$

直流电导 G_0 是由介质的绝缘特性不完善对直流电造成漏泄途径而引起的。不同的电缆，其 G_0 值亦不相同。而交流电导 $\widetilde{G}$ 则是由于在交流通信情况下绝缘介质的极化而引起的。当交流电通过电缆回路时，在绝缘介质中产生了变化着的电磁场，在这种磁场的作用下，介质就被极化，造成能量的损耗，相当于对交流电产生了一个电导 $\widetilde{G}$。

不论是音频还是高频对称电缆，其绝缘电导的计算式均为

$$G = G_0 + \widetilde{G} = \frac{1}{R_{绝}} + \omega C \tan\delta \quad (\text{S/km}) \tag{3-10}$$

式中，$R_{绝}$ 为传输直流对回路的绝缘电阻，即绝缘介质的直流电阻，单位为 $\Omega \cdot \text{km}$。ω 为传输电流的角频率，$\omega = 2\pi f$。C 为回路的工作电容，单位为 F/km。$\tan\delta$ 为介质损耗角的正切。

由式（3-10）可知，由于 $R_{绝}$ 一般很大，大约在 $10^7\ \Omega \cdot \text{km}$ 以上，所以 G_0 很小，它与 $\widetilde{G}$ 相比可以忽略不计，特别是在高频时，随着 ω 的增大，$\widetilde{G} \gg G_0$。所以有

$$G \approx \omega C \cdot \tan\delta \quad (\text{S/km}) \tag{3-11}$$

式（3-11）表明，G 与传输电流频率 f、电缆回路的工作电容和绝缘介质的介质损耗角正切成正比。

绝缘电导不仅损耗传输信号的能量，而且还会引起回路间的串音，因此要尽量减少 G，选用 $\tan\delta$ 值小的绝缘材料（如聚乙烯等）并采用空气所占空间比较大的组合绝缘结构是一个有效的方法。

5. 电阻、电容不平衡

电阻、电容不平衡虽然不是双线传输线的一次参数，但由于数据电缆本身的结构特点，电阻、电容不平衡是决定线对抗干扰能力的两个很重要的参数指标。电阻不平衡是组成一个线对的两个导线的电阻不相同，有一定的差异。电容不平衡分为线对与线对之间电容不

平衡(CUPP)和线对对地电容不平衡(CUPG)两种。线对与线对之间的电容不平衡(CUPP)如图 3-2(a)所示。其表达式为

$$CUPP = (C_{AC} + C_{BD}) - (C_{AD} + C_{BC}) \qquad (3-12)$$

CUPP 是导致线对之间产生串音干扰的主要原因之一。

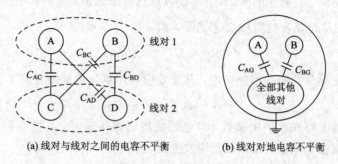

(a) 线对与线对之间的电容不平衡   (b) 线对对地电容不平衡

图 3-2 电容不平衡

线对对地电容不平衡(CUPG)是指某一线对的两根导线与周围导线及屏蔽层全部连接在一起时的电容差异,如图 3-2(b)所示。其表达式为

$$CUPG = C_{AG} - C_{BG} \qquad (3-13)$$

CUPG 是外界干扰源感应到电缆中,在线对的每一根导线上产生不同电压的一种特性。线对对地电容不平衡越高,线对感应噪声的敏感度就越强。例如,在电缆旁边有一根电力线的存在,由于线对对地电容不平衡(CUPG),线对中就有 50 Hz 的地气声。另外,CUPG 也增加了线对与线对之间的高频串音干扰。

电阻不平衡问题不难通过单线拉丝工艺和对绞工艺对电阻差异进行控制而得到解决。对于减小电容不平衡,要从导线的直径、绝缘厚度、绝缘偏心、对绞的均匀性、对绞节距的差异及线对距离等方面加以控制。

将我们前面讨论的一次参数 R、L、C、G 的各种不同表现形式归纳起来,就可作出它们的频率关系曲线,如图 3-3 所示。这些曲线定性地描述了各参数随频率变化的趋势。

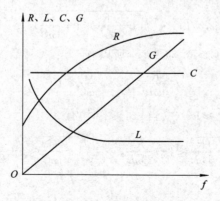

图 3-3 回路一次参数的频率特性

3.2.2 数据通信用对绞电缆的二次参数

数据通信用对绞电缆的二次参数包括传播常数和特性阻抗。因为这两个参数都是一次参数的函数,所以称为二次参数。

数据通信用对绞电缆的二次参数在线路工程的设计和维护中，被用来衡量通信线路的质量，研究它们将作为改善线路结构和传输质量的必要基础。

1. 传播常数

对于双线回路而言，前述的 R、L、C、G 可以这样来认识：电阻和电感是串联在回路中的，其总效应可用单位长度的阻抗 $\dot{Z}$ 来表示，即

$$\dot{Z} = R + j\omega L \qquad (\Omega/km)$$

而其电容和电导是并联在回路中的，其总效应可用单位长度的导纳 $\dot{Y}$ 来表示，即

$$\dot{Y} = G + j\omega C \qquad (S/km)$$

由于电缆回路上存在着一次参数，当电磁能沿回路传输时，其能量就要逐步衰减，电压和电流的幅值就逐步减小，相位也相应发生变化。

1）传播常数的定义及物理意义

我们将电磁波沿着无反射的均匀回路传播 1 km 时，其电压和电流振幅的衰减和相位变化的数值，称为该回路的传播常数，用 $\dot{\gamma}$ 来表示，其计算公式为

$$\dot{\gamma} = \sqrt{\dot{Z}\dot{Y}} = \sqrt{(R + j\omega L)(G + j\omega C)} = \alpha + j\beta \qquad (3-14)$$

由式（3-14）可知，传播常数 $\dot{\gamma}$ 是一个复数，其实部 α 称为衰减常数，表示每千米长回路对传播的电压（或电流）引起的衰减值，单位为 dB/km；其虚部为相移常数，表示每千米长回路对传播的电压（或电流）引起的相位变化数值，单位为 rad/km。

2）传播常数与频率的关系

先将式（3-14）变成如下形式，即

$$\dot{\gamma} = \sqrt{\dot{Z}\dot{Y}} = \sqrt{(R + j\omega L)(G + j\omega L)}$$

$$= \sqrt{j\omega L \cdot j\omega C (1 + \frac{R}{j\omega L})(1 + \frac{G}{j\omega C})}$$

$$= j\omega \sqrt{LC} \cdot \sqrt{(1 + \frac{R}{j\omega L})(1 + \frac{G}{j\omega C})}$$

又因此在高频情况下，有 $\omega L \gg R$，$\omega C \gg G$，所以有

$$\frac{R}{j\omega L} \ll 1, \qquad \frac{G}{j\omega C} \ll 1$$

由数学中的近似公式 $\sqrt[n]{1 + \chi} \approx 1 + \frac{\chi}{n}$（当 $|x| \leqslant 1$ 时）有

$$\sqrt{1 + \frac{R}{j\omega L}} \approx 1 + \frac{R}{2j\omega L}, \qquad \sqrt{1 + \frac{G}{j\omega C}} \approx 1 + \frac{G}{2j\omega C}$$

将它们代入上面的式子，有

$$\dot{\gamma} = j\omega \sqrt{LC} \cdot (1 + \frac{R}{2j\omega L})(1 + \frac{G}{2j\omega C})$$

$$= j\omega \sqrt{LC} \cdot (1 + \frac{R}{2j\omega L} + \frac{G}{2j\omega C} - \frac{RG}{4\omega^2 LC})$$

$$= \frac{R}{2}\sqrt{\frac{C}{L}} + \frac{G}{2}\sqrt{\frac{L}{C}} + j\omega \sqrt{LC} - j\frac{RG}{4\omega \sqrt{LC}}$$

因为 $RG \ll 4\omega\sqrt{LC}$，故

$$\frac{RG}{4\omega\sqrt{LC}} \approx 0$$

因此得

$$\dot{\gamma} = \frac{R}{2}\sqrt{\frac{C}{L}} + \frac{G}{2}\sqrt{\frac{L}{C}} + \mathrm{j}\omega\sqrt{LC}$$

$$\begin{cases} \alpha = \left(\dfrac{R}{2}\sqrt{\dfrac{C}{L}} + \dfrac{G}{2}\sqrt{\dfrac{L}{C}}\right)(\mathrm{Np/km}) = 8.686\left(\dfrac{R}{2}\sqrt{\dfrac{C}{L}} + \dfrac{G}{2}\sqrt{\dfrac{L}{C}}\right) \quad (\mathrm{dB/km}) \\ \beta = \omega\sqrt{LC} \quad (\mathrm{rad/km}) \end{cases} \qquad (3-15)$$

式(3-15)中的 α 又可表示为

$$\alpha = \alpha_R + \alpha_G$$

其中，$\alpha_R = \dfrac{R}{2}\sqrt{\dfrac{C}{L}}$，$\alpha_G = \dfrac{G}{2}\sqrt{\dfrac{L}{C}}$，前一项表示电磁能在导体及周围金属物中因涡流损耗引起的衰减；后一项则表示电磁能在绝缘介质中热损耗引起的衰减。

2. 特性阻抗

研究回路特性阻抗的目的是，提供最大输送电信号能量的条件，并使线路具有良好的性能。

1) 特性阻抗的物理定义及计算公式

电磁波沿均匀传输线传播而没有反射时（即线路终端匹配时）所遇到的阻抗，称为特性阻抗，或者说是均匀线路上任意一点的电压波与电流波的比值，所以又称为波阻抗，用 $\dot{Z}_\mathrm{c}$ 表示，其计算式为

$$\dot{Z}_\mathrm{c} = \frac{\dot{U}}{\dot{I}} = \sqrt{\frac{\dot{Z}}{\dot{Y}}} = \sqrt{\frac{R + \mathrm{j}\omega L}{G + \mathrm{j}\omega C}} \qquad (\Omega) \qquad (3-16)$$

由式(3-16)可知，特性阻抗 $\dot{Z}_\mathrm{c}$ 是一个复数，其值取决于线路的一次参数和传输频率，而与信号电压、电流的大小及线路长度无关。

2) 特性阻抗与频率的关系

与分析传播常数一样，我们分不同的频段来讨论特性阻抗的简化计算方法及其频率特性。

由于数据电缆工作在高频时，有 $\omega L \gg R$，$\omega C \gg G$，所以有

$$\dot{Z}_\mathrm{c} = \sqrt{\frac{R + \mathrm{j}\omega L}{G + \mathrm{j}\omega C}} \approx \sqrt{\frac{\mathrm{j}\omega L}{\mathrm{j}\omega C}} = \sqrt{\frac{L}{C}}$$

故

$$|\dot{Z}_\mathrm{c}| = \sqrt{\frac{L}{C}}, \quad \varphi_\mathrm{c} = 0° \qquad (3-17)$$

上述特性阻抗与频率的关系可用曲线表示，如图3-4所示。从曲线上可以看出：当频率由 $0 \to \infty$ 变化时，特性阻抗的幅值由 $\sqrt{R/G}$ 减小到 $\sqrt{L/C}$；相角 φ_c 总是负值，最小为 $-45°$，

最后接近于 0。

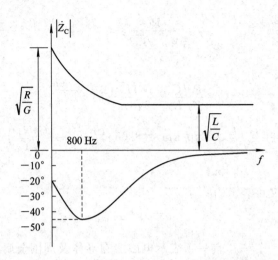

图 3-4 通信电缆特性阻抗与频率的关系曲线

在一般的电缆回路中，特性阻抗的相角总是负值，其绝对值角度不超过 45°，这说明一般电缆回路呈容性；而在直流和高频情况下，相角趋向于 0，表明此时线路呈纯阻性。

特性阻抗是数据电缆中最重要指标之一，根据数据电缆的具体结构，经数学推导，求得它的计算公式为

$$Z_C = \frac{120\ln\left(\frac{2a-d}{d}\right)}{\sqrt{\varepsilon_r}} \quad (\Omega) \qquad (3-18)$$

式中，a 为绝缘导线的绝缘外径；d 为铜丝直径；ε_r 为绝缘的相对介电常数。

由式(3-18)可以看出导体和绝缘的材料及几何尺寸都会影响到特性阻抗。结合衰减的公式，可以看出，为了使数据电缆的特性阻抗和衰减值都达到要求，必须寻找一个几何尺寸 a、d 的平衡点，除了控制其几何尺寸 a、d 外，便是控制绝缘的 ε_r、$\tan\delta$。特性阻抗在现在标准中规定为 100 Ω±15 Ω 或 150 Ω±15 Ω。

3.2.3 对绞数据电缆的串音特性

1. 串音的定义

在对绞数据电缆内实现通信的载体是对称双线回路(或称为对称电缆回路)，这种形式的回路具有开放的电磁场，所有工作线对产生的电磁场都要互相影响和干扰，因此，各线对终端除了收到本对电信号之外还会收到其他线对尤其是邻近线对的电信号，这就是电缆线对间的串音现象。

主串和被串是相对于干扰源而言的，即以图 3-5 中所画的电路而论，若线对 1 上用户间通信，让正在通过线对 2 通话的用户收到，那么，线对 1 就成为主串线对(回路)，而线对 2 则成为被串线对(回路)。

被串回路中靠近主串回路发话端的那一端叫做近端，远离主串回路发话端的那一端叫做远端；在近端听到的串音就叫做近端串音(Near End Cross Talk，NEXT)；在远端听到的串音就叫做远端串音(Far End Cross Talk，FEXT)。

串音干扰了主信号，在模拟通信中引起了串话，在数字传输系统中使误码率增加，限制了再生中继段的距离。串音在数字通信中的影响尤甚。

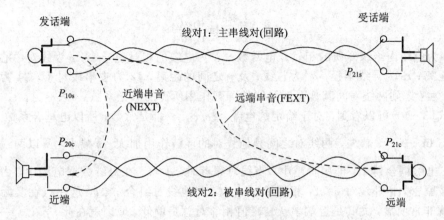

图 3-5 关于主串线对、被串线对、近端和远端串音的定义

2. 串音产生的机理

串音的本质是一个电磁耦合矢量，它有模和相角，多线对电缆内总的串音耦合矢量是由许许多多通过各种途径串来的电磁耦合矢量的矢量和。因此，两个模值虽大但相位相反的串音耦合矢量叠加以后总的串音矢量可能不大；相反，如果两个模值虽然不大但相位相同则叠加以后可能很大。

串音按产生原因不同，可分为系统性串音和随机性串音两类。系统性串音是由电缆的结构系统所决定的，结构越理想，系统性串音越"正宗"。电缆结构（包括结构尺寸、材料和节距）确定以后，线对之间的串音将以一定的规律沿电缆长度做周期性的变化，周而复始不随电缆长度而积累。随机性串音是指由于电缆制造过程中各种随机性因素（包括线径粗细、节距偏差、缆芯变形、线对错位等）而造成的附加串音。由于它们的随机性，它们以功率叠加的规律随电缆长度积累，最终要远大于系统性串音。电缆线对间的总串音是系统性串音（包括直接和间接）和随机性串音（包括直接和间接）的矢量和。

从以上可知，系统性串音和随机性串音产生原因和叠加规律是截然不同的，由于系统性串音不随电缆长度积累，而随机性串音随电缆长度积累，所以从电缆全长来看，总串音是随机性串音占的比重大。但是，必须指出的是，对于很短的长度单元而言，我们可以认为系统性串音是基础，随机性串音是附加，合成的串音耦合矢量是各单元串音耦合矢量在终端叠加。由此可知，总串音在很大程度上取决于系统性串音，也就是说，通过减小系统性串音就能提高串音防卫度。

线对间直接系统性串音决定于主被串线对间的直接电磁耦合。电缆内两对线的电磁耦合分析图如图 3-6 所示。

根据理论推导，由导线 1、2 所组成的回路与由导线 3、4 所组成的回路之间电耦合系数与磁耦合系数分别为

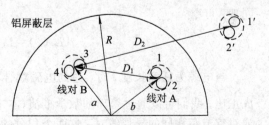

图 3-6 电缆内两对线的电磁耦合分析图

$$K' = \frac{\pi \eta \varepsilon_r}{2\left(\ln \frac{2\rho}{r_0}\right)} \cdot \ln \frac{d_{13} d_{24}}{d_{23} d_{14}} \tag{3-19}$$

$$M' = \frac{\mu_r}{2\pi} \cdot \ln \frac{d_{13} d_{24}}{d_{23} d_{14}} \tag{3-20}$$

式中，ε_r 为电缆内绝缘介质的相对介电常数；μ_r 为电缆的相对磁导率；ρ 为线对中心至导线中心的距离；r_0 为导线半径；d_{ij} 为芯线 i 及 j 之间的距离，12 为主串线对 I，34 为被串线对 II。η 为考虑到两线对间其他金属导线的屏蔽作用所需的修正系数，$0 < \eta < 1$。

从式（3-19）可以看到，对于给定的电缆，$2\rho/r_0$、ε_r 都是常数，所以电耦合系数 K' 仅取决于 η 与 $\ln \frac{d_{13} d_{24}}{d_{23} d_{14}}$。首先，两线对之间其他线对的屏蔽作用加大，$\eta$ 减小，所以两线对的距离越远，电磁耦合越小，即串音越小；当线对靠近时，$\eta \approx 1$。在对绞数据电缆中，由于缆芯绞合比较紧密，相邻线对 $\eta \approx 1$，相隔线对 $\eta < l$，其他线对组合 $\eta \ll l$，这一点在实际串音测试中体现非常明显，尤其是近端串音衰减值相邻对总是偏低，原因就在此。不过，一个缆芯总是有相邻对、相隔对的，这是无法避免的，人们要特别注意减小相邻对（包括同层和相邻层）的电磁耦合。其次，两线对间的距离越远，d_{13}、d_{24}、d_{23}、d_{14} 之间的相对差别越小，对数因子的数值就小。要减小 K'，必须减小对数项之值，而此时 d_{13}、d_{24}、d_{23}、d_{14} 之相对差别也大，要减小对数项，必须使这项周期性地在正、负值之间变化，从而在整个长度上减小 K'，线对的扭绞正是起了这种作用。减小直接系统性串音的主要方法是减小电磁耦合系数中线间距离函数 $\ln \frac{d_{13} d_{24}}{d_{23} d_{14}}$，但要知道，由于有线对和缆芯扭绞的原因，线间距离随电缆长度 x 变化，所以我们令

$$L_1(x) = \ln \frac{d_{13}(x) d_{24}(x)}{d_{23}(x) d_{14}(x)}$$

上面讨论的是主被串线对间直接电磁耦合的情况，但理论和实践证明，在主被串线对所在层的外面的线对层（相当于屏蔽栅）或缆芯屏蔽的存在，在 50 kHz 以上的频率内，还要考虑主串回路的镜像与被串回路之间的电磁耦合。也可以说，经由线对层或缆芯屏蔽层为第三回路的间接的电磁耦合（间接串音），此时单位长度的电磁耦合系数分别为

$$K''_{I/II} = \frac{\eta \pi \varepsilon_r}{2\left(\ln \frac{2\rho}{r_0}\right)} \ln \frac{d_{1'3} d_{2'4}}{d_{2'3} d_{1'4}} \tag{3-21}$$

$$M''_{I/II} = \frac{\mu_r}{2\pi} \cdot \ln \frac{d_{1'3} d_{2'4}}{d_{2'3} d_{1'4}} \tag{3-22}$$

式中，$1'$、$2'$ 分别为主串回路的导线 1、2 的镜像。其他参量的含义同式（3-19）和式（3-20）。同理，可令

$$L_2(x) = \ln \frac{d_{1'3}(x) d_{2'4}(x)}{d_{2'3}(x) d_{1'4}(x)}$$

当电缆为任意长度 l 时，总的电磁耦合与线间距离函数的积分 $\int_0^l L_1(x) \mathrm{d}x$ 和 $\int_0^l L_2(x) \mathrm{d}x$ 成正比。我们可以通过繁琐的数学推演（本书不再赘述）求得，对于主被串线对为同层线对或对绞节距相同的异层线对，这两个积分的最大绝对值分别为

$$A_1 = \left| \int_0^l L_1(x) \mathrm{d}x \right| = \frac{4}{\pi} \left(\frac{p}{D_1} \right)^2 \cdot \left| \frac{1}{\frac{1}{h_1} + \frac{1}{h_2}} \right| \tag{3-23}$$

$$A_2 = \left| \int_0^1 L_2(x)\mathrm{d}x \right| = \frac{4}{\pi}\left(\frac{p}{D_2}\right)^2 \left(\frac{R}{a}\right)^2 \cdot \left[\frac{1}{\dfrac{1}{h_1} - \dfrac{1}{h_2}} \right] \tag{3-24}$$

式中，p 为线对中心到导线中心的距离；D_1 为主串线对和被串线对的中心之间的距离；D_2 为主串线对的镜像中心与被串线对的中心之间的距离；R 为主串线对所在层外面的线对层（屏蔽栅）或缆芯屏蔽层的层蔽半径；a 为主串线对中心与电缆中心之间的距离；h_1 为主串线对的对绞节距；h_2 为被串线对的对绞节距。

式(3-23)和式(3-24)是线对间距离函数积分值可能出现的最大绝对值。其与远端串音耦合矢量 $\int_0^1 [L_1(x) - L_2(x)]\mathrm{d}x$ 成正比，显然，它可能出现的最大绝对值为

$$\left| \int_0^1 [L_1(x) - L_2(x)]\mathrm{d}x \right|_{\max} = A_1 + A_2 \tag{3-25}$$

通过以上分析和简化的数学推导可知，影响系统性串音大小的主要因素可归纳如下：

(1) 电缆所用的原材料参数(ε_r 和 μ_r)。ε_r 和 μ_r 越大，电磁耦合越大，即串音越大。相对介电常数 ε_r 与绝缘材料和绝缘形式有关，对于常用导体铜和铝，相对磁导率 μ_r 均为1。当所用材料和绝缘形式决定以后，ε_r 和 μ_r 基本上是定值。

(2) 主被串线对的相对位置。式(3-19)中的修正系数 η、式(3-23)中的主被串线对中心间的距离 D_1 以及式(3-24)中主串线对镜像与被串线对中心间的距离 D_2 等都表明：主被串线对相距越近，则 η 越大，D_1 和 D_2 越小，总效果是电磁耦合越大，即串音越大；反之，主被串线对相距越远，则串音越小。这可称为"位置效应"。

(3) 成品电缆中对绞节距的配置。从式(3-23)和式(3-24)可知，主被串线对间距离函数积分的最大值与对绞节距的倒数和及倒数差成反比。并且从中表明：直接的串音耦合与对绞节距的倒数和成反比，"镜像"串音耦合与对绞节距的倒数差成反比。也就是说，从统计观点看，如不考虑"位置效应"主被串线对间的直接系统性串音大小主要决定于对绞节距的倒数和，而通过"镜像"回路的间接串音主要决定于对绞节距的倒数差。由于 $A_2 > A_1$，A_2 比 A_1 更加重要。

从上面的分析可以看出，在电缆芯线材料和线径已经确定的前提下，减小系统性串音的主要措施是合理配置线对的对绞节距。为了使问题简化，假设在一个基本单位内各线对的 η 值不变，即受到的串音功率与 $1/(\frac{1}{h_1} - \frac{1}{h_2})$ 成正比。所以，多线对数据电缆内各线对的对绞节距是各不相同的，对绞节距的设计要符合上述理论原则。

3. 串音的度量方法

回路间的串音的严重程度通常用近端串音衰减或远端串音防卫度来描述。

1) 近端串音衰减

参见图3-5，若用 P_{10s} 表示主串回路发话端的信号功率，P_{20c} 表示被串回路近端测的串音功率，NEXT 表示近端串音衰减，则 NEXT 被定义为

$$\mathrm{NEXT} = 10\lg\left| \frac{P_{10s}}{P_{20c}} \right| = P_{10s} - P_{20c} \qquad (\mathrm{dB}) \tag{3-26}$$

式(3-26)的含义是：若以主串回路发话端的信号功率为基准，则被串回路近端串音功率比它低多少，并将这个数字用分贝(dB)形式表示出来。显然，NEXT 数值越大，则意味着近

端串音越小。值得说明的是，NEXT 不随电缆长度而变化，因为离近端越远的段落产生的近端串音电流所遇衰减越大，而流到始端时已经很小，可以忽略。

2）远端串音防卫度

由于被串回路远端的有用信号、来自串音回路发送端的远端串音都随线路长度而变化，为了统一衡量远端串音的程度，常用被串线对远端的有用信号作为基准功率电平来衡量远端串音功率比它小多少，称为远端串音防卫度，或称为等电位远端串音衰减 ELFEXT。

当主串线对与被串线对同方向通信时，若用 P_{21s} 代表被串回路远端收到的信号功率电平，P_{21c} 代表被串回路收到的串音功率电平，则 ELFEXT 被定义为

$$\text{ELFEXT} = 10\lg\left|\frac{P_{21s}}{P_{21c}}\right| = P_{21s} - P_{21c} \qquad (\text{dB}) \qquad (3-27)$$

经过分析可以得出，远端串音防卫度 ELFEXT 随着电缆长度的增长按照 $\ln\sqrt{l}$ 的规律减小。因为串音电流与信号途径一样长，在线路上的传输衰减一样大，但随着电缆长度的增加，意味着串音电流的积累增大，而与固有衰减的增大无关。因此，线路越长，远端串音防卫度越小，说明远端串音越严重。

3）串音功率和

在多线对数据电缆中，不仅需要考量线对与线对之间的串音指标，为了衡量某个线对受到全体线对串音干扰的总影响，需要考量一个线对所受串音的功率和。其定义式为

$$\text{IPS} = -10\lg\sum_{\substack{i=1 \\ j\neq i}}^{m} 10^{-X_{ij}/10} \qquad (\text{dB}) \qquad (3-28)$$

式中，IPS 为线对 j 的串音衰减（或防卫度）功率和，单位为 dB/km；m 为要统计的线对串音干扰到线对 j 的线对组合数；X_{ij} 为线对 i 和线对 j 之间的近端串音衰减或远端串音防卫度，单位为 dB。

4）减小随机性串音的主要措施

系统性串音是电缆处于上述理想设计的结构下的串音，但电缆缆芯等结构不可能完全理想，在电缆的生产过程中随机的因素很多，所以要减小随机性串音主要要从以下几方面采取措施：

（1）确保单线质量。主要是要保证单线的导体直径、绝缘外径均匀恒定，不偏心。这样可以减小线对的电阻不平衡和电容不平衡，这是确保绞合线对电气上对称性从而抵抗串音的前提。

（2）确保对绞节距的正确且均匀稳定。

（3）确保线对应绞缆时防止线对跳位。这是对绞节距设计能发挥最佳效果的保证。

3.2.4 对绞数据电缆的其他传输参数

1. 线对-线对的衰减串音比（ACR）

布线的近端串音衰减与衰减的差值，称为衰减串音比（ACR），以 dB 为单位。衰减串音比用式（3-29）计算，即

$$\text{ACR} = \text{NEXT} - \alpha \qquad (\text{dB}) \qquad (3-29)$$

式中，NEXT 为布线的任两线对间测出的近端串音衰减，单位为 dB；α 为电缆线对的衰减，

单位为 dB。

2. 回波损耗（Return Loss，RL）和结构回波损耗（Structure Return Loss，SRL）

回波损耗的意义在第二章中已经讲解过了，回波损耗反映的是双绞电缆各处阻抗的不均匀程度。在 IEC61156-1 标准中，输入阻抗即作为特性阻抗。在 IEC 61156-1 标准的增补 2 和 YD/T 1019—2013 中都规定了回波损耗其测量计算的表达式，即

$$RL = -20\lg\left|\frac{Z_{in} - Z_L}{Z_{in} + Z_L}\right| \qquad (dB) \qquad (3-30)$$

式中，Z_{in} 为当电缆线对远端终接了基准阻抗 Z_L 时在线对始端测得的阻抗；Z_L 为基准阻抗，按电缆标准取 $100\ \Omega$ 或 $150\ \Omega$。

电缆特性阻抗的测量方法有两种：一种是可测出全长电缆平均阻抗的"传输延迟-电容法"；另一种是普遍采用的单端测量方式，包括"开短路法"和"远端终接阻抗法"，后者在电缆测试输出端终接一个基准阻抗（常用纯电阻）Z_L 后一次完成测试。在扫频测试中，这两种单端测量法通常采用矢量网络分析仪（简称网络分析仪）测出电缆远端开路、短路或终接阻抗条件下输入端的反射系数 Z_{11}（又称为散射参量）后算出阻抗，即电缆的输入阻抗 Z_{in}。

但在 TIA/EIA 568-A 标准中，将单端测得的输入阻抗与特性阻抗加以区分，用最小二乘法将扫频输入阻抗频率曲线拟合为一光滑的阻抗频率曲线，阻抗拟合值称为特性阻抗。这时阻抗不均匀性通过结构回波损耗（STL）来考核。根据 TIA/EIA 568-A 标准，即使 $1\sim100\ MHz$ 内某些频率点测出的线对的 Z_{in} 超出 $100\pm15\ \Omega$，但拟合得出的 Z_C 仍可轻松地落在这个范围内，阻抗的不均匀性通过结构回波损耗（SRL）来考核，其公式为

$$SRL = -20\lg\left|\frac{Z_{in} - Z_C}{Z_{in} + Z_C}\right| \qquad (dB) \qquad (3-31)$$

一般在整个频段内 RL 低于 SRL。在频率大于 $20\ MHz$ 以上时，RL 与 SRL 相差甚小，当频率较低时，RL 会小于 SRL 数欧姆。结构回波损耗（SRL）在 $20\ MHz$ 以上时与频率的关系式为

$$SRL \leqslant 12 - 10\lg\left(\frac{f}{10}\right) \qquad (dB) \qquad (3-32)$$

结构回波损耗是线缆特性阻抗一致性的量度，阻抗的变化会引起返回反射，当一部分信号的能量被反射回传输端时，就会产生一种干扰信号。

3. 传播时延（Propagation Delay）

传播时延表示的是信号从一端传输到电缆的另一端所需要的时间。传播时延通常用纳秒（ns）表示。

5e 类 UTP 电缆的传播时延约为 $5\ ns/m$（最坏允许 $5.7\ ns/m$），图 3-7 是一个 $100\ m$ 5e 类 UTP 电缆的传播时延的示意图。

图 3-7　传播时延的示意图

在 5 类以上数据电缆标准中，都规定了传播时延和相速度，其实它们是互相关联的物理量。相速度是指正弦波在传输线上行进时(行波)同一个相位点向前(沿长度方向 z 轴)行进时的速度，可表示为

$$v_{\mathrm{p}} = \lim_{\Delta t \to 0} \frac{\Delta z}{\Delta t} = \frac{\mathrm{d}z}{\mathrm{d}t} = \frac{\omega}{\beta} \tag{3-33}$$

式中，ω 为正弦波的角频率(rad/s)；β 为传输线的相移常数(rad/km)。

传播长度 L 后的传播时延 τ 为

$$\tau = \frac{L}{v_{\mathrm{p}}}$$

经过理论分析，传输线传输电磁波的传波时延与介质的相对介电常数有关，即

$$v_{\mathrm{p}} = \frac{c}{\sqrt{\varepsilon_{\mathrm{r}}}} \tag{3-34}$$

式中，c 为光在真空中的速度(3×10^8 m/s)；ε_{r} 为介质的相对介电常数。从式(3-24)中可知，减小 ε_{r} 可以提高传播速度，减小时延，这就是为什么 6 类电缆有时要物理发泡的原因。

4. 传播时延差(Propagation Delay Skew)

UTP 电缆的传播时延差是指电缆中传得最快的线对与最慢的线对的信号传播时间的差值，其示意图如图 3-8 所示。导致时延差的原因是对绞节距的差异和绝缘材料的差异。

在对于 5e 类和 6 类电缆构成的千兆位以太网 1000Base-T 网络中，由于 4 对线都要同时传输，时延差将导致信号的不可恢复，所以传播时延差是重要的参数，应予以严格限制。

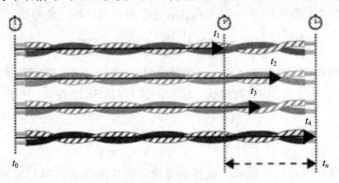

图 3-8 传播时延差的示意图

以上只是对常用的电气参数进行了解析，其实还有其他如信噪比(ACR)、纵向转化损耗(LCL)、纵向传输损耗(LCTL)等，读者可查阅有关资料。

根据我国通信行业标准 YD/T 1019—2013，表 3-7 给出了 20℃时的 100 Ω 对称电缆的电气特性汇总表。100 Ω 对称电缆的有些电气特性可能随温度变化。有些普通的绝缘材料可能会使电缆的电气特性随温度呈非线性变化。因此当温度超过 40℃时，可能需要采用特殊绝缘材料的电缆。电缆电气性能的温度系数由生产厂或产品标准规定。

3.3 各类数据通信用对绞电缆的性能指标

5 类及以上数据电缆目前的标准有：美国标准《商业建筑电信布线标准》(TIA/EIA 568 - A, B)、国际标准《信息-建筑物综合布线系统》(ISO/IEC 11801)、欧洲标准《信息技术一般

布线系统》(EN 50173)及我国通信行业标准《数字通信用实心聚烯烃绝缘水平对绞电缆》(YD/T 1019—2013)等。以下参数解析中的所有规定值均是参照 YD/T 1019—2013 标准中的。

3.3.1　5类(Cat.5)UTP电缆

5类4对非屏蔽双绞电缆是美国线缆规格(线规)为24(24AWG)(直径为0.511 mm)的实心裸铜导体，以高密度聚乙烯(HDPE)作为绝缘材料，传输频率达100 MHz。双绞电缆线对编号及色谱如表3-3所示。5类4对UTP电缆的结构如图3-9所示。根据我国通信行业标准 YD/T1019—2013 的规定计算出的电气性能指标如表3-4所示。表3-4中"9.38 Ω MAX.Per100m@20℃"是指在20℃的恒定温度下，每100 m双绞电缆的电阻为9.38 Ω(其他表类同)。

表3-3　双绞电缆线对编号及色谱

线对序号	色谱
1	白蓝/蓝
2	白橙/橙
3	白绿/绿
4	白棕/棕

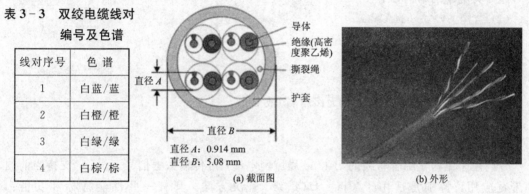

直径 A: 0.914 mm
直径 B: 5.08 mm

(a) 截面图　　　　(b) 外形

图3-9　5类4对UTP电缆的结构

表3-4　5类4对非屏蔽双绞(UTP)电缆的电气性能指标

频率/Hz	特性阻抗/Ω	最大衰减/(dB/100m)	近端串音衰减 NEXT/dB	回波损耗 RL/dB	直流电阻
256k	————	1.1	————		
512k	————	1.5	————		
772k	————	1.8	66		
1M		2.1	64	26	
4M		4.1	53.3	18.8	
10M		6.5	48.8	20	9.5 Ω
16M		8.2	44.8	20	MAX.Per100m
20M	85~115	9.3	42.8	20	@20℃
31.25M		11.7	39.9	18.6	
62.50M		17.0	35.4	16.5	
100M		22.0	32.3	15.1	

3.3.2　超 5 类(Cat.5e)UTP 电缆

超 5 类(Cat.5e)电缆是在对现有 5 类电缆的部分性能加以改善后出现的电缆,其不少性能参数,如近端串音、衰减串音比、回波损耗等都有所提高,但其传输带宽仍为 100 MHz。因此,它具有以下优点:

(1) 能够满足大多数应用的要求,并且满足近端串音的要求。

(2) 足够的性能余量,给安装与测试带来方便。

(3) 相比普通 5 类双绞电缆,超 5 类电缆在 100 MHz 的频率下运行时,为应用系统提供 8 dB 近端串音的余量,应用系统的设备受到的干扰只有普通 5 类双绞电缆的 1/4,从而使应用系统具有更强的独立性和可靠性。

超 5 类电缆的结构如下:

(1) 结构:4×2×24AWG。

(2) 导体:24AWG 实心铜线。

(3) 绝缘材料:HDPE。

(4) 缆芯:4 组线对成缆。

(5) 护套:PVC、LSZH(低烟无卤材料)或 PE。

(6) 颜色:灰色、橙色和黑色。

(7) 直径:5.1 mm。

专门用于结构化综合布线的 Cat.5e 局域网电缆,可传输数据信号、语音,支持当前的高带宽应用,特别是适用于 Class D(D 级)解决方案。其有一些性能指标和功能:① 10Base-T/100Base-TX 快速以太网;② 155 Mb/622Mb ATM;③ 100 Mb/s TP-PMD;④ VoIP;⑤ ISDN;⑥ Token 令牌网;⑦ 模拟和数据视频;⑧ 积极和活跃的 TR-16。根据 TIA/EIA 568-A-5 标准要求的超 5 类 4 对非屏蔽双绞(UTP)电缆的电气性能指标如表 3-5 所示。

表 3-5　超 5 类 4 对非屏蔽双绞(UTP)电缆的电气性能指标

频率 /MHz	特性阻抗 /Ω	回波损耗 RL /dB	最大衰减 /(dB /100m)	最差对近端串音衰减 NEXT /(dB/100m)	近端串音衰减功率和 PS-NEXT /dB	最差对等电平远端串扰衰减 ELFEXT /(dB/100m)	等电位远端串音衰减功率和 PS-ELFEXT /(dB/100m)	衰减串音比 ACR /(dB/100m)	传播时延 /(ns/100m)	传播时延差 /(ns/100m)
0.772		19.4	1.8	67	64	66	63	65	575	
1		20	2	65.3	62.3	63.8	60.8	63	570	
4		23	4.1	56.3	53.3	51.7	48.7	52	552	
8		25	5.5	51.8	48.8	45.7	42.7	46	546.7	
10		25	6.5	50.3	47.3	43.8	40.8	44	545.4	

续表

频率/MHz	特性阻抗/Ω	回波损耗 RL/dB	最大衰减/(dB/100m)	最差对近端串音衰减 NEXT/(dB/100m)	近端串音衰减功率和 PS-NEXT/dB	最差对等电平远端串扰衰减 ELFEXT/(dB/100m)	等电位远端串音衰减功率和 PS-ELFEXT/(dB/100m)	衰减串音比 ACR/(dB/100m)	传播时延/(ns/100m)	传播时延差/(ns/100m)
16	100±15	25	8.2	47.3	44.2	39.7	36.7	39	543	≤45
20		25	9.3	45.8	42.8	37.7	34.7	37	542	
25		24.3	10.4	44.3	41.3	35.8	32.8	34	541.2	
31.25		23.6	11.7	42.9	39.9	33.9	30.9	31	540.4	
62.5		21.5	17	38.4	35.4	27.8	24.8	21	538.6	
100		20.1	22	35.3	32	23.8	20	13	537.6	

3.3.3 6类(Cat.6)UTP电缆

6类UTP电缆是一个新级别的电缆,除了各项性能参数有较大的提高外,其带宽会扩展到250 MHz以上。专门用于结构化综合布线的Cat.6局域网电缆,传输语音、数据和视频信号,支持当前的高带宽应用,特别是适用于Class E(E级)屏蔽解决方案。6类电缆较5类电缆的结构上最主要的差别是:6类电缆中有十字塑料骨架将4对线分开,以减小线对之间的串音;另一个差别是有的6类电缆的导线绝缘用物理发泡聚乙烯绝缘,以达到标准规定的电气性能。6类4对UTP电缆的结构和外形如图3-10所示。

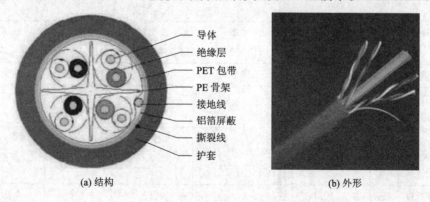

(a) 结构   (b) 外形

图3-10 6类4对UTP电缆的结构和外形

6类电缆的传输频率为1~250 MHz,6类布线系统在200 MHz时综合衰减串音比(PS-ACR)应该有较大的余量,它提供2倍于超5类的带宽。6类电缆的传输性能远远高于超5类电缆,最适用于传输速率高于1 Gb/s的应用(1000Base-TX)。6类标准中取消了基本链路模型,布线标准采用星型的拓扑结构,要求的布线距离为:永久链路的长度不能超过90 m,信道长度不能超过100 m。

根据TIA/EIA 568-A-5标准要求的6类4对UTP电缆的电气性能指标如表3-6所

示。100Ω 对称电缆的电气特性汇总表(20℃时)如表 3-7 所示。

表 3-6 6类4对 UTP 电缆的电气性能指标

频率 /MHz	衰减 /(dB/100m)	近端串音衰减 NEXT_loss /(dB/100m)	近端串音衰减功率和 PS-NEXT_loss /dB	等电位远端串音衰减 ELFEXT_loss /dB	等电位远端串音衰减功率和 PS-ELFEXT_loss /dB	回波损耗 RL /dB	衰减串音比 ACR /dB	传播时延 /(ns/100 m)	传播时延差 /(ns/100 m)
0.150		86.7	84.7						
0.772	1.8	76.0	74.0	70.0	67.0				
1.0	2.0	74.3	72.3	67.8	64.8	20.0	72		
4.0	3.8	65.3	63.3	55.8	52.8	23.0	61		
8.0	5.3	60.8	58.8	49.7	46.7	24.5	55		
10.0	6.0	59.3	57.3	47.8	44.8	25.0	53	$T\leqslant534+\dfrac{36}{\sqrt{f}}$ 式中单位: f 为 MHz; T 为 ns/100 m	≤45
16.0	7.6	56.2	54.2	43.7	40.7	25.0	49		
20.0	8.5	54.8	52.8	41.8	38.8	25.0	46		
25.0	9.5	53.3	51.3	39.8	36.8	24.3	44		
31.25	10.7	51.9	49.9	37.9	34.9	23.6	41		
62.5	15.4	47.4	45.4	31.9	28.9	21.5	32		
100.0	19.8	44.3	42.3	27.8	24.8	20.1	25		
200.0	29.0	39.8	37.8	21.8	18.8	18.0	10.8		
250.0	32.8	38.3	36.3	19.8	16.8	17.3	5.5		

表 3-7 100 Ω 对称电缆的电气特性汇总表(20℃时)

序号	电气特性	单位	电缆类别				
			3类 ($f\leqslant16$ MHz)	4类 ($f\leqslant20$ MHz)	5类 ($f\leqslant100$ MHz)	5e类 ($f\leqslant100$ MHz)	6类 ($f\leqslant250$ MHz)
1.1	特性阻抗	Ω	100±15	100±15	100±15	100±15	100±15
1.2	最大直流电阻	Ω/100 m	9.5	9.5	9.5	9.5	9.5
1.3	衰减	dB/100 m	$2.320\times\sqrt{f}+0.238\times f$	$2050\times\sqrt{f}+0.043\times f+\dfrac{0.057}{\sqrt{f}}$	$1.967\times\sqrt{f}+0.023\times f+\dfrac{0.050}{\sqrt{f}}$		$\leqslant1.808\sqrt{f}+0.017\times f+\dfrac{0.2}{\sqrt{f}}$
1.4	传播相速度	m/s	0.4c	0.58c	0.58c	0.58c	0.58c
		m/s	0.6c	0.6c	0.61c	0.61c	0.61c
		m/s	—	—	0.62c	0.62c	0.62c
1.5	近端串音衰减	dB/100m	$41.3-15\times\lg f$	$56.3-15\times\lg f$	$62.3-15\times\lg f$	$\geqslant65.3-15\times\lg f$	$\geqslant74.3-15\lg f$
1.5a	近端串音衰减功率和	dB/100 m	$41.3-15\times\lg f$	$56.3-15\times\lg f$	$62.3-15\times\lg f$	$62.3-15\times\lg f$	$\geqslant72.3-15\lg f$

序号	电气特性	单位	电缆类别				
			3 类 ($f \leqslant 16$ MHz)	4 类 ($f \leqslant 20$ MHz)	5 类 ($f \leqslant 100$ MHz)	5e 类 ($f \leqslant 100$ MHz)	6 类 ($f \leqslant 250$ MHz)
1.5b	等电位远端串音衰减	dB/100m	$38.8 - 20 \times \lg f$	$54.8 - 20 \times \lg f$	$60.8 - 20 \times \lg f$	$63.8 - 20 \times \lg f$	$\geqslant 68 - 20 \lg f$
1.5c	等电位远端串音衰减功率和		$38.8 - 20 \times \lg f$	$54.8 - 20 \times \lg f$	$60.8 - 20 \times \lg f$	$63.8 - 20 \times \lg f$	$\geqslant 65 - 20 \lg f$
1.6	最大电阻不平衡	%	2.5	2.5	2.5	2.5	2.5
1.7	最小纵向变换损耗	dB	45(在考虑中) 在考虑中	45(暂定) 在考虑中	45(暂定) 在考虑中	45 在考虑中	40 $\geqslant 30 - 10 \lg(f/100)$
0.8	最大线对对地电容不平衡	pF/100m	330	330	330	330	330
1.9	最大转移阻抗（仅适用于屏蔽电缆）	mΩ/m	50 100 —	50 100 —	50 100 在考虑中	50 100 在考虑中	50 100 在考虑中
1.10	绝缘电阻	MΩ·km	5000				
1.11	绝缘介电强度	kV	1 kV, 1 min, 或者 2.5 kV, 2 s				
1.12	最小结构回波损耗	dB/100	12 $12 - 10 \times \lg(f/10)$ —	21 $21 - 10 \times \lg(f/10)$ $21 - 10 \times \lg(f/10)$	23 23 23 $23 - 10 \times \lg(f/20)$	28 28 28 $23 - 10 \times \lg(f/20)$	$20 + 5\lg(f)$ 25 25 $25 - 7\lg(f/20)$
1.13	传播时延差	ns/100 m	45 — —	45 45 45	45 45 45	45 45 45	45 45 45

3.4　对绞数据电缆的制造工艺及控制要点

对绞数据电缆(简称数据电缆)的成品质量除取决于生产设备和原材料质量外，对每个生产环节的控制十分重要，将直接影响电缆的结构要素和传输参数。

3.4.1　结构要素计算

现以市场上普遍使用的 4 对 UTP 电缆为例，其电缆的结构如图 3-11 所示。

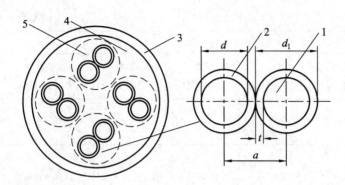

1—导体；
2—绝缘单线；
3—外护套；
4—绞合缆芯；
5—绞合线对；
a—回路两导体的中心距离(mm)；
d—导体直径(mm)；
d_1—单线绝缘外径(mm)；
t—绝缘层厚度(mm)

图 3-11 4 对 UTP 电缆的结构

结构要素是指能够满足电缆的各项性能要求，各个结构元件按照设计规范组合以后所形成的必备的元素。它有别于电缆结构上的单一尺寸。

如果我们把图 3-11 中的导体、绝缘单线、绞合线对、绞合缆芯、外护套作为数字电缆的 5 种结构元件，那么结构要素则是由一个或一个以上元件按规则组合形成的尺寸、数值、性能等要素。符合要求的结构要素才是合格电缆的必要和充分条件。

对绞数据电缆的结构设计思路是：通过选择合理的导体直径、绝缘材料和绝缘外径以及对绞节距，使超 5 类 UTP 电缆的各主要参数如特性阻抗、衰减、串音(近端串音衰减和远端串音衰减)、结构回波损耗(或回波损耗)等能够满足标准规定的要求。这里介绍如何根据特性阻抗的规定值来确定的绝缘外径及其验证。

1. 导体直径的确定

对于 5 类和 5e 类电缆，导体直径通常选用美国线规 24AWG(0.5106 mm，近似取为 0.511 mm)，因此可以认为导体直径是个定值。

2. 绝缘外径的确定

本例绝缘采用聚乙烯(PE)实心绝缘。在导体直径一定的情况下就要根据电容、阻抗、衰减等要求确定导体的绝缘外径。过去通常是按电缆电容计算公式来确定的，但由于各种标准对电容的要求不一致，如 IEC 61156 未对电容做出明确的规定，而 YD/T 1019—2013 标准则规定了电容最大值为 5.6 nF/100 m，并没有标称值。为了使设计具有普遍适用性，可先不按电容计算式来确定绝缘外径，而采用特性阻抗的计算式。通常各标准对特性阻抗的要求都是相同的，即 100 Ω±15 Ω。因此可以根据特性阻抗的要求来确定绝缘外径。

特性阻抗与一次传输参数 R、L、C、G 等有关，即当导电线芯的材料、直径和绝缘结构确定后，Z_C 只随频率的变化而变化，与线路长度无关，也与传输的电压及电流的大小及负载阻抗无关。因此可以根据阻抗的规定值来确定导体的绝缘外径。

由于数据电缆传输的都是高频信号，在 $f \gg 3$ kHz 时，$\omega L \gg R$，$\omega C \gg G$，则

$$|Z_C| = \sqrt{\frac{L}{C}} \quad (\Omega) \tag{3-35}$$

由此可见，对于传输高频信号的数据电缆特性阻抗是由电感和电容决定的，而电感和电容的大小又与导体直径和绝缘外径密切相关。

下面计算对称电缆回路的电感 L 和电容 C。

1）电感 L

在本章 3.2.1 节的式（3-7）中已经给出了对称电缆回路的电感公式，重写在此，即

$$L = 4\lambda \ln \frac{2a-d}{d} \times 10^{-4} \quad (H/km)$$

式中，λ 为绞合线对的绞入系数，取 1.02 左右；a 为回路两导体的中心距离；d 为导体直径。

但是对于应用在几十兆乃至几百兆赫兹的高频数据电缆，随着频率的增高，邻近导体对线对电感的影响开始体现出来，因此可根据多次测试数据和传统计算公式相比较，发现邻近导体的影响大概有 25%，可引入一个高频电感修正系数 K_L，通常 K_L 取为 1.25，则上述的高频电感的计算公式可变换为

$$L = 4\lambda \ln \frac{2a-d}{d} \times 10^{-4} \times K_L = 4\lambda \ln \frac{2a-d}{d} \times 10^{-4} \times 1.25 \quad (H/km) \qquad (3-36)$$

2）工作电容 C

对称电缆回路的电容是比较复杂的，因为电缆中包括很多线对，任何相邻线对之间都会有电容存在，多芯电缆的工作电容可按下式计算，即

$$C = \frac{\lambda \varepsilon_r \times 10^{-6}}{36 \ln \left(\frac{2a}{d} \psi \right)} \quad (F/km) \qquad (3-37)$$

式中，ε_r 为组合介质的等效相对介电常数；ψ 为修正系数（考虑到邻近导线的影响）；a 和 d 的意义同前述。

ε_r 和 ψ 的计算方法如下：

（1）ε_r 的计算。由于超 5 类 UTP 电缆是由空气和实心聚乙烯（PE）绝缘共同组成的绝缘结构，因此其等效相对介电常数应按组合介质计算，即

$$\varepsilon_r = \frac{S_k \varepsilon_k + S_g \varepsilon_g}{S_k + S_g} \qquad (3-38)$$

式中，S_k 为空气所占面积；S_g 为绝缘介质所占面积；ε_k 为空气的相对介电常数，$\varepsilon_k = 1$；ε_g 为介质的相对介电常数，实心聚乙烯的 $\varepsilon_g = 2.27$。

设绝缘外径 $d_1 = Ad$（式中，系数 A 为绝缘外径 d_1 与导体直径 d 之比，它的引入是为了简化以下公式的运算），绞合线对的压紧系数 $\eta = 0.94$，则

$$S_k = \frac{\pi (2Ad \times 0.94)^2}{4} - 2 \cdot \frac{\pi (Ad)^2}{4} \quad (mm^2) \qquad (3-39)$$

$$S_g = \frac{2\pi \left[(Ad)^2 - d^2 \right]}{4} \quad (mm^2) \qquad (3-40)$$

将式（3-39）、式（3-40）以及有关的参数代入式（3-38）可得

$$\varepsilon_r = \frac{\dfrac{\pi (2Ad \times 0.94)^2 - 2\pi (Ad)^2}{4} \times 1 + \dfrac{2\pi \left[(Ad)^2 - d^2 \right]}{4} \times 2.27}{\dfrac{\pi (2Ad \times 0.94)^2 - 2\pi (Ad)^2}{4} + \dfrac{2\pi \left[(Ad)^2 - d^2 \right]}{4}}$$

$$= \frac{6.0744A^2 - 4.54}{3.5344A^2 - 2} \qquad (3-41)$$

（2）修正系数 ψ 的计算。修正系数 ψ 可由式（3-42）求得

$$\psi = \frac{D_S^2 - a^2}{D_S^2 + a^2} \qquad (3-42)$$

$$D_S = d_2 + d_1 - d = 2d_1 \times 0.94 + d_1 - d$$
$$= 2.88d_1 - d = 2.88Ad - d = (2.88A - 1)d$$

式中，D_S 为 UTP 电缆的等效屏蔽直径(考虑到邻近导体对线对电容的影响)；d_2 为绞合线对的直径($d_2 = 2d_1 \times \eta$)；d_1 为绝缘外径($d_1 = a = Ad$)。则式(3-42)可换算为

$$\psi = \frac{D_S^2 - a^2}{D_S^2 + a^2} = \frac{[(2.88A - 1)d]^2 - (Ad)^2}{[(2.88A - 1)d]^2 + (Ad)^2}$$
$$= \frac{7.2944A^2 - 5.76A + 1}{9.2944A^2 - 5.76A + 1} \qquad (3-43)$$

将 ε_r 和 ψ 值代入式(3-37)可得

$$C = \frac{\lambda \times \frac{6.0744A^2 - 4.54}{3.5344A^2 - 2} \times 10^{-6}}{36\ln\left\{\frac{2Ad}{d} \times \frac{7.2944A^2 - 5.76A + 1}{9.2944A^2 - 5.76A + 1}\right\}} \quad (\text{F/km}) \qquad (3-44)$$

将式(3-36)和式(3-44)代入式(3-35)可得

$$|Z_C| = \sqrt{\frac{L}{C}}$$

$$= \sqrt{\frac{4\lambda\ln\frac{2Ad - d}{d} \times 10^{-4} \times 1.25}{\left\{\frac{\lambda \times \frac{6.0744A^2 - 4.54}{3.5344A^2 - 2} \times 10^{-6}}{36\ln\left(\frac{2Ad}{d} \times \frac{7.2944A^2 - 5.76A + 1}{9.2944A^2 - 5.76A + 1}\right)}\right\}}} \qquad (3-45)$$

由于按设计要求 $Z_C = 100\ \Omega$，因此可将式(3-45)整理，并列出以下方程式，即

$$|Z_C| = \sqrt{5\ln(2A - 1) \times 36\ln\left[2A \times \frac{7.2944A^2 - 5.76A + 1}{9.2944A^2 - 5.76A + 1}\right]} \times \sqrt{\frac{3.5344A^2 - 2}{6.0744A^2 - 4.54} \times 100} = 100\ (\Omega)$$

但由于该方程是一个超越方程，按常规方法运算相当困难，可以通过计算机的 Mathematica 软件来求解，这样就变得相当简单了。经运算可解得 $A = 1.81$，因此电缆的绝缘外径 $d_1 = 1.81 \times d = 1.81 \times 0.511 = 0.925$ mm。

将上述运算得到的 $A = 1.81$、$d_1 = 0.925$ mm 等数据代入式(3-41)和式(3-43)，求得 $\varepsilon_r = 1.604$、$\psi = 0.688$。再代入式(3-37)，求得对称电缆回路的工作电容为

$$C = \frac{\lambda \varepsilon_r \times 10^{-6}}{36\ln\left(\frac{2a}{d}\psi\right)} = \frac{1.02 \times 1.604 \times 10^{-6}}{36\ln(2 \times 1.81 \times 0.688)} = 49.8 \times 10^{-9} \quad (\text{F/km})$$

由此可见，此结果符合 YD/T 1019—2013 标准的电容最大值为 5.6 nF/100 m 的规定。再按上面计算的结构尺寸等参数可求得电缆的电缆线对在 10 MHz 和 100 MHz 的衰减分别为 5.87 dB/100 m 和 18.8 dB/100 m，均符合 IEC 61156、YD/T 1019—2013、ISO 11801、TIA/ETA 568 等标准的要求，具体计算过程在此不再赘述。

3.4.2 对绞数据电缆的制造工艺

图 3-12 为现在最流行的用二步法生产对绞数据电缆的生产流程图。初看一下，一根 4

对数据电缆的结构与普通的市(电)话电缆差不多，但是要全面达到数据电缆的规范，难度相对较高。因为一般市话电缆只是在音频范围内使用，就是用脉码调制通话系统，电缆的测试频率也只有 1 MHz 左右，而数据电缆的测试频率要达 100 MHz、155 MHz、250 MHz 甚至 600 MHz 等。因此对电缆结构的对称性和精密性要求很高。

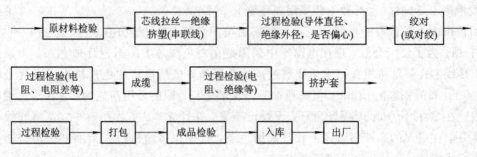

图 3-12　对绞数据电缆的生产流程图

下面我们就各种工序的设备来进行一些分析。

1. 芯线拉丝—绝缘挤塑串联生产线(简称串联线)

芯线拉丝—绝缘挤塑是生产对绞数据电缆最关键的工序，除了生产数据电缆的绞线线芯外，为了保证绝缘线芯达到高度精密的几何尺寸和最佳质量，均毫无例外采用串联生产线。与市话电缆串联线相比，数据电缆串联线的生产要求和质量控制指标要严格很多。表 3-8 是数据电缆与市话电缆串联线控制指标的对照表

表 3-8　**数据电缆与市话电缆串联线控制指标的对照表**

序号	控制指标	数据电缆串联线	市话电缆串联线
1	铜线外径偏差	+0.002 mm 以内	+0.005 mm 以内
2	铜线椭圆度	+0.002 mm 以内	+0.005 mm 以内
3	铜线延伸率及偏差	(18%～24%)+2%	20%～28%
4	实心绝缘外径偏差	+0.005 mm 以内	+0.02 mm 以内
5	实心绝缘椭圆度	+0.01 mm 以内	+0.02 mm 以内
6	单线电容稳定度	+2.5 pF/m 以内	+5 pF/m 以内
7	实心绝缘同心度	≥92%	≥85%
8	绝缘与导体附着力	大于 1200 g/100 mm	无规定
9	绝缘材料	高度稳定性的 HDPE	普通的 PE

为了保证恒定地达到这些要求，主要可采取以下措施：

(1)采用拉丝—退火—预热一体化设备，连续退火及预热装置与拉丝机稳定。

(2)采用高精密的配模，将拉丝滑动量减到最低的严格同步。

(3)拉丝机自带乳浊液的冷却—过滤循环装置，不会有铜粉黏在出线模和铜线上。

(4)选用最佳的退火电流值，对数据电缆来说，最终线径(加绝缘后)的恒定性和退火

的均匀性要比延伸率绝对值还要重要。

（5）采用高精密度的定心式挤塑机机头和精密模具、高度稳定的挤塑机温度控制系统。

目前能达到以上要求的高速串联线的生产厂家国内的不多，并且不能做物理发泡绝缘，所以一般现在采用的都是进口串联线，生产速度为 1800 m/min～2000 m/min，可以做物理发泡聚乙烯绝缘（也可做一些氟塑料绝缘）。

目前市面上被认可的单线分色，大都采用美国色标，4 对线分别：白-蓝、白-橙、白-绿、白-棕。为了便于分线，现在电缆厂中采用是在白色线芯上印有色环或色条。当采用色环时，热线芯在挤塑机机头出来后便通过高速色环机，虽然进口的色环机生产速度号称可达 1200 m/min～2000 m/min，但高速油墨需全部进口，即使采用高速油墨，在聚乙烯绝缘上，线速在 1200 m/min 时喷印色环，干燥已不易，并且成本高，故在一些高速串联线中不太被采用。在进口的高速串联线上较常采用色条，只要在挤塑机机头上加一个小挤塑机即可，生产成本低，并且生产速度不受影响。

在绝缘单线串联生产线中，铜线直径检测、绝缘外径 X—Y 测控及电容监视是制造数据电缆最基本必备的在线控制仪器，加上先进的控制处理器，就可以全线进行严格的控制。如条件许可，可加上偏心显示及 FFT 频谱分析等仪器，这对提高产品等级会有很大帮助。

在绝缘挤出阶段，会出现个别的局部的视在电缆缺陷，也可以是许多呈周期性分布的甚至无法用普通检测仪器分辨的细微缺陷，后者所产生的反射波会在某些频率上相互叠加，当反射波振幅极大时，电缆的传输性能如特性阻抗、结构回波损耗等开始在这些频率点上甚至整个频宽范围内急剧恶化，就像无线传输中的多径反射一样造成信号的严重失真。

2. 绞对机

数据电缆的绞对工序是指将两根规定颜色的单线以一定的节距逆时针扭绞在一起形成一对通信回路。对于数据电缆绞对机，在原理上与市话电缆绞对机没有多大区别，只是对绞节距较小，一般均在 10～25 mm 范围内，但对节距的稳定性及张力控制要求很高。表 3-9 是数据电缆和市话电缆绞对机控制指标的对照表。

表 3-9　数据电缆和市话电缆绞对机控制指标的对照表

序号	控制指标	数据电缆绞对机	市话电缆绞对机
1	对绞节距范围	10～25 mm	40～130 mm
2	对绞节距变动误差	≤3% 或≤0.5 mm	≤5% 或≤4 mm
3	芯线张力波动	≤+10%	≤+25%
4	最大电阻不平衡	≤2%	≤5%
5	线对对地不平衡	≤330 pF/100 m	≤570 pF/100 m

为了达到以上要求，绞对机的放线装置应做到主动放线，并有灵敏的张力反馈。采用张力监控，随时显示张力的变化，对保证工艺稳定甚有帮助，并保持两根线的放线张力均匀和长度一样，同时机器上所有的转向导轮应尽可能加大，以免铜线与绝缘之间的附着力受到影响。由于数据电缆的对绞节距较短，所以必须尽可能提高其转速，以提高产量。

3. 成缆机

成缆工序是将若干对双绞线对以一定的扭矩逆时针扭绞在一起。数据电缆成缆机可分为两种类型：双扭式和单扭式。双扭式速度快，精度相对较低，普遍用于5类电缆与超5类电缆的生产。对于6类电缆及要求较高的屏蔽电缆，国际上普遍采用单扭式成缆机，其精度高。表3-10是单扭式和双扭式成缆机的性能比较。

表 3 - 10　单扭和双扭成缆机的性能比较

序号	控制指标	800~1000 双扭式	800~1000 单扭式
1	最大转速/(转/分)	500~1000	500~800
2	最大扭绞/(扭/分)	1000~2000	500~800
3	成缆速度/(m/min)	100~200	50~80
4	适用范围	用于5类UTP电缆和超5类UTP电缆	各种数据电缆，包括FTP、STP和SFTP电缆

国内外生产成缆机的厂家基本也生产绞对机。法国波逊亚采用的是群绞（绞对和成缆合二为一）。大对数数据电缆的成缆机是改装的电话电缆成缆机，或各设备生产厂家对应的改装设备。

4. 护套机

数据电缆制造中的护套工序就是在成缆工序后的缆芯上再包覆一层塑料保护层。数据电缆护套生产线的特点是护套厚度较薄，一般只有0.5 mm左右，通常采用聚氯乙烯或其他聚烯烃化合物。在挤出过程中，要使缆芯结构保持其几何位置不变，故通常采用定心式挤塑机机头和半挤管式模具。在护套表面要印上标识，因电缆外形不一定平滑，所以通常采用电脑喷印。护套生产在整个数据电缆生产过程中是控制最简单的环节，所以一般采用国产护套生产线即可满足要求，根据挤出外径大小，一般采用65型挤塑机。

5. 成圈包装

由于数据电缆的装箱长度一般为1000 ft(304.8 m)。为了使施工放线方便，又要保持电缆在放出时不受扭曲，以免影响性能，现在普遍采用的有两种方式：匣式无扭自由放线包装和绕盘纸匣放线包装。后者需将电缆绕在纸板盘上，再装入纸箱中，用芯轴托住，使用时从槽口将电缆拖出，这种包装方法成本较高，同时电缆纸盘需转动。目前，国际上最流行的是匣式无扭自由放线包装，电缆在成圈时采用特殊交叉卷绕，这样在放线时电缆不会扭曲。这种成圈机的生产厂家较多，国际上最先进、效果最好的是美国文登的成圈机，价格也很贵。

6. 成品测试

对数据电缆的成品测试要求，要比电话电缆高得多。电话电缆测试最高在1 MHz，而数据电缆要达到250 MHz，有些厂家把频率推到600 MHz以上。无论是美国 TIA/EIA(电信工业协会/电子工业协会)标准，还是 ISO/IEC(国际标准化组织/国际电工会议)标准都严格规定了电缆出厂标准。目前市面的测试仪有精装式和便携式。精装式有瑞士 AESA 9500、美国 DCM、德国 MEA 等，在这些厂家中，最广泛被采用的是瑞士 AESA 9500、美国 DCM，价格也昂贵。便携式的有 FLUKE、WAVETEK、MICROSOFT 等，这些一般用于工程上的检测，不可用于出厂检测。选用先进的测试系统，不仅对控制生产质量、确定产品的等级十分重要，而且根据测试统计分析结果来改进、提高工艺和产品质量，帮助也极大。

图 3-13 列举了电缆的生产工艺与结构要素的关系（数据电缆的生产过程）。

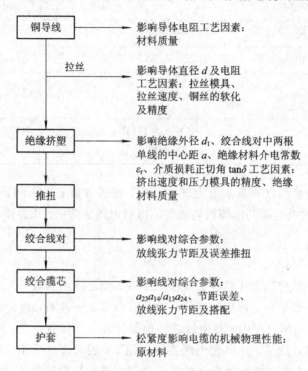

图 3-13 电缆的生产工艺与结构要素的关系

从生产流程中可以分析出数字电缆的 7 个要素：

（1）a——绞合线对中两根绝缘单线的中心距离（mm）。

（2）d——导电线芯（铜丝）的直径（mm）。

（3）R_0——导体直流电阻。

（4）a/d——a 与 d 的比值。

（5）ε_r——绝缘材料的相对介电常数。

（6）$\tan\delta$——介质损耗角的正切值。

（7）a_{23}第二对导线与第三对导线之间的中心距离。

以上这 7 个要素中，除 ε_r、$\tan\delta$ 直接取决于原材料性能（R_0 部分取决于原材料性能）外，其余要素均取决于设计和制造水平。

3.4.3 工艺控制要点

图 3-14 列举了电缆最终性能与生产工艺的关系。

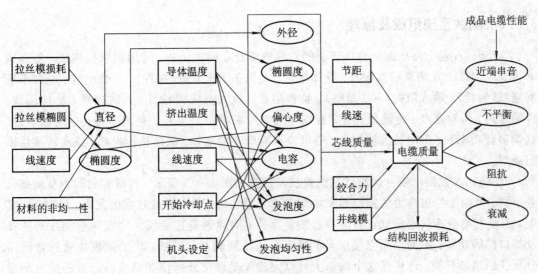

图 3-14 电缆最终性能与生产工艺的关系

3.5 对绞数据电缆的测试

测量电缆的衰减、近端串音衰减、远端串音衰减、特性阻抗及结构回波损耗时应使用扫频方法测量。可以用线性或对数频率间隔。扫频所取频率点的数量，对于近端串音衰减、远端串音衰减参数应不少于规定频率范围包含十倍频程数的 200 倍，对于其他参数应不少于规定频率范围包含十倍频程数的 100 倍。

自对绞数据电缆出现以来，国际上有不少厂家根据电缆的实际测量要求研制出各种自动测量仪器及设备。虽然在外形、操作上各有不同，但国际上主流的方法不外乎有以下两种。

(1) 时域分析法。该方法的主要原理是在电缆的一端注入一个电信号(一般是在频域体现宽谱的窄脉冲电信号)，采集反射信号，并对其进行各种数据处理、分析，得到在频域下的部分参数，利用这种方法制造的仪器一般具有较小的体积，易于携带，而且制造成本低。但这种方法的缺陷是无法对所有的参数进行测量，而且对部分参数只是一个定性分析，而且测量频率一般在 350 MHz 以下。由于其特点，适用于工程布线检查及工厂的半成品检测，主要生产厂家有福禄克、HP、DCM 公司等。

(2) 频域扫描法。该方法以矢量网络分析仪作为核心测量部件，配以巴伦(BALUN)作为平衡器件。由于这种方法直接采用频域扫描来得出数据，没有过多的数据处理(如时域法所必需的时域到频域的转换)，所以能够更正确地体现被测电缆在高频下的性能。在 IEC 61156、ASDM 4566、TIA/EIA 568 及我国国标中都提及并规定采用该方法。相关设备主要的生产厂家有美国 DCM、德国 MEA、瑞士爱莎及中国上海电缆研究所等，下面以上海电缆研究所研制的 CTS650A 对称数据电缆测试设备为例，介绍用频域扫描法对对绞数据电缆的参数实现自动测量。

3.5.1 测试系统组成及原理

CTS650A 是上海电缆研究所研制的对称电缆自动测试设备，采用频域扫描法，最高频率为 700 MHz。可测量的参数有：导体电阻、电阻不平衡衰减（损耗）、工作电容、电容不平衡衰减（损耗）、输入阻抗（开、短路）、特性阻抗、输入阻抗（匹配）、回波损耗、结构回波、传输延迟、传输速度、传输延迟差、近端串音、近端串音功率和、衰减串音比、远端串音、远端串音功率和、等电位远端串音、等电位远端串音功率和、纵向转换损耗、纵向转换传输损耗等。

CTS650A 数据电缆自动测试系统组成及原理如图 3-15 所示。与所有的同类型测试设备一样，其由工控机作为主控制器来协调各单元模块的工作，完成数据的采集、处理等。其中，矢量网络分析仪是测试设备的核心测量部件；高频通道选换模块完成对被测线对选择及端口扩展功能；平衡单元完成信号的平衡—不平衡转换；同轴/TI 扩展模块是矢量网络分析仪的端口扩展，这样在这个端口上可以完成矢量网络分析仪能完成的原有的所有测量功能，如对同轴电缆、电子元器件的测量。由于所测频率较高，达到 700 MHz，为了不破坏高频性能，低频参数的测量由专门的测量单元和低频接线单元完成。图 3-16 为数据电缆参数的测量原理。图 3-17 为 CTS650A 数据电缆测试设备的照片。

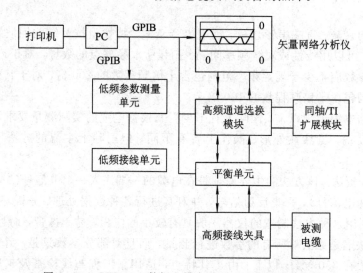

图 3-15　CTS650A 数据电缆自动测试系统组成及原理

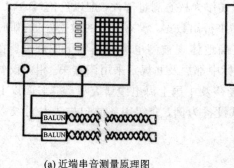

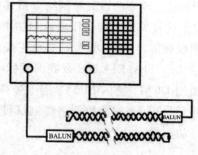

(a) 近端串音测量原理图　　　　　　(b) 远端串音测量原理图

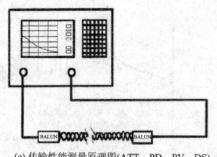

(c) 传输性能测量原理图(ATT、PD、PV、DS)

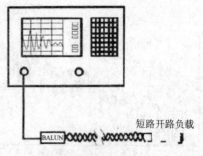
短路开路负载

(d) 反射性能测量原理图(SRL、RL、Z_{IN}、Z_C)

图 3-16 数据电缆参数的测量原理

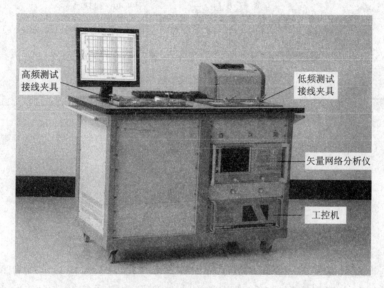

图 3-17 CTS650A 数据电缆测试设备的照片

3.5.2 测试结果举例

图 3-18 所示为 5e 类电缆衰减串音比(ACR)、近端串音衰减(NEXT)、近端串音衰减功率和(PS-NEXT)、等电位远端串音衰减功率和(PS-ELFEXT)、回波损耗(RL)、特性阻抗(Z_C)随扫描频率变化的实测曲线。

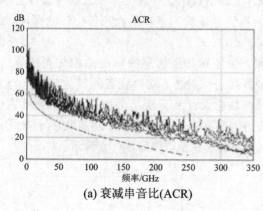
(a) 衰减串音比(ACR)

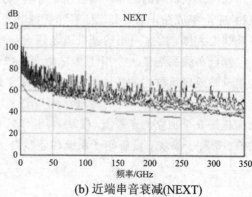
(b) 近端串音衰减(NEXT)

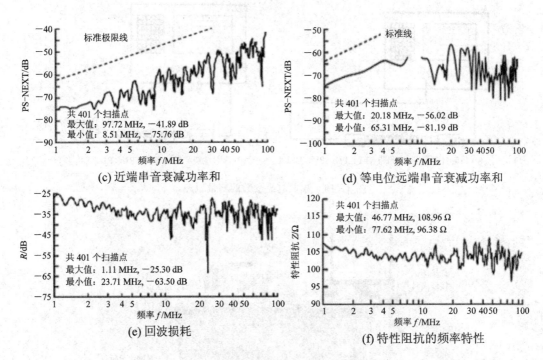

图 3-18　5e 类对绞数据电缆的性能实测曲线

3.6　对绞数据电缆的应用

对绞数据电缆具有使用频率高、数字传输速率快，适用于大楼通信综合布线系统的工作区通信引出端与交接间的配线架之间的布线，能满足数字通信系统中传输高码率数字信号的要求。其主要用于智能大楼的综合布线中，也可用于家庭的宽带接入中。

3.6.1　综合布线概述

1. 综合布线的定义

现代商业机构的运作，常常需要计算机技术、通信技术、信息技术和它的办公环境（建筑物）完全集成在一起，实现信息和资源共享，提供舒适的工作环境和完善的安全保障，这就是智能大楼，而这一切的基础就是综合布线。

综合布线系统是一个用于传输语音、数据、影像和其他信息的标准结构化布线系统。是建筑物或建筑群内的传输网络，它使语音和数据通信设备、交换设备和其他信息管理系统彼此相连接。综合布线的物理结构一般采用模块化设计和分层星型拓扑结构，它的系统结构包括 6 个独立的子系统（模块）：工作区子系统、水平布线子系统、建筑物主干布线子系统、管理子系统、设备间子系统和建筑群主干布线子系统，如图 3-19 所示。

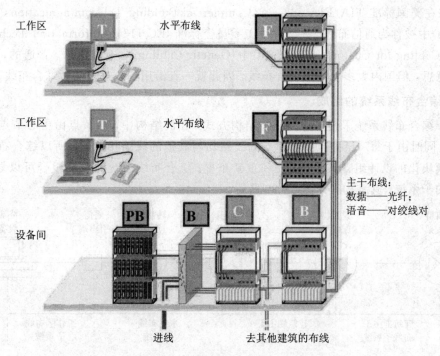

图 3-19　结构化综合布线的示意图

　　综合布线系统是对过去传统布线方式的变革。以前在为一栋楼房或一个建筑群内部的语音、数据线路布线设计时，要根据所使用的通信设备和办公自动化设备的不同而采用不同的连接线缆，配置不同线缆的接口以及各个系列的出线盒插座。例如，在电话电缆系统中，通常采一一对用铜芯双绞电缆，计算机通信电缆系统中通常采用四对的数据通信对绞电缆。各自不同的网络系统使用的是各自不同型号的布线材料，而连接这些不同的布线材料的插座、接口和接线端子板也各不相同，由于它们彼此之间互不兼容，所以当用户需要更改电话机或其他终端设备的位置，新增电话机或其他终端设备时，就必须重新布线，装配各个设备所需要的不同型号的插座、接头。更换过程将造成通话和数据信号长时间的中断。在这样一种传统的布线方式下，为了完成变更或新增终端设备，必将耗费大量的布线时间和投资。

　　综合布线改变了这一切。它将所有的语音信号、数据信号和图像信号的传输线缆，通过全面、合理的规划设计，综合在一个统一标准的布线系统上，并采用标准的暗配线墙面和地面式的信息插座，使各种通信设备、各种拓扑网络上的终端设备能方便地插入预先设置好的插座内。一旦电话机或其他终端设备需要搬迁时，只需将各自的标准插头拔出，插到新场所中已有的插座内，并在管理子系统中做一些简便的跳线，就完成了电话机和其他终端设备的搬迁变更工作。

　　综合布线是综合了语音、数据和图像信号的布线。但在智能化楼宇中除了综合布线外还包括楼宇控制布线和消防布线，现在通常的做法是这两种布线独立于综合布线之外，特别是消防布线更是国家标准强制规定必须单独布线。因此，综合布线并不是完全综合的布线，而是通信综合布线。综合布线只是国内的叫法，国外最初叫做结构化布线系统（Structured Cabling System），是 Bell（贝尔）实验室于 20 世纪 80 年代末期在美国率先推出的。后来在美国标准 TIA/EIA 568 - A(Commercial Building Telecommunications Cabling Standard)中被称为通信布线。在国际电工委员会标准 IEC 11801(Information Technology-Generic Cabling for Customer Premises)中"Genetic Cabling"含有通用的、普通的、非特定布线的意思，但国内大多翻译成综合布线，因此就一直沿用到今都被叫做综合布线了。

2. 综合布线系统的组成

由于综合布线系统采用了星型拓扑结构方式，在此结构中，各节点由中心节点向外辐射延伸，同时由于每一链路至中心节点的线路均与其他的线路相独立，所以综合布线系统是一种模块化的设计组合，易于扩充和重新布置。综合布线系统的设计组合可以划分为 6 个独立的子系统，其结构图如图 3 - 20 所示。

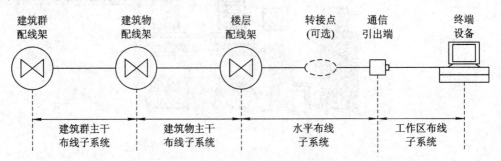

图 3 - 20　综合布线系统结构图

（1）工作区布线子系统(也称为终端连接子系统)：由终端设备(如 PC、电话等)和信息插座之间的连接组成。每一工作区有一个双孔 I/O 信息插座(如图 3 - 21 所示)。端口可随时改变用途，任何端口均可用于连通语音和数据。

图 3 - 21　工作区信息插座

（2）水平布线子系统(也称为水平配线子系统)：它将干线子系统线路延伸到用户工作区，相当于电话配线系统中配线电缆或连接到用户出线盒的用户线部分，即是工作区至管理子系统的水平连接。

（3）建筑物主干布线子系统：由高品质大对数数据电缆和光缆将总配线架和层间配线架连接起来。

（4）管理子系统：由配线架和色标规则组成，用于连接垂直干线子系统与各楼层水平区子系统。

（5）设备间子系统：将各种公共设备(如计算机主机、数字程控交换机、各种控制系统、网络连设备)等与主配线架连接起来。

（6）建筑群主干布线子系统：由连接各个建筑物之间的电缆、光缆以及防雷电、过电压保护等设备组成。

综合布线系统中的每一个子系统均可视为各自独立的单元，一旦需要更改其中任一子系统时，不会影响其他子系统。综合布线系统不但便于维护、更改、重新配置和管理，它还便于故障的分析和处理。

综合布线系统是局域网(LAN)或用户驻地网(CPN)中无源布线部分，不包括网络中的有源设备，如路由器、交换机、集线器、网卡、计算机和电话机等。综合布线系统中的产品主要有建筑群主干配线架、建筑群主干光电缆、建筑物主干配线架、建筑物主干光电缆、楼层配线架、水平布线光电缆、连接模块、连接用的跳线或接插软线等。

3. 综合布线技术和标准的发展

1) 综合布线技术的发展

综合布线的发展首先与楼宇自动化(BA)密切相关。20世纪50年代初期，一些发达国家就在大型高层建筑中采用电子器件组成控制系统。1984年，首座智能大楼出现在美国，但仍采用传统布线，不足之处日益显露。Bell实验室于20世纪80年代末期在美国率先推出了结构化综合布线系统(SCS)。综合布线发展到今天，布线技术或布线类别有如下几个发展过程：

Cat.1：传统电信线，用于模拟话音和低速数据传输，现标准已淘汰此类布线。

Cat.2：用于4 Mb/s令牌环，现标准已淘汰此类布线。

Cat.3：用于10 Mb/s以太网或数字PBX交换系统，现多用于话音布线。

Cat.4：用于16 Mb/s令牌环，现标准已淘汰此类布线。

Cat.5：带宽为100 MHz，用于100 Mb/s以太网，是曾最广泛采用的布线类别。

Cat.5e：带宽为100 MHz，可用于支持1000Base-T以太网，是现最广泛采用的布线类别。

Cat.6：带宽为250 MHz，可用于支持1000 Mb/s以太网，是将广泛采用的布线类别。

Cat.6A：传输带宽为500 MHz，最大传输速度可达到10 Gb/s，主要用于数据中心内的柜内布线。

5类布线标准的制定距今已有十多年，它是为带宽100 MHz以下的4线对对称电缆发表的业界规范。超5类(标准称为5e类)布线的带宽仍然是100 MHz，但对某些传输参数做了更加严格的规定，性能高于普通5类布线，因此可支持1000Base-T的应用。6类布线的传输带宽达到250 MHz，可轻松的支持千兆以太网应用。虽然在第二版IEC 11801标准草案中规定了传输带宽达600 MHz的7类布线，但7类布线是全屏蔽的布线，安装难度大、系统成本高，因此很多人都预测6类布线将是对称电缆布线的顶端，再向后发展将采用光纤布线。

2) 综合布线标准的发展

综合布线技术的发展与标准的发展是息息相关的，标准的发展更替体现了技术的进步与更新。当今国际上比较流行、采用较多的综合布线标准主要分为美国标准；国际电工委员会标准和欧洲标准三大体系，它们之间在某些名词术语、参数指标上有些细微的差别，但在总体上是一致的。在参考国际标准和针对国内具体应用的情况下，国内也制定出了一整套综合布线标准。下面分别对国际和国内的综合布线标准的体系及发展进行介绍。

(1) 美国标准。美国国家标准局ANSI是ISO(International Organization for Standard-

ization)与 IEC(International Electro technical Commission)主要成员，在国际标准化方面是很重要的角色。

ANSI 自己不制定标准，而是通过组织有资质的工作组来推动标准的建立。美国的布线标准主要由 TIA/EIA（Telecommunications Industry Association/Electronic Industries Association)制定，相比于 IEC 和欧洲布线标准，美国标准的技术内容更为具体详细，标准体系更完备，也是采用最多的标准。

TIA/EIA 568 - A(Commercial Building Telecommunications Cabling Standard)，该标准是 1991 年首次发布的 TIA/EIA 568 的替代标准，于 1995 年发布。它定义了语音与数据通信布线系统，适用于多个厂家和多种产品的应用环境。这个标准为商业布线系统提供了设备和布线产品设计的指导，制定了不同类型电缆与连接硬件的性能与技术条款，这些条款可以用于布线系统的设计和安装。在这个标准后，由于网络应用的逐渐升级，又产生了 5 个增编。分别是：

① 增编 1(A1)：Propagation Delay and Delay Skew Specifications for 100 Ohm 4-pair Cable(100 Ω 4 对电缆的传输延迟和延迟偏移规范)。

在最初的 TIA/EIA 568 - A 标准中，传输延迟和延迟偏移之所以没有定义，是因为在当时的系统应用中这两个指标并不重要。但随着网络应用的升级，特别是在 3 类双绞电缆的布线中使用所有的 4 个线对实现 100 Mb/s 的传输时，对传输延迟和延迟偏移这两个参数就提出了要求。因此在 1997 年 9 月发布了此增编，定义一个 50 ns 的延迟偏移作为最小要求。

② 增编 2(A2)：Corrections and Additions to TIA/EIA 568 - A，该增编于 1998 年 8 月发布，对 TIA/EIA 568-A 进行了修正。其中对采用 62.5/125μm 光纤的集中光纤布线进行了定义，并增加了 TSB-67 作为现场测试方法。

③ 增编 3(A3)：Corrections and Additions to TIA/EIA 568 - A，该增编于 1998 年 12 月发布，为满足开放式办公室结构的布线要求，其修订了捆绑与混合式电缆的性能规范，规范要求在被捆绑或混合使用的某根电缆的外部近端串音功率和要比电缆内线对间的近端串音(NEXT)好 3 dB。

④ 增编 4(A4)：Production Modular Cord NEXT Loss Test Method and Requirements for Unshielded Twisted-Pair Cabling(非屏蔽双绞线布线模块化线缆的 NEXT 损耗测试方法)。该增编所定义的测试方法不是由现场测试仪来完成的，并且只覆盖了 5 类电缆的 NEXT。该增编于 1999 年发布。

⑤ 增编 5(A5)：Transmission Performance Specifications for 4-Pair 100 Ohm Category 5e Cabling(100 Ω 4 对增强 5 类布线传输性能规范)。

1998 年起在网络应用上开发成功了在 4 个非屏蔽双绞线对间同时双向传输的编码系统和算法，这就是 IEEE 千兆以太网中的 1000Base - T。为此，IEEE 请求 TIA 对现有的 5 类布线指标加入一些参数以保证这种双向传输的质量。于是便产生了该增编，并于 2000 年 2 月发布。

自 TIA/EIA 568 - A 标准发布以来，更高性能的产品和市场应用的需求对标准提出了更高的要求。因此相继公布了很多的标准增编、临时标准以及技术公告 TSB(Technical Systems Bulletin)等，如 TSB67、TSB72、TSB75 和 TSB95。为了简化 TIA/EIA 568 系列标准，TIA/EIA 的 TR42.1 委员会决定将该标准"一化三"。每一部分与现在的 TIA/EIA 568 - A 的某些章节有相同的着重点，分成的三部分分别为 TIA/EIA 568 - B.1(第一部分：总规范)、TIA/EIA 568 - B.2(第二部分：对称电缆布线部件)和 TIA/EIA 568 - B.3(光纤部件布线标准)，前两部分于 2001 年 4 月发布，第三部分光纤布线部件标准在 2000 年 3 月便已发布。

(2) IEC 标准。ISO(国际标准化组织)和 IEC(国际电工技术委员会)组成了一个世界范围内的标准化专业机构。在信息技术领域中，ISO/IEC 设立了一个联合技术委员会 ISO/IEC JTC1。由联合技术委员会正式通过的国际标准草案分发给各国家团体进行投票表决，作为国际标准的正式出版需要至少 75％国家团体投票通过才有效。IEC 11801 是由联合技术委员会 ISO/IEC JTC1 的 SC 25/WG 3 工作组在 1995 年制定发布的。目前该标准有三个版本："IEC 11801：1995"、"IEC 11801：2000"、"IEC 11801：2000"。IEC 11801：2000 对链路的定义进行了修正，用永久链路的定义代替了基本链路的定义，此外对永久链路和通道的ELFEXT(等电位远端串音)、PS-NEXT(近端串音功率和)、传输延迟等进行了规定，对近端串音等传统参数制定了更为严格的指标。

第二版 IEC 11801 规范 IEC 11801：2000＋定义了 6 类、7 类线缆的标准，这将给布线技术带来革命性的影响。新版的 IEC 11801 规范将把 Cat.5/Class D 的系统按照 Cat.5＋重新定义，以确保所有的 Cat.5/Class D 系统均可运行 1000Base - T。另外，布线系统的电磁兼容性(EMC)问题也将在新版的 IEC 11801 中考虑。

(3) 欧洲标准。欧洲标准 EN 50173 与 IEC 11801 标准是比较接近的，发展历程也几乎相同，1995 年初版，2000 年推出修订版，但 EN 50173 比 IEC 11801 在指标上更为严格些。这里不对欧洲标准做更多的介绍，下面重点谈谈国内综合布线标准的发展。

(4) 国内标准。在参考国际标准和考虑我国综合布线实际发展情况下，我国制定了一系列综合布线标准，包括国标、行标、技术标准、工程建设标准、系统标准与产品标准等。这些标准协调配合，构成一个完整的综合布线标准体系。本节仅对综合布线的技术标准进行讨论，技术标准又可分为综合布线系统标准与综合布线产品标准。

1995 年原邮电部颁布了第一部综合布线行业标准 YD/T 926(大楼通信综合布线系统)，该标准非等效采用了 IEC 11801：1995(信息技术—用户房屋综合布线)，同时参考了美国 TIA/EIA 568 - A(商务建筑物电信布线标准)。标准对 IEC 11801 中收容的品种系列进行了优选，个别品种系列未被 YD/T 926 采纳。该标准在下列几点与 IEC 11801 不同：

(1) 链路的试验项目与验收条款比 IEC 11801 更加具体。

(2) 在对称电缆布线中，不推荐采用 120Ω 阻抗的电缆品种及星绞多芯对称电缆品种。

(3) 对综合布线系统与公用网的接口提出了要求。

在"大楼通信综合布线系统"的总标题下，包括几部分内容：第一部分(YD/T 926.1—1997)：总规范；第二部分(YD/T 926.2—1997)：综合布线用电缆、光缆技术要求；第三部分(YD/T 926.3—1998)：综合布线用连接硬件技术要求。

2001 年上述标准得到了更新，分别推出了 YD/T 926.1—2001 和 YD/T 926.2—2001。相对于 1997 年的 YD/T 926—1997，新标准主要在下述方面做了改动：

(1) 增加"永久链路"的定义，规定配线电缆不包括在永久链路内。对部分术语的定义做了修订。

(2) 增加了 5e 类电缆、5e 类连接硬件及 5e 类布线。

(3) 将原"链路要求"的内容修订为"永久链路和信道规范"。明确永久链路和信道两个概念,将对称电缆布线的要求按永久链路及信道分别做出新的规定。

(4)增加近端串音功率和、衰减串音比功率和(PS-ACR)、等电位远端串音衰减功率和(PS-ELFEXT)及时延差的要求。

(5)对一些指标做了修改,对原来"在考虑中"的部分指标做出了规定。对称电缆布线链路试验方法对测试步长做出新的规定。

我国的 YD/T 1019—2013 标准还在不断更新中,请读者留意相关的更新。

3.6.2 对绞数据电缆的接法

在综合布线中,双绞数据电缆的接法有两种国际标准,分别是按 TIA/EIA 568-A 标准和按 TIA/EIA 568-B 标准进行连接,如表 3-11 所示。

表 3-11 直通电缆的线对排列

TIA/EIA 568-A 标准			TIA/EIA 568-B 标准		
引脚顺序	介质连接信号	双绞线对的排列顺序	引脚顺序	介质连接信号	双绞线对的排列顺序
1	TX+(传输)	白-绿	1	TX+(传输)	白-橙
2	TX-(传输)	绿	2	TX-(传输)	橙
3	RX+(接收)	白-橙	3	RX+(接收)	白-绿
4	没有使用	蓝	4	没有使用	蓝
5	没有使用	白-蓝	5	没有使用	白-蓝
6	RX+(接收)	橙	6	RX+(接收)	绿
7	没有使用	白-棕	7	没有使用	白-棕
8	没有使用	棕	8	没有使用	棕

常用的连接线缆方法有以下两种。

(1)直通电缆。水晶头两端都是遵循 TIA/EIA 568-A 或 568-B 标准,如表 3-11 所示。直通线缆适用场合:交换机(或集线器)UPLINK 口—交换机(或集线器)普通端口;交换机(或集线器)普通端口—计算机(终端)网卡。

(2)交叉线缆。水晶头一端遵循 TIA/EIA 568-A,而另一端遵循 TIA/EIA 568-B 标准。即两个水晶头的连线交叉连接,A 水晶头的 1、2 应与 B 水晶头的 3、6,而 A 水晶头的 3、6 应与 B 水晶头的 1、2 色相同的为一组绕线,如表 3-12 所示。交叉线缆适用场合:交换机(或集线器)普通端口—交换机(或集线器)普通端口;计算机网卡(终端)—计算机网卡(终端)。

表 3-12 交叉电缆的线对排列

A 端水晶头排列顺序	引脚顺序	B 端水晶头排列顺序
白-绿	1	白-橙
绿	2	橙

A端水晶头排列顺序	引脚顺序	B端水晶头排列顺序
白-橙	3	白-绿
蓝	4	蓝
白-蓝	5	白-蓝
橙	6	绿
白-棕	7	白-棕
棕	8	棕

双绞数据电缆的接法的两种标准，即 TIA/EIA 568-A 和 TIA/EIA 568-B 的水晶头插针/线对分配如图 3-22 所示。

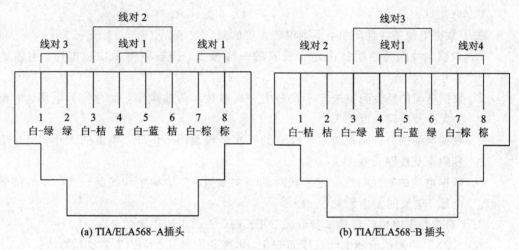

(a) TIA/ELA568-A插头　　　　　　(b) TIA/ELA568-B插头

图 3-22　双绞数据电缆的接法的两种标准

习　题

一、选择题

1. 在对绞数据电缆中，对于每两根芯线扭绞在一起的目的，下面哪一个不是的？（　　）。

　　A. 为了构成双线回路

　　B. 容易成捆构成缆芯

　　C. 为了减少线对之间的电磁耦合，提高线对之间的抗干扰能力

　　D. 增加电缆结构的稳定性

2. 在 Cat.6 类以上的数据电缆中，芯线上的绝缘有时需要是发泡塑料绝缘，塑料发泡的目的是为了（　　）。

　　A. 减小电缆重量　　　　　　　　　B. 减小电缆直径

　　C. 降低绝缘的介电常数　　　　　　D. 使绝缘容易剥离

3. 对绞数据电缆的芯线的绝缘材料一般不用（　　）。

  A. 高密度聚乙烯（HDPE）

  B. 聚丙烯

  C. 聚氯乙烯（PVC）

  D. 聚烯烃塑料聚烯烃塑料

4. SSTP 表示有什么屏蔽结构的对绞数据通信电缆？（　　）。

  A. 有总屏蔽和线对屏蔽的对绞数据通信电缆

  B. 总屏蔽为编织层和金属箔双屏蔽的对绞数据通信电缆

  C. 仅各线对有金属箔屏蔽的对绞数据通信电缆

  D. 无线对屏蔽的对绞数据通信电缆

5. 带宽为 100 MHz 且可用于支持 100Base-TX 和 1000Base-T 以太网的对绞数据电缆是哪种类别的电缆？（　　）。

  A. 4 类（Cat. 4）   B. 5 类（Cat. 5）

  C. 5e 类（Cat. 5e）   D. 6 类（Cat. 6）

6. 关于数据电缆的特性阻抗，下列说法正确的是（　　）。

  A. 数据电缆的特性阻抗决定于线对的一次参数，传输频率及信号电压、电流的大小

  B. 数据电缆的特性阻抗决定于线对的一次参数和传输频率，而与信号电压、电流的大小及线路长度无关

  C. 数据电缆的特性阻抗决定于线对的一次参数及信号电压、电流的大小，而与信号频率及线路长度无关

  D. 数据电缆的特性阻抗决定于线对的一次参数、传输频率和线路长度，而与信号电压. 电流的大小无关

7. 关于对绞数据电缆的近端串音衰减（NEXT），下面说法正确的是（　　）。

  A. NEXT 的测试值随电缆长度而变化，电缆长度越长，NEXT 测试值越大

  B. NEXT 的测试值随电缆长度而变化，电缆长度越长，NEXT 测试值越小

  C. NEXT 测试值越大，则意味着近端串音越小，电缆质量就越好

  D. NEXT 测试值越小，则意味着近端串音越小，电缆质量就越好

8. 关于对绞数据电缆的远端串音防卫度（ELFEXT），下面说法正确的是（　　）。

  A. 远端串音防卫度（ELFEXT）的测试值越小越好

  B. 远端串音防卫度（ELFEXT）影响 2 对或 2 对以上的线对不同方向上传输数据（如 1000Base-T）的速率

  C. 远端串音防卫度（ELFEXT）不随电缆长度而变化

  D. 电缆越长，远端串音越严重，远端串音防卫度（ELFEXT）的测试值越小

9. 对于千兆位以太网 1000Base-T 网络，由于其对绞数据电缆的 4 对线都同时、同向传输，所以应予以严格限制哪个参数？（　　）。

  A. 传播时延 B. 传播时延差 C. 相速度 D. 结构回波损耗

10. 在对绞数据通信电缆中，电缆芯线的两两相互扭绞的最主要作用是（　　）。

  A. 易于生产 B. 便于维护 C. 便于接线 D. 减小串音

11. 普通的 5 类、超 5 类和 6 类数据通信电缆一共有（　　）对对绞线。

    A. 2   B. 3   C. 4   D. 5

12. 5 类、超 5 类和 6 类对绞数据通信电缆使用的最大链路长度是（　　）m。

    A. 90   B. 100   C. 120   D. 1500

13. 5e 类(Cat. 5e)对绞数据电缆的最高数据传输速率为（　　）Mb/s。

    A. 100   B. 500   C. 1000   D. 10000

14. 6 类(Cat. 6)对绞数据电缆的最高传输信号频率为（　　）MHz。

    A. 100   B. 250   C. 500   D. 600

15. 目前在网络布线方面，主要有两种双绞线布线系统在应用，它们是（　　）。

    A. 4 类、5 类布线系统   B. 5 类、6 类布线系统

    C. 超 5 类、6 类布线系统   D. 6 类、7 类布线系统

16. 在对绞数据电缆内，不同的线对采用不同的扭绞节距，这样可以（　　）。

    A. 减小衰减   B. 减小串音

    C. 使时延差较小   D. 提高回波损耗

17. 对于对绞数据电缆，通常以箱为单位进行包装，每箱对绞数据电缆的长度为（　　）m。

    A. 305   B. 500   C. 1000   D. 1024

二、填空题

1. 按频率和信噪比分类，根据美国标准 TIA/EIA 568 - A，数据通信用双绞电缆可分为 10 类。其中，2 类(Cat. 2)传输频率为＿＿＿＿，3 类(Cat. 3)传输频率为＿＿＿＿，4 类(Cat. 4)传输频率为＿＿＿＿，5 类(Cat. 5)传输频率为＿＿＿＿，5e 类(Cat. 5e)传输频率为＿＿＿＿，6 类(Cat. 6)传输频率为＿＿＿＿。

2. 对绞数据电缆按照有无屏蔽层结构，可分为＿＿＿＿电缆、＿＿＿＿电缆、＿＿＿＿电缆和＿＿＿＿电缆。

3. 多线对的对绞电缆中线对之间互相干扰被称为＿＿＿＿，根据干扰在电缆端上的表现，可分为＿＿＿＿和＿＿＿＿。

4. 对绞数据电缆的特性阻抗 Z_c 是一个复数，其值取决于线路的＿＿＿＿参数和传输＿＿＿＿，而与信号电压、电流的大小及线路长度无关。

5. 对绞数据电缆的导体和绝缘的＿＿＿＿及＿＿＿＿都会影响到特性阻抗值。

6. 非屏蔽双绞电缆采用了每对线的＿＿＿＿与所能抵抗电磁辐射及干扰成＿＿＿＿，并结合滤波与对称性等技术，经由精确的生产工艺而制成。它对电磁干扰的唯一防护就靠线对的＿＿＿＿特性。

7. 常用的双绞电缆的特性阻抗分为＿＿＿＿Ω 和＿＿＿＿Ω 两类。

三、判断题

1. 在一般的电缆回路中，特性阻抗的相角总是正值，其绝对值角度不超过 45°，这说明一般电缆回路呈感性。（　　　）

2. 在高频(大于 800 kHz)时，一般的电缆回路特性阻抗的相角趋向于 0，表明此时线路呈纯阻性。（　　　）

3. 在电缆的测试性能指标中，NEXT 数值越小，则意味着近端串音越小，电缆质量就

越好。 （　）

4. NEXT 指标在电缆到达一定长度以后，将不随电缆长度而变化。 （　）

5. 数据电缆线路越长，远端串音防卫度（ELFEXT）就会越小，说明串音越不严重，电缆质量越好。 （　）

四、问答题

1. 数据电缆有哪些主要电气性能指标？

2. 什么是近端串音？什么是远端串音？

3. 试比较数据电缆和市话电缆生产的工艺控制的差别。

4. 对绞数据电缆的衰减主要是由哪些因素造成的？

5. 谈谈 UTP 电缆主要是依据什么来抗干扰的？

6. STP 电缆中导流线的作用是什么？

7. 数据电缆线对对绞的目的是什么？

8. 数据电缆线对之间的系统性串音与什么有关？随机性串音与什么有关？

9. 简述数据电缆的生产工艺流程及每道工序要控制的工艺参数。

10. 随着数据电缆类别的提高，主要是哪些性能指标的要求在提高？

五、名词解释

(1) UTP、FTP、SFTP、SSTP。

(2) 近端串音衰减（NEXT）、远端串音衰减（FEXT）。

(3) 回波损耗（RL）。

(4) 结构回波损耗（SRL）。

六、计算题

1. 已知双绞数据电缆的芯线导体直径为 0.51 mm，绝缘外径为 0.8 mm，聚乙烯绝缘的相对介电常数为 2.34，求双绞线对的特性阻抗。

2. 已知一根 4 对 5 类双绞数据电缆中某一对线与其他 3 对线在 100 MHz 时的近端串音衰减分别是 35 dB、37 dB 和 40 dB，求这一线对所受到的近端串音衰减的功率和（IPS）。

第四章 射频同轴电缆

　　同轴电缆是由两根相互绝缘的同轴心的内、外导体组成通信回路,射频(Radio Frequency,RF,300 kHz~300 GHz)电磁信号在内、外导体之间传输,在外导体以外不存在电磁场。因此,相对于对称电缆(如对绞数据电缆),同轴电缆传输信号的带宽宽,衰减以及对外辐射小,抗外界干扰的性能也高于对称电缆。同轴电缆曾在长途电信、计算机网络中广泛使用,现在则广泛应用于广播电视传输、移动通信基站、移动通信信号室内覆盖及隧道内覆盖、铁路通信、仪器仪表等领域。本章主要介绍各种同轴电缆的结构、性能参数、制造工艺及其测试方法。

4.1 同轴电缆的定义和结构

　　组成一个传输回路的两导体中心在一个公共轴线上,中心导体为圆形导体,外面包围一个圆管状导体,两导体间用介质支撑构成一个同轴管回路的通信电缆叫做同轴电缆。电缆的最外层包了一层绝缘材料作为护套层。同轴电缆的结构如图4-1所示。同轴电缆的这种结构,使它具有高带宽和极好的噪声抑制特性。

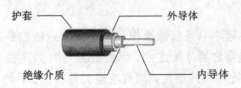

图4-1 同轴电缆的结构

　　同轴电缆的理想结构是:沿电缆长度任何一点的相对横截面上组成一个回路的两导体形成恒定直径的同心圆,两导体的电阻率、磁导率、相对介电常数沿电缆长度不变。同轴电缆在传输特性方面与对称电缆的主要不同是当高频信号沿回路传输时,电磁场集中在同轴电缆的内、外导体之间。以下是同轴电缆的各组成部分的材料和结构要求。

4.1.1 内导体

　　同轴电缆的内导体是传输信号的高频电流的主要载体。铜是内导体的主要材料,可以是以下形式:退火铜线、退火铜管、铜包铝线。通常,小尺寸电缆内导体是铜线或铜包铝线,而大尺寸电缆用铜管,以减少电缆重量和成本。

　　内导体对信号传输影响很大,因为衰减主要是内导体电阻损耗引起的。其电导率,尤其是表面电导率,应尽可能高,一般要求是58 mS/m(温度为20℃),因为在高频下,电流仅在导体表面的一个薄层内传输,这种现象称为趋肤效应,电流层的有效厚度称为趋肤深度。

　　内导体用的铜材质量要求很高,要求铜材应无杂质、表面干净、平整、光滑。内导体直径应稳定且公差很小。直径的任意变化都会降低阻抗均匀性和回波损耗，因此应精确控制制造工艺。

4.1.2　外导体

外导体有两个基本的作用：第一是回路导体的作用；第二是起屏蔽作用。计算机网络、广播电视、仪器仪表用的较细的同轴电缆外导体通常是由铝带包覆后，再在外面编织一层铜丝编织层而构成的；移动通信基站的同轴馈线电缆和有线电视网馈线同轴电缆的外导体通常是由铜带纵向包覆、焊接轧纹而成的，这些电缆的外导体完全封闭，不允许电缆有任何辐射。

外导体用的铜材也应质量很好，电导率高，无杂质。外导体尺寸应严格控制在公差范围内，以保证均匀的特征阻抗和大的回波损耗。

焊接轧纹铜管外导体有以下优点：

（1）完全封闭且对外界完全屏蔽的外导体，无辐射且能防止潮气入侵。

（2）因环状轧纹而能纵向防水。

（3）机械性能非常稳定。

（4）机械强度高。

（5）极好的弯曲性能。

（6）连接容易、可靠。

（7）超柔电缆因螺旋状轧纹深而具有很小的弯曲半径。

将非漏泄电缆以 120°夹角对普通皱纹（轧纹）外导体波峰进行切削，获得一组合适的槽孔结构，就形成了漏泄同轴电缆，主要用于隧道等场合的信号覆盖，具体见后面的介绍。

4.1.3　绝缘介质

射频同轴电缆的介质远不只是起绝缘作用，高频电磁场也是在绝缘介质中传播的，最终的传输性能主要是在绝缘之后才确定的，因此介质材料的选择和其结构非常重要。所有重要的性能，如衰减、阻抗和回波损耗，都与绝缘关系很大。对绝缘最重要的要求有：

（1）相对介电常数合适，介质损耗角因子小，以保证衰减小。

（2）结构一致，以保证阻抗均匀，回波损耗大。

（3）优秀的耐电强度。

（4）防水、防潮。

（5）机械性能稳定，保证寿命长；有足够的机械强度以保证内、外导体处于同轴位置。

物理发泡聚乙烯绝缘可以达到以上所有要求。采用先进的挤塑和注气工艺及特殊的材料后，发泡度可以达到 80％左右，这样的电气性能与空气绝缘电缆比较接近。注气法是指将高压氮气或二氧化碳直接注入挤塑机内的熔融的介质材料中，该工艺也称为物理发泡方法。发泡介质特性在高频下更加重要，特殊的发泡结构决定了电缆高频下衰减得非常低。与此相对的化学发泡方法，其发泡度只能达到 50％左右，再加上有化学发泡的添加杂质，化学发泡介质损耗较大。而用注气法物理发泡得到的发泡结构一致，意味着发泡介质阻抗均匀，回波损耗大。

独特的多层（内皮层—发泡层—外皮层，即"皮—泡沫—皮"）绝缘共挤工艺可以得到均匀、密闭的发泡结构，具有机械性能稳定、强度高以及良好的防潮性能等特点，其结构如图

4－2 所示。高密度聚乙烯（HDPE）实心皮层紧紧地包在内导体上，使其与内导体紧密粘结，而且该实心皮层中含有特殊的稳定剂，既能保证与铜的相容性，又能保证电缆的长期使用寿命。中间层是物理发泡层，是绝缘的主体，起降低相对介电常数以达到电缆电气性能的目的；在发泡层外表面加一层薄的实心皮层，这种实心皮层可以有效防止潮气入侵，从一开始生产就保护电缆电气性能。这种设计对于外导体开孔的漏泄电缆尤其重要。另外，这种多层（内皮层—发泡层—外皮层）绝缘设计可以同时获得极好的电气性能和稳定的机械性能，从而提高了射频同轴电缆的长期使用寿命和可靠性。

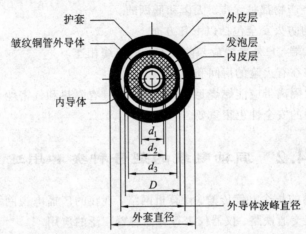

图 4－2　多层（内皮层—发泡层—外皮层）绝缘设计的射频同轴电缆的结构

4.1.4 护套

一般室内使用的同轴电缆护套材料都用聚氯乙烯（PVC）或其他阻燃材料，户外电缆最常用的护套材料是黑色线性低密度聚乙烯（LLDPE），它密度与 LDPE 相近，但强度与 HDPE 相当。而在某些情形下，我们倾向用 HDPE，它可为护套提供更好的机械性能以及耐摩擦、耐化学腐蚀、耐潮气及不同环境条件的性能。

防紫外线的黑色 HDPE 能承受极高温度和极强紫外线引起的气候应力。当强调电缆的防火安全性时，应使用低烟无卤阻燃材料。在漏泄电缆中，为减小火的蔓延，可在外导体和护套之间使用防火阻燃带，使容易熔融的绝缘层保留在电缆内。

延燃性、烟密度和卤素气体释放量是有关电缆防火性能的三个重要因素。室内电缆或入户电缆的护套阻燃、防火要求十分重要。漏泄电缆更是通常安装在防火安全性能要求较高的场所。使用阻燃护套料并在穿墙时用防火隔离带可以防止火焰沿电缆蔓延。燃烧性要求最低的测试是按 IEC 332－1 标准的单根电缆的垂直燃烧试验，所有户内用电缆都应达到该要求。要求较严的是按 IEC 332－5 标准的成束燃烧试验。在此试验中，电缆成束垂直燃烧，燃烧长度不允许超过规定值，电缆根数与测试电缆规格有关。电缆燃烧时的烟密度也应考虑，浓烟能见度低，具有刺激性气味，易引起呼吸和恐慌问题，因此会给拯救和灭火工作带来困难。燃烧电缆烟密度依据 IEC 1034－1 和 IEC 1034－2 两个标准用光的传输强度进行测试，对于低烟电缆，透光率的典型值要求大于 60%。

PVC 能达到 IEC 332－1 和 IEC 332－3 的要求，是室内电缆使用的一种普通和传统的护套材料，但当加热到一定高温，PVC 会降解并产生卤酸，在考虑防火安全性时并不理想且容易引起致命烟雾。PVC 护套电缆在燃烧时，1 kg PVC 会产生包括水在内的 1 kg 浓度为 30%的卤酸。由于 PVC 的这种腐蚀性和毒性，近年来对无卤电缆的需求明显增加。含卤量根据 IEC 754-1 标准测量，若电缆所有材料燃烧时卤酸释放量不超过 5 mg/g，可认为是无卤电缆。

无卤阻燃(HFFR)电缆护套材料一般都属聚烯烃化合物，并加有矿物填充剂，如氢氧化铝。这些填充剂遇火会分解，产生氧化铝和水蒸气，其中水能有效阻止火的蔓延。填充剂和聚合物基体的燃烧产物都是无毒、无卤和低烟的。

电缆在安装时的防火安全包括以下几方面：

(1) 在电缆接入端，户外电缆应与防火安全的电缆相连。

(2) 应避免安装在有火险的房间和区域。

(3) 穿墙的防火隔离带应能燃烧足够长时间，并具有隔热和气密性。

(4) 安装过程中的安全性也很重要。

4.2 同轴电缆的型号种类和用途

同轴电缆在以前的长途电信传输、计算机网络，现在的广播电视网络、移动通信基站、无线室内覆盖、轨道交通铁路、仪器仪表等方面有着广泛的应用。

4.2.1 同轴电缆的型号

首先介绍射频同轴电缆的型号命名方法。在国际及国内，不同的使用行业对同轴电缆命名有不同的规则。

在我国通信行业标准《通信电缆——无线通信用 50 Ω 泡沫聚乙烯绝缘皱纹铜管外导体射频同轴电缆》(YD/T 1092—2013)中规定，该种电缆的型号由型式代号和规格代号组成。其型式代号按表 4-1 的规定，规格代号按表 4-2 的规定。

表 4-1 无线通信用同轴电缆的型式代号

分类		内导体		绝缘		外导体		护套		特性阻抗	
代号	含义	代号	含义	代号	含义	代号	含义	代号	含义	代号	含义
H	通信电缆	CA *	铜包铝	省略	泡沫聚乙烯	H	螺旋形皱纹铜管	Y	聚乙烯	50	标称特性阻抗为 50 Ω
		CT	光滑铜管			A	环形皱纹铜管	YZ	无卤阻燃聚烯烃		
		HT	螺旋形皱纹铜管								

注：当内导体采用实心铜线代替铜包铝线时，应在型式代号中省略内导体代号

表 4-2 无线通信用同轴电缆的规格代号 （单位：mm）

规格代号	5	6	7	8	9	12	17	21	22	23	32	42
内导体标称外径	1.90	2.60	2.60	3.10	3.55	4.80	7.00	9.40	9.00	9.45	13.10	17.30
绝缘层标称外径	5	6	7	8	9	12	17	22	22	23	32	42

例如，螺纹内导体标称外径为 9.40 mm，泡沫聚乙烯绝缘层标称外径为 22 mm、外导体为环形螺纹铜管、护套为聚乙烯护套、标称特性阻抗为 50 Ω 的射频同轴电缆，其型号为 HHTAY-50-22。

在我国广电行业标准 GY/T 134—1998 中规定的有线电视系统中所用的同轴电缆的型式代号如表 4-3 所示。

表 4-3 有线电视系统同轴电缆的型式代号

分类代号		绝 缘		护 套		派 生	
符号	意 义	符号	意 义	符号	意 义	符号	意 义
S	射频同轴电缆	Y	聚乙烯	V	聚氯乙烯	P	屏蔽
		YW	物理发泡聚乙烯				
SL	漏泄同轴电缆	D	稳定聚乙烯空气绝缘	Y	聚乙烯	Z	综合式
		U	聚四氟乙烯				

型号	名 称
SYV	实心聚乙烯绝缘聚氯乙烯护套同轴电缆
SYWV	物理发泡聚乙烯绝缘聚氯乙烯护套同轴电缆
SYKV	纵孔聚乙烯绝缘同轴电缆
SYWLY	物理发泡聚乙烯绝缘铝管外导体聚乙烯护套同轴电缆

在我国广电行业标准 GY/T 134—1998 中，型号的第一部分为型式代号，用英文字母，分别代表电缆的分类代号、绝缘材料、护套材料和派生特性，第二、第三、第四部分均用数字表示，分别代表电缆的特性阻抗（常用的是 50 Ω、75 Ω、93 Ω）、芯线绝缘外径（单位为 mm）的整数值和屏蔽层结构。

例如，SYV-75-7-1 表示：该电缆为射频同轴电缆，芯线绝缘材料为实心聚乙烯，护套材料为聚氯乙烯，电缆的特性阻抗为 75 Ω，芯线绝缘外径为 7 mm，屏蔽层结构序号为 1（一次编织屏蔽）。

SYWLY-75-21 表示该电缆为射频同轴电缆，芯线绝缘材料物理发泡聚乙烯，护套材料为聚乙烯，电缆特性阻抗为 75 Ω，芯线绝缘外径为 21 mm，铝管外导体屏蔽层结构。

我国铁道行业标准 TB/T 3201—2008 规定：铁路通信漏泄同轴电缆的型号命名方法，与广电行业标准对同轴电缆的命名方法类似。例如，物理发泡聚乙烯绝缘、无卤低烟阻燃聚烯烃护套、特性阻抗为 50 Ω、绝缘外径为 32 mm 的漏泄同轴电缆标记为：WDZ - SLY-WY -50 - 32。其中，WDZ 表示无卤、低烟、阻燃，SL 表示漏泄，其余同广电标准。

同轴电缆的美国军标(MIL - C - 17)型号用 RG 或 RG/U 来表示，具体如下：

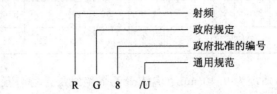

例如：

RG - 6/U：75 Ω，在高频时低损耗，主要用于卫星电视。

RG - 11：75 Ω，铜包钢内导体，双层屏蔽层，主要用于骨干布线或长距离系统。

RG - 58：50 Ω，主要用于以太网细缆。

RG - 59/U：75 Ω，主要用于家庭模拟电视的天线馈线。

RG - 178：50 Ω。

RG - 179：75 Ω。

4.2.2 同轴电缆在电信传输方面的应用

正如第一章所述，我国在 20 世纪 90 年代之前的长途电信传输媒介之一主要是同轴电缆。同轴电缆按结构尺寸可分为大同轴电缆、中同轴电缆和小同轴电缆。

1. 大同轴电缆

大同轴电缆的同轴管(内、外导体和绝缘组成)内导体标称外径为 5 mm、外导体标称内径 18 mm，我国的长途通信一直没有使用该种电缆。

2. 中同轴电缆

中同轴电缆的同轴管内导体标称外径为 2.6 mm、外导体标称内径为 9.5 mm。其同轴管外导体采用皱边(或锯齿)铜带纵包而成。绝缘体用聚乙烯垫片结构。将数根同轴管用层绞式的方式绞合成缆芯，扎带捆扎后用铅制作外护套，就制成了长途电信用的同轴电缆，其横截面如图 4 - 3 所示。其一般包含 6 管或 8 管同轴管。中同轴电缆曾作为国内干线，其可以开通 70 MHz 以下模拟载波通信系统。我国以前开通的有 9 MHz(1800 路)和 24 MHz(4380 路)两种模拟载波通信系统。

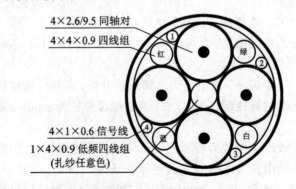

图 4 - 3　长途电信用中同轴电缆的横截面

3. 小同轴电缆

小同轴电缆的同轴管内导体标称外径为 1.2 mm、外导体标称内径为 4.4 mm。小同轴电缆的同轴管外导体采用皱边铜带纵包而成。其绝缘体形式较多，有鱼泡式、注片式和泡沫聚乙烯式等。以前国产的包含有 4 管、6 管、8 管等多个品种。小同轴电缆作为省内干线，我国以前开通的有 1.3 MHz(300 路)、4 MHz(960 路)和 9 MHz(1800 路)和 18 MHz(3600 路)这 4 种模拟载波通信系统和 140 Mb/s 及以下的数字通信系统。

这里需要说明的是，以同轴电缆为长途电信传输媒介已成为历史。现代长途电信传输全部已被光纤光缆取代。

4.2.3 同轴电缆在计算机网络中的应用

按照同轴电缆传输的信号形式，同轴电缆可分为两种基本类型：基带同轴电缆和宽带同轴电缆。计算机网路用的同轴电缆为基带同轴电缆，用于基带数字信号传输，特性阻抗为 50 Ω。目前基带常用的电缆，其外导体是用铜做成的网状的，特征阻抗为 50 Ω（如 RG-8、RG-58 等）；宽带同轴电缆用于模拟传输，特性阻抗为 75 Ω，如用于有线电视等。这种区别是由历史原因造成的，而不是由于技术原因或生产厂家。

计算机网络用同轴电缆又分为粗缆和细缆两种，是以同轴电缆的直径大小区分的。粗缆适用于大型的局部网络，它的标准距离长、可靠性高。由于安装时不需要切断电缆，因此可以根据需要灵活调整计算机的入网位置。但粗缆网络必须安装收发器和收发器电缆，安装难度大，所以总体造价高。

相反，细缆安装则比较简单，造价低，但由于安装过程要切断电缆，两头需装上基本网络连接头（BNC），然后接在 T 型连接器两端，所以当接头多时容易产生接触不良的隐患，这是以前运行中的以太网所发生的最常见故障之一。

最常用的同轴电缆有下列几种（美国型号）：

(1) RG-8 或 RG-11，特性阻抗为 50 Ω。

(2) RG-58，特性阻抗为 50 Ω。

(3) RG-59，特性阻抗为 75 Ω。

(4) RG-62，特性阻抗为 93 Ω。

在计算机网络中使用的同轴电缆及连接器如图 4-4 所示。

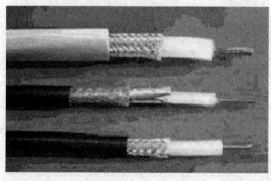

(a) 同轴电缆　　　　　　　　　　(b) 连接器

图 4-4 在计算机网络中使用的同轴电缆及连接器

计算机网络一般选用 RG-8 以太网粗缆和 RG-58 以太网细缆；RG-59 作为宽带同轴电缆，主要用于有线电视系统；RG-62 用于 ARCnet 网络和 IBM3270 网络。采用 RG-58（细缆）的以太网如图 4-5 所示。在这种网络中，为了保证同轴电缆正确的电气特性，电缆的金属层必须接地。同时电缆两端头必须安装匹配器来削弱信号的反射作用。

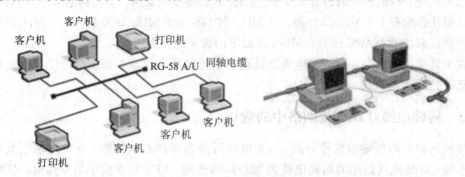

图 4-5　RG-58（细缆）的以太网

无论是粗缆还是细缆均为总线拓扑结构，即一根缆上接多部机器，这种拓扑适用于机器密集的环境。但是当某一触点发生故障时，故障会串联影响到整根缆上的所有机器，该故障的诊断和修复都很麻烦，因此，已经被非屏蔽双绞电缆或光缆取代。现在采用同轴电缆的以太网已经很少见。

4.2.4　同轴电缆在移动通信中的应用

在移动通信中，同轴电缆主要用于基站设备到发射/接收天线的馈线，传输的是调制在载波上的数字信号载波，使用频率很高，在几百兆赫到数个吉赫，主要传输射频和微波能量，所以称为射频同轴电缆，简称 RF 电缆，如图 4-6 所示。随着 4G 和 5G 移动通信网络建设的推进以及商业大楼内的信号覆盖建设，RF 电缆的需求日益旺盛。

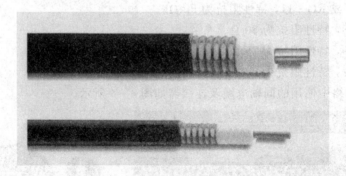

图 4-6　移动基站用射频电缆

有关 RF 电缆的我国通信行业标准有：

(1) YD/T 1092—2013：《通信电缆——无线通信用 50 Ω 泡沫聚烯烃绝缘皱纹铜管外导体射频同轴电缆》。

(2) YD/T 1319—2013：《通信电缆——无线通信用 50 Ω 泡沫聚乙烯绝缘编织外导体射频同轴电缆》。

(3) YD/T 1120—2013：《通信电缆——物理发泡聚乙烯绝缘皱纹铜管外导体漏泄同轴

电缆》。

在以上这些标准中，对电缆的结构尺寸、材料、电气特性参数、测试方法等都有详细的规定，读者可参阅上述标准详细了解。

4.2.5　同轴电缆在广播电视中的应用

同轴电缆在广播电视特别是有线电视网络（系统）中有广泛的应用。以前的有线电视网络（CATV）传输的是模拟电视信号，射频载波上承载的是频分复用的多个频道的模拟电视信号。从21世纪开始，在有线电视网络中传输的是数字调制的射频信号。有线电视网络中的同轴电缆的特性阻抗为 75 Ω，如图 4-7 所示。有线电视电缆的标准是：《有线电视系统物理发泡聚乙烯绝缘同轴电缆入网技术条件和测量方法》（GY/T 134—1998），读者可详细查阅了解。

图 4-7　有线电视网络中的同轴电缆

4.2.6　同轴电缆在铁路、地铁等行业的应用

同轴电缆在铁路沿线、隧道中应用的主要是漏泄同轴电缆，以覆盖铁路沿线的通信信号。漏泄同轴电缆的标准有我国通信行业标准《通信电缆—物理发泡聚乙烯绝缘皱纹铜管外导体漏泄同轴电缆》（YD/T 1120—2013），原铁道部也制定有相应的行业标准《铁路通信漏泄同轴电缆》（TB/T 3201—2008）。

4.2.7　同轴电缆在仪器仪表中的应用

同轴电缆在仪器仪表、自动控制领域有广泛的应用，主要是直径较细、较柔软的同轴电缆。

4.3　同轴电缆的电气性能参数

同轴电缆最重要的电气性能是衰减、特性阻抗、回波损耗等。对于漏泄电缆来说，还有很关键的一点是其最佳的耦合损耗。同轴电缆应能承受运输、储存、安装和使用中的环境应力，最重要的机械性能是弯曲性能（尤其是低温下）、抗拉强度、抗压强度和耐磨性能。这里仅仅讨论同轴电缆的电气性能参数。

4.3.1　同轴电缆的一次参数

同轴电缆的结构和等效电路模型如图 4-8 所示。图中，R_a 和 R_b 分别是内导体和外导体的有效电阻，L_a 和 L_b 分别是内、外导体之间的有效电感，C 为内、外导体之间的等效电容，G 为内、外导体之间电介质的等效电导。值得注意的是，这里的电阻电容电感等元件并不是像我们在学习电子技术中所学的有形的元件（称为集中参数元件），而是分布在电缆上的由电缆材料形成的参数，称为分布参数。

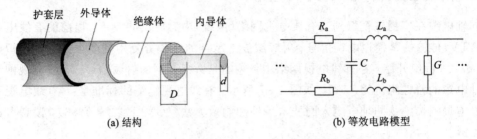

(a) 结构　　　　　　　　　　　　　　　　(b) 等效电路模型

图 4-8　同轴电缆回路的结构和等效电路模型

1. 同轴电缆的回路电阻 $R_{同}$

同轴电缆的回路电阻（有效电阻）由内导体的有效电阻 R_a 和外导体的有效电阻 R_b 构成，而内、外导体的有效电阻也同样是由直流电阻和交流电阻两部分组成的，即

$$R_{同} = R_{a_0} + \tilde{R}_a + R_{b_0} + \tilde{R}_b$$

由于同轴电缆回路的特殊结构，高频时内导体的集肤效应和外导体的临近效应都非常显著，根据推证结果，对于内、外导体均采用铜的同轴电缆回路，其回路有效电阻的表达式为

$$R_{同} = \frac{5.5}{d^2} + 8.36\sqrt{f}\left(\frac{1}{d} + \frac{1}{D}\right) \times 10^{-2} \quad （\Omega/\text{km}） \tag{4-1}$$

式中，f 为传输信号频率（Hz）；D 为外导体直径（mm）；d 为内导体直径（mm）。式（4-1）表明：

（1）有效电阻与频率的平方根成正比，也就是说，虽然它也随频率的升高而增大，但并不是线性增大。

（2）在有效电阻中，附加的交流电阻远大于直流电阻。

2. 同轴电缆的回路电感 $L_{同}$

同轴电缆的回路电感是由内电感和外电感两部分组成的，内电感包括内导体 a 的电感 L_a 和外导体 b 的电感 L_b，外电感为导体 a、b 之间的互感 L_{ab}。根据电磁理论，若内、外导体均采用铜，对于采用空气-塑料混合绝缘的同轴电缆来说，它们的近似计算式为

$$L_{内} = L_a + L_b = \frac{133.2}{\sqrt{f}}\left(\frac{1}{d} + \frac{1}{D}\right) \times 10^{-4} \quad （\text{H/km}）$$

$$L_{外} = L_{ab} = 2\ln\frac{D}{d} \times 10^{-4} \quad （\text{H/km}）$$

因此，同轴电缆的回路电感为

$$L_{同} = L_{内} + L_{外} = \left[2\ln\frac{D}{d} + \frac{133.2}{\sqrt{f}}\left(\frac{1}{d} + \frac{1}{D}\right)\right] \times 10^{-4} \quad （\text{H/km}） \tag{4-2}$$

由于同轴电缆的传输频率很高，可达几十兆赫以上，因此内电感很小，可以不计，于是有

$$L_{同} \approx L_{外} = L_{ab} = 2\ln\frac{D}{d} \times 10^{-4} \quad (\text{H/km}) \tag{4-3}$$

这样，同轴电缆的回路电感仅由电缆的结构尺寸决定。

3. 同轴电缆的回路电容 $C_{同}$

由于同轴管外部电磁场为0，因此对于同轴电缆的回路电容来说，只需计算内、外导体之间的工作电容，并可按圆柱形电容器的计算公式来计算

$$C_{同} = \frac{2\pi\varepsilon}{\ln\dfrac{D}{d}} \quad (\text{F/km}) \tag{4-4}$$

式中，$\varepsilon = \varepsilon_0 \cdot \varepsilon_r$ 为组合绝缘介质的等效相对介电常数；ε_r 为相对介电常数；ε_0 为真空的相对介电常数，其值为 $\dfrac{10^{-6}}{36\pi}$ (F/km)；D、d 为分别是外导体的内径和内导体的外径。

工程上常写为

$$C_{同} = \frac{\varepsilon_r}{18\ln\dfrac{D}{d}} \times 10^{-6} \quad (\text{F/km}) \tag{4-5}$$

由式(4-5)可知，同轴电缆的回路电容取决于结构尺寸的比例和相对介电常数 ε_r。在同轴电缆中，其结构尺寸的比例 D/d 一般是规定的，为 3.6 左右。为了制造出特性阻抗符合要求的同轴电缆，降低 ε_r 值是减小同轴电缆的回路电容的一个有效方法。为了降低 ε_r 值，内、外导体之间的绝缘介质就要采用空气和其他绝缘介质组合而成，并尽可能在这种组合绝缘结构中增加空气的相对体积。

对于 4.1.3 节中的"皮—泡沫—皮"绝缘同轴电缆，三层绝缘时的等效电容为

$$\frac{1}{C_{总}} = \frac{1}{C_1} + \frac{1}{C_2} + \frac{1}{C_3} \tag{4-6}$$

式中，C_1、C_2 和 C_3 分别为内皮层、发泡层和外皮层的电容。参见图4-2的尺寸，其计算公式分别为

$$C_1 = \frac{\varepsilon_{sol} \times 100}{1.8 \times \ln\dfrac{d_2}{d_1}}$$

$$C_2 = \frac{\varepsilon_{exp} \times 100}{1.8 \times \ln\dfrac{d_3}{d_2}}$$

$$C_3 = \frac{\varepsilon_{sol} \times 100}{1.8 \times \ln\dfrac{D}{d_3}}$$

发泡层发泡度(Expansion)的计算式为

$$\text{Exp.} = \frac{3.17 - \left(\text{Colog}\left[\dfrac{0.25\varepsilon_{sol}}{\varepsilon_{exp}(1-\varepsilon_{sol})} - \dfrac{0.25\varepsilon_{sol}}{(1-\varepsilon_{sol})}\right]\right)^2}{2.17} \times 100\% \tag{4-7}$$

式中，ε_{sol} 为固体绝缘材料的相对介电常数；ε_{exp} 为发泡后发泡层的相对介电常数。

注：函数 $\text{Colog}(x)$ 即函数 10^x。

4. 同轴电缆的绝缘电导 $G_{同}$

对于同轴电缆的绝缘电导 $G_{同}$，可按下式计算

$$G_{同}=\frac{2\pi\sigma}{\ln\dfrac{D}{d}}+\omega C\cdot\tan\delta \quad (\text{S/km}) \tag{4-8}$$

式中，ω、C、d、D 意义同前述；$\tan\delta$ 为介质的介质损耗角正切；σ 是绝缘材料的电导率，单位为 S/km。

由式(4-8)可知，因为绝缘材料的电导率 σ 很小，在 10^{-7} 以下，并且同轴电缆应用于几十兆赫的频段，所以 $\tilde{G}\gg G_0$。即

$$G_{同}\approx\omega C\cdot\tan\delta \quad (\text{S/km})$$

4.3.2 同轴电缆的二次参数

1. 同轴电缆的特性阻抗

特性阻抗是同轴电缆、接头电缆组件中最常提到的指标。从电气意义上说，它表示导体之间的电势差与流过该导体间的电流比值。根据 2.1.4 节的推导，结合同轴电缆的一次参数，工程上常用式(4-9)来计算同轴电缆的特性阻抗，即

$$Z_{\text{C}}=\frac{138}{\sqrt{\varepsilon_{\text{r}}}}\lg\frac{D}{d} \quad (\Omega) \tag{4-9}$$

式中，ε_{r} 为同轴电缆的物理发泡层的等效相对介电常数；D 为同轴电缆的外导体直径；d 为同轴电缆的内导体直径。

式(4-9)实际上是无限高频率下的特性阻抗，但由于同轴电缆的使用频率很高（60 kHz 以上），用上述公式计算已经相当精确。

由此可见，同轴电缆的特性阻抗 Z_{C} 与其内、外导体的尺寸之比有关，同时也和填充介质的相对介电常数有关。表 4-4 给出了常用绝缘材料的相对介电常数。

表 4-4 常用绝缘材料的相对介电常数

介质种类	相对介电常数 ε_{r}(1 kHz)	介质损耗角正切 $\tan\delta$
空气	1.00	0
聚乙烯	2.30	<0.0002
物理发泡聚乙烯	1.20~1.30	<0.0001
聚丙烯	2.55	0.0004
聚四氟乙烯	2.10	<0.0002
聚全氟乙丙烯	2.10	<0.0002

在很多场合也要使用实心内导体，编织外导体结构的柔软同轴电缆，其特性阻抗计算公式为

$$Z_{\text{C}}=\frac{138}{\sqrt{\varepsilon_{\text{r}}}}\lg\frac{D+1.5d_{\text{w}}}{d} \tag{4-10}$$

式中，d_{w} 为外导体编织线的直径，单位为 mm；其他符号的意义同前。

我们可以通过选择合适的特性阻抗来优化电缆的某些电气特性，下面对常用的特性阻

抗做一些分析：

（1）通过功率最大的情况。令直径比 $D/d=x$，通过功率的公式为

$$P=\frac{D^2 E_b^2}{480}\left(\frac{d}{D}\right)^2\ln\left(\frac{D}{d}\right)=K_1\frac{\ln x}{x^2} \tag{4-11}$$

求 P 的极大值，令

$$\frac{\mathrm{d}P}{\mathrm{d}x}=K_1\left(\frac{1}{x^3}-\frac{2\ln x}{x^3}\right)=0$$

得到

$$1-2\ln x=0$$

因此通过功率最大的条件为

$$x=\frac{D}{d}=\sqrt{e}\approx 1.65$$

由此可见，在固定外导体 D 的条件下，同轴电缆获得最大通过功率的最佳直径比 D/d 约为 1.65，对于空气绝缘的同轴电缆，当它的特性阻抗约为 30 Ω 时，通过功率最大。

（2）衰减最小的情况。经理论分析，同轴电缆的衰减系数为

$$\alpha\approx\frac{2.61\times 10^{-3}\sqrt{f\cdot\varepsilon_r}}{\lg\dfrac{D}{d}}\left(\frac{1}{d}+\frac{1}{D}\right)\xrightarrow{\text{表示成}}K_2\frac{1+x}{\ln x}\quad(\mathrm{dB/km}) \tag{4-12}$$

求 α 的最小值。令

$$\frac{\mathrm{d}\alpha}{\mathrm{d}x}=K_2\left[\frac{1}{\ln x}-\frac{1+x}{x(\ln x)^2}\right]=0$$

因此衰减系数最小的条件为

$$x(\ln x-1)-1=0$$

该超越方程的解为

$$x=\frac{D}{d}\approx 3.59$$

由此可见，在固定外导体 D 的条件下，同轴电缆获得最小衰减系数的最佳直径比 D/d 约为 3.6，对于空气绝缘的同轴电缆，它的特性阻抗为 77 Ω 时，衰减最小。同轴电缆在不同特性要求下的最佳直径比如表 4-5 所示。

表 4-5 同轴电缆在不同特性要求下的最佳直径比

特性要求	最小衰减系数	最大额定工作电压	最大额定功率	最大额定平均功率
最佳直径比 D/d	3.6	2.72	1.65	2.3

在现在的无线通信中，最常用的同轴电缆的特性阻抗是 50 Ω，这个数值兼顾了传输功率最大化和衰减最小化的要求；而 75 Ω 的特性阻抗主要考虑的是衰减最小化的要求，该同轴电缆主要用于有线电视系统等。质量好的同轴电缆，特性阻抗在整个电缆长度上和不同生产批次上都是非常均匀的，并且接近一个恒定值，根据不同的规格，通常允许的公差是 ± 1 Ω～± 3 Ω。

在设计同轴电缆时，首先应该保证特性阻抗的数值。目前较多的要求是 1 MHz 时的特性阻抗 Z_c 达到标准值 75 Ω，这时内、外导体的直径比 D/d 可通过式（4-9）进行计算。计

算所得 $Z_C = 75\ \Omega$ 时 ε_r 与 D/d 的关系如表 4-6 所示。

表 4-6 $Z_C = 75\ \Omega$ 时 ε_r 与 D/d 的关系

ε_r	1.0	1.05	1.1	1.2	1.3	1.4	1.5	2.3
D/d	3.49	3.6	3.71	3.93	4.16	4.39	4.62	6.66

由表 4-6 可见，当采用最佳比值 $D/d = 3.6$ 时，$\varepsilon_r = 1.05$，此时绝缘中介质含量极少，不能满足电缆结构稳定性的要求，因此，同轴电缆的最佳尺寸，实际上要根据特性阻抗在标准频率下为 75 Ω 和所要求的衰减要求，以及考虑结构稳定和加工工艺的可能性来确定。

当电磁波沿特性阻抗不均匀的线路传输时，在线路阻抗变化处就会产生反射。对于较低频的传输线路，这种反射对传输质量影响较小，但当传输频率扩展到兆赫波段时，由于阻抗不均匀点引起的反射，将对传输质量产生明显的影响。

2. 传播常数

1) 一般理论简介

在传输线理论中，$\gamma = \sqrt{ZY}$ 称为传播常数。而在一般情况下，传播常数 γ 是一个复数，可表示为 $\gamma = \alpha + j\beta$。经过分析推导，α 描述的是信号沿着线路传输一个单位长度时电压幅度衰退减小的程度，它本身又只取决于传输线的结构和传输线的材料，所以称之为衰减常数，单位为 Np/km（奈培/千米），1 Np = 8.686 dB，1 dB = 0.115 Np；β 代表的是信号沿着线路传输一个单位长度时，相角滞后（或相位移动）的程度，同时，β 本身又只取决于传输线的结构和传输线的材料，所以取名为相移常数，单位为 rad/km。

为了计算均匀传输线的 α 和 β，设 R、L、C 和 G 为已知，则根据 $\gamma = \alpha + j\beta$，由于

$$\gamma = \sqrt{(R+j\omega L)(G+j\omega C)} = \alpha + j\beta \tag{4-13}$$

所以有

$$(R+j\omega L)(G+j\omega C) = (\alpha+j\beta)^2$$

或写成

$$RG - \omega^2 LC + j\omega(RC+GL) = \alpha^2 - \beta^2 + j2\alpha\beta$$

从而可得

$$\alpha^2 - \beta^2 = RG - \omega^2 LC$$
$$2\alpha\beta = \omega(RC+GL)$$

解联立方程可得

$$\alpha = \sqrt{\frac{1}{2}\sqrt{RG - \omega^2 LC + \sqrt{(R^2+\omega^2 L^2)(G^2+\omega^2 C^2)}}} \quad \text{(Np/km)} \tag{4-14}$$

$$\beta = \sqrt{\frac{1}{2}\sqrt{\omega^2 LC - RG + \sqrt{(R^2+\omega^2 L^2)(G^2+\omega^2 C^2)}}} \quad \text{(rad/km)} \tag{4-15}$$

但是，使用最多的还是简化后的计算式。

(1) 在高频时，当条件 $\dfrac{\omega L}{R} \geqslant 5$ 和 $\dfrac{\omega C}{G} \geqslant 5$ 得到满足时使用的计算式。由式（4-13）得

$$\alpha + j\beta = j\omega\sqrt{LC}\left[1 + \frac{1}{2j\omega}\left(\frac{R}{L} + \frac{G}{C}\right) + \cdots\right]$$

忽略高次项后，可得

$$\alpha + j\beta \approx j\omega \sqrt{LC}\left[1 + \frac{1}{2j\omega}\left(\frac{R}{L} + \frac{G}{C}\right)\right]$$

于是有

$$\alpha = 8.686\left[\frac{R}{2}\sqrt{\frac{C}{L}} + \frac{G}{2}\sqrt{\frac{L}{C}}\right] \quad (dB/km) \qquad (4-16)$$

$$\beta = \omega \sqrt{LC} \quad (rad/km) \qquad (4-17)$$

当 $\frac{\omega L}{R} \geqslant 5$ 和 $\frac{\omega C}{G} \geqslant 5$ 的条件得到满足时，计算误差小于 1%，可以满足一般工程计算的需要。

（2）在音频范围内，对传输音频信号的传输线来说，由于频率较低，其具有 $R \gg \omega L$ 和 $\omega C \gg G$ 的特点，因此可以用一个简化公式来计算。

将上述条件代入式（4-13），可得

$$\gamma = \alpha + j\beta \approx \sqrt{j\omega CR} = (1+j)\sqrt{\frac{\omega CR}{2}}$$

于是

$$\alpha = 8.686\sqrt{\frac{\omega CR}{2}} \quad (dB/km) \qquad (4-18)$$

$$\beta = \sqrt{\frac{\omega CR}{2}} \quad (rad/km) \qquad (4-19)$$

在音频范围内，由于 $\omega C \gg G$ 及 $R \gg \omega L$，故 α 值按照 $\sqrt{\pi RC} \cdot \sqrt{f}$ 的规律随频率的升高而增长；当频率升高，集肤效应和邻近效应显著时，由于 C 值为常数，G 值极小，而 L 值又趋近于常数，只是 R 值随 $\sqrt{f}$ 而增大，所以，α 值按照 $k\sqrt{f}$ 的规律随 f 的升高而增大，如图 4-9(a) 所示。

在音频范围内，由于 $\omega C \gg G$ 及 $R \gg \omega L$，故 β 值按照 $\sqrt{\pi RC} \cdot \sqrt{f}$ 的规律随频率的升高而增长；当频率升高，集肤效应和临近效应显著时，由于 $\omega L \gg R$ 及 $\omega C \gg G$，β 值将按照 $\omega \sqrt{LC}$ 的规律随 f 的升高而直线上升，如图 4-9(b) 所示。

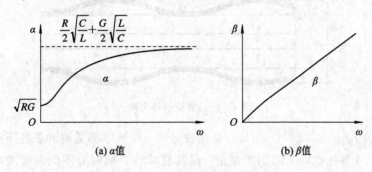

图 4-9　α 和 β 的频率特性

在图 4-9 中我们可以看到两条曲线，这是 α 和 β 的频率响应曲线。α 及 β 之所以会随频率而变化，是因为传输线的 α 及 β 值由该传输线的 R、L、C 及 G 来确定。不管是哪一种双导体传输线，它们的 R、L 和 G 不但是频率 f 的函数，而且还与传输线的结构、制造传输线时所用的材料有关。

2）同轴电缆的衰减

同轴电缆的内、外导体一般都由铜制成。为了将内导体固定在与外导体同一轴线的位置上，通常在内、外导体之间充填泡沫聚乙烯等绝缘物。由于铜的电阻率不为 0，所以，当电磁波沿着电缆传输时，将有部分电磁能进入导体化为热能消耗掉，这种因导体不理想而造成的损耗，通常称之为金属损耗 α_c；当绝缘体（介质）不理想时，它能从沿线传输的电磁波中吸取电磁能，造成沿线输送的电磁能随传输距离的延长而下降，这就是通常所说的介质损耗 α_d。同轴电缆的损耗就由这两种损耗构成，金属损耗是主要因素。

经具体推导，进一步可求得同轴电缆的衰减常数为

$$\alpha = \frac{2.61 \times 10^{-6} \sqrt{f \cdot \varepsilon_r}}{\lg \dfrac{D}{d}} \left(\frac{1}{d} + \frac{1}{D} \right) + 9.08 \times f \sqrt{\varepsilon_r} \times \tan\delta \times 10^{-8} \quad \text{(dB/m)} \quad (4-20)$$

式中，D 为外导体内径，单位为 mm；d 为内导体外径，单位为 mm；f 为工作频率，单位为 MHz；ε_r 为绝缘介质的相对介电常数；$\tan\delta$ 为绝缘的介质损耗角正切。

在式（4-20）中，第一项为金属损耗 α_c 造成的衰减，它与 $\sqrt{f}$ 成正比；第二项为介质损耗 α_d 造成的衰减，它与频率成正比，但它占总衰减不大于 1%。

在移动通信基站等应用场合，由于同轴电缆直径较粗，外导体经常采用皱纹形状包覆，以提高电缆的弯曲性能。皱纹同轴电缆如图 4-10 所示。此时，高频电阻与光管相比会稍微增大，皱纹同轴电缆的衰减公式为

$$\alpha = \frac{2.61 \times 10^{-6} \sqrt{f \varepsilon_r}}{\lg \dfrac{D_e}{d_e}} \left(\frac{1}{d_e} + \frac{1}{D_e} \right) k_e \quad \text{(dB/m)}$$

式中，D_e 为皱纹铜管外导体的等效直径；d_e 为皱纹铜管内导体的等效外径；k_e 为皱纹铜管外导体与光管相比其高频电阻增大的系数。对于皱纹铜管，$k_e = 1.15 \sim 1.20$。

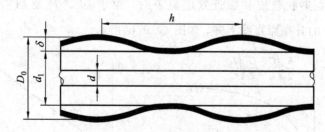

图 4-10　皱纹同轴电缆

上述衰减公式 $\beta = \omega\sqrt{LC}$（rad/km）是在假定内、外导体都是铜的条件下得出的。为了节约铜材，内、外导体也可采用铝来制造，但其衰减比全铜时有不同程度的增加。假定以内、外导体均用铜时为基准，经分析：当内导体用铜外导体用铝时，$\alpha_{铜铝} = 1.06 \alpha_{铜}$；当内导体用铝外导体用铜时，$\alpha_{铝铜} = 1.22 \alpha_{铜}$；当内、外导体全用铝时，$\alpha_{铝} = 1.28 \alpha_{铜}$。由此可见，采用铜内导体铝外导体时，其衰减比全铜时仅仅增加了 6%。

外导体的厚度对衰减的影响，主要体现在低频段（60 kHz 以下）。在低频段时，当外导

体铜带厚度减小 0.01 mm 时，衰减值增加 0.026 dB/km；当频率增高到 500 kHz 时，当外导体铜带厚度减小 0.01 mm 时，衰减变化不到 0.007 dB/km。

这里应该说明的是，由于制造工艺、原材料等各方面的原因，在现有的各种通信电缆中，实际结构能称得上与理想结构比较接近的，唯有同轴电缆。所以，在研究同轴电缆的衰减性能时，既可以利用理论计算的方法，又可以通过测量的手段。因为就同轴电缆来说，实测值与从理论计算得到的结果基本上是一致的。至于其他类型的传输线，则由于实际结构与理想结构不太一致，甚至极不一致，所以，在研究这些线路的衰减性能时，更为经常的是通过测量来取得必要的数据，而不是根据理论计算。

3. 驻波比和回波损耗

由第二章所述的传输线理论得知驻波比与反射系数的关系式为

$$VSWR = \frac{1+|\Gamma|}{1-|\Gamma|} \tag{4-21}$$

或

$$|\Gamma| = \frac{VSWR-1}{VSWR+1} \tag{4-22}$$

显然反射系数的范围为 $0 \leqslant |\Gamma| \leqslant 1$，驻波比的范围为 $1 \leqslant VSWR \leqslant \infty$。传输线上的合成波的分类可以用驻波比来划分：

当 VSWR＝1 时，没有反射波，只有入射波，合成波即入射波，所以合成波为行波，此时 $|\Gamma| = 0$。

当 VSWR＝∞ 时，反射波的振幅与入射波的振幅相等，这是全反射情况，所以合成波为纯驻波，此时 $|\Gamma| = 1$。

当 $1 < VSWR < \infty$ 时，就属于部分反射情况，所以合成波为行驻波，此时 $0 < |\Gamma| < 1$。

反映反射波能量与入射波能量的比例常用反射损耗，也称为回波损耗（Return Loss，RL）。例如，如果注入 1 mW(0 dBm)功率给放大器，其中 10％被反射（反弹）回来，回波损耗就是 10 dB。RL 为

$$RL = 10 \lg \frac{P_r}{P_i} = -20 \lg |\Gamma| \tag{4-23}$$

式中，P_r 为入射功率；P_i 为反射功率。

回波损耗是电缆产品的一项重要指标。回波归根到底是由于电缆结构的不均匀性所引起的。由于信号在电缆中的不同地点引起反射，到达接收端的信号相当于在无线信道传播中的多径效应，从而引起信号的时间扩散和频率选择性衰落，时间扩散导致脉冲展宽，使接收端信号脉冲重叠而无法判决。信号在电缆中的多次反射也导致信号功率的衰减，影响接收端的信噪比，导致误码率的增加，从而也限制传输速度。从信号传输质量的角度来说，反射损耗应越大越好，因为 RL 值越大，表明电缆内部结构越均匀，越不容易形成反射波，也就越难以形成驻波。反射损耗低的电缆易造成电视图像清晰度不佳、重影或网纹干扰等不良现象，对于传输数字信号的电缆，大的回波损耗能减少数字通信的误码率。

4. 同轴电缆中的高次模抑制及单模传输的实现

这里应当指出的是，前面所有的关于同轴电缆的理论、公式和结论都是针对同轴电缆

中传输的电磁波为基模的。"模"是一种电磁场的分布模式。同轴电缆中的基模是 TEM 模，传输的波称为 TEM 波。TEM 波是指电场矢量与磁场矢量都与传播方向垂直的电磁波。同轴电缆中的 TEM 模的场结构如图 4 - 11 所示。图中，实线为电力线，虚线为磁力线。

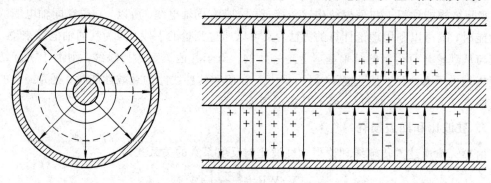

图 4 - 11　同轴电缆中的 TEM 模的场结构

由理论可证明，TEM 模携带着电磁能向轴线方向前进，其传输速度与群速度和相速度相等，即

$$v_{en} = v_p = v_q = \frac{1}{\sqrt{\mu_r \varepsilon_r}} \qquad (4-24)$$

式中，v_{en}、v_p、v_q 分别表示电磁波的能量速度、相速度和群速度；μ_r 和 ε_r 分别为电介质的相对磁导率和相对介电常数。

如果同轴管的横向尺寸能和工作波长相比拟，那么，不但 TEM 模能在同轴管中存在，TE 模（电场与轴向垂直，而磁场有轴向分量）和 TM 模（磁场与轴向垂直，而电场场有轴向分量）的高次模也会出现。高次模的传输大大消耗了能量，对信号的传输极为不利，对于长距离使用的同轴电缆，会使通信终端设备不能正常工作。通常把高次模传输的波出现的频率称为同轴电缆的截止频率。同轴电缆中最早出现的高次模传输的波是 TE_{11} 波，因此，同轴电缆截止频率是指 TE_{11} 波出现的频率，即

$$f_c = \frac{2c}{\pi \sqrt{\varepsilon_r (D+d)}} = \frac{1.91 \times 10^5}{\sqrt{\varepsilon_r (D+d)}} \quad (MHz) \qquad (4-25)$$

式中，c 为光速，$c = 3 \times 10^8$ m/s；ε_r 为电缆内绝缘介质的相对介电常数；D、d 分别为电缆的内、外导体直径，单位为 mm。

因此，随着电缆直径的增大，截止频率不断下降。如果相对使用频率给定，则电缆的直径增大就受到限制。例如，50 Ω 的电缆，假设其为半空气绝缘，相对介电常数为 1.1，如果电缆的使用频率要到 3000 MHz，则电缆的介质外径最大值为 128.5/3＝42.8 mm。电缆的外径增大受限制，则其衰减值的降低同样也受到限制。

5. 屏蔽性能

同轴电缆的屏蔽性能通常用转移阻抗、屏蔽系数及屏蔽衰减来衡量，其示意图如图 4 - 12 所示。同轴电缆的转移阻抗 Z_T（Ω/m）定义为

$$Z_T = \frac{U_T}{I} \qquad (4-26)$$

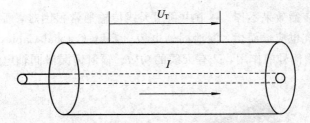

图 4-12　同轴电缆的屏蔽性能示意图

式中，U_T 为外导体外表面上单位长度的电压；I 为内导体中的电流。在 I 一定时，转移阻抗越小，表明一定的电流在外导体外表面上产生的电压 U_T 越小，因此电缆对外界的干扰也越小，屏蔽性能越好。

由电磁场理论可知

$$Z_T = \frac{\sqrt{j}\,k}{2\pi g\,\sqrt{bc}} \cdot \frac{1}{\mathrm{sh}(\sqrt{j}\,kt)} \tag{4-27}$$

式中，$k = \sqrt{\omega\sigma\mu}$，$k$ 为导体的涡流系数（m^{-1}），σ 为导体的电导率，μ 为导体的磁导率，ω 为角频率；g 为导体折射率分布指数；b 为管状外导体内径；c 为管状外导体外径；t 为管状外导体壁厚。

所以，高电导率电缆材料可减少高频噪声信号干扰，根据电导率参数，屏蔽材料的选择依次为银、铜和铝。一般高性能电缆的导体及屏蔽层采用的都是镀银铜材料。

电缆的屏蔽系数 S 定义为

$$S = \frac{E'}{E} \tag{4-28}$$

式中，E 为无屏蔽时电缆某点的场强；E' 为有屏蔽层后电缆同一点的场强。

管状导体的屏蔽系数为

$$S = \frac{1}{\left(1 + \dfrac{t}{b}\right)} \cdot \frac{1}{\mathrm{ch}\sqrt{j}\,kt} \tag{4-29}$$

电缆的屏蔽衰减 α_{SA} 为

$$\alpha_{SA} = 20\lg\frac{1}{S} \tag{4-30}$$

普通编织网同轴电缆的屏蔽层是由一层铝箔和一层金属编织网组成的，编织网的密度越大越有利于屏蔽；而在采用铜箔取代铝箔时，则屏蔽性能更佳。在编织网之外增加一层金属箔，即构成三重屏蔽编织网同轴电缆，其屏蔽性能将进一步改善。若在三重屏蔽编织网同轴电缆的外层再加一层金属编织网，可构成屏蔽性能更为优良的四重屏蔽编织网同轴电缆。尽管四重屏蔽编织网电缆的屏蔽衰减最高可达 100 dB，但采用铝管或铜管作为屏蔽层的同轴电缆的屏蔽衰减却可达 120 dB。

4.4　漏泄同轴电缆

在基站与移动台之间的通信，通常是依靠无线电传送。目前通信业的不断发展越来越要求基站与移动台之间随时随地能接通，甚至要求在隧道中也是如此。然而在隧道中，移动通信用的电磁波传播效果不佳。隧道中利用天线传输通常很困难，所以关于泄漏同轴电缆(简称漏缆)的研究也应运而生。漏泄同轴电缆(Leaky Coaxial Cable，LCX)是一种新型的天馈线，既有传输信号的作用，又有天线的功效。辐射型漏泄同轴电缆的结构示意图如图4-13所示。

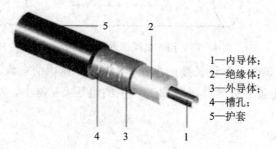

1—内导体；
2—绝缘体；
3—外导体；
4—槽孔；
5—护套

图4-13　辐射型漏泄同轴电缆的结构示意图

无线电地下传输有着极其广泛的用途，例如：

(1)用于建筑物内、隧道内及地铁的移动通信(如GSM、3G、4G、5G等)。

(2)用于地下建筑的通信，如停车场、地下室及矿井。

(3)公路隧道内FM波段(88~108 MHz)信息的发送。

(4)公路隧道内无线报警电信号的转发。

(5)公路隧道内移动电话信号的发送。

(6)地铁或地铁隧道中的信号传输。

图4-14为一发射站位于隧道口的典型图例，即典型漏缆应用系统结构图。

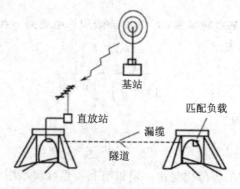

图4-14　典型漏缆应用系统结构图

4.4.1　漏缆的工作原理

横向电磁波通过同轴电缆从发射端传至电缆的另一端。当电缆外导体完全封闭时，电缆传输的信号与外界是完全屏蔽的，电缆外没有电磁场，或者说测量不到有电磁辐射。同样的，外界的电磁场也不会对电缆内的信号造成影响。

然而通过同轴电缆外导体上所开的槽孔，电缆内传的一部分电磁能量发送至外界环境。同样，外界能量也能传入电缆内部。外导体上的槽孔使电缆内部电磁场和外界电波之间产生耦合。具体的耦合机制取决于槽孔的排列形式。

漏缆的一个典型例子是编织外导体同轴电缆。绝大部分能量以内部波的形式在电缆中传输，但在外导体覆盖不好的位置点上，就会产生表面波，沿着电缆正向或逆向向外传播，并且相互影响。

无线电通信信号的质量通常因为电缆外界电波电平波动情况不同而相差很大。电缆敷设方式和敷设环境对电缆辐射效果也有影响。大部分隧道内还有各种各样金属导体，如沿两侧墙面安装的电力电缆、铁轨、水管等，这些导体将彻底改变电磁场的特性。

4.4.2　漏缆的主要性能指标

漏泄同轴电缆的主要技术参数有频段、特性阻抗、耦合损耗、传输损耗等。最重要的性能参数是纵向衰减和耦合损耗，它们是影响纵向和横向通信距离及通信质量的主要因素。漏缆的主要性能指标有纵向传输衰减系数和耦合损耗。

1. 纵向传输衰减系数

导致传输损耗有两个因素：导体损耗和介质损耗。同时对于漏泄电缆，由于在传输电磁波能量的过程中不断向外辐射能量，故还存在辐射损耗，限制漏泄电缆的纵向传输距离。漏泄电缆纵向传输衰减系数是描述电缆内部所传输电磁波能量损失程度的重要指标。

普通同轴电缆内部的信号在一定频率下，随传输距离而变弱，衰减性能主要取决于绝缘层的类型及电缆的大小。而对于漏缆来说，周边环境也会影响衰减性能，因为电缆内部少部分能量在外导体附近的外界环境中传播，其衰减性能也受制于外导体槽孔的排列方式。

给定频率的漏泄电缆纵向传输衰减系数为

$$\alpha = \alpha_1 \sqrt{f} + \alpha_2 f + \alpha_3 \tag{4-31}$$

式中，α_1 为导体的损耗系数；α_2 为介质的损耗系数；α_3 为辐射损耗系数；f 为频率，单位为MHz。

α_1 取决于导体的材料和尺寸，粗电缆的导体损耗显然较小；α_2 由介质的相对介电常数和损耗因子决定；α_3 取决于电缆的槽孔结构（大小及倾斜角度），同时也受传输频率及电缆周边环境的影响。

2. 耦合损耗

耦合损耗描述的是漏泄同轴电缆外部因耦合产生且被外界天线接收能量大小的指标，它定义为：在特定距离下，电缆中传输的能量与被外界天线接收的能量之比。耦合损耗受电缆槽孔形式及外界环境对信号的干扰或反射影响。宽频范围内，辐射越强意味着耦合损耗越低。由于影响是相互的，也可用类似的方法分析信号从外界天线向电缆的传输。耦合损耗为

$$L_c = [P_t] - [P_r] \quad (\text{dB}) \tag{4-32}$$

式中，P_t 为电缆内所传输信号的功率；P_r 为距电缆 r 处用半波偶极天线接收到的信号功率。

当接收天线与电缆之间的距离 r 变化时，耦合损耗也必然变化，也就是说，耦合损耗的大小是建立在移动接收机天线与漏泄同轴电缆距离基础上的。当 r 由 R_0 增大到 R 时，耦合损耗的增量为

$$\Delta L_c = 10 \lg \left(\frac{R}{R_0} \right) \quad (\text{dB}) \tag{4-33}$$

槽孔的长度和倾斜角度越大，槽孔间距越小，辐射能力越强，耦合损耗就越小。耦合损耗越小，辐射损耗就越大，也就是传输损耗越大。可以选择不同的槽孔结构（如缩短槽孔节距）使耦合损耗减小。目前漏泄电缆的耦合损耗一般设计在 50～55 dB，以便增大纵向通信距离。

3. 总损耗

漏泄同轴电缆的总损耗是指传输损耗与耦合损耗之和，它是整个传输链路设计的依据。通常漏泄同轴电缆的总损耗不得超过系统损耗（发射功率—接收灵敏度）。图 4-15 是两条尺寸相同但漏泄量不同的漏泄同轴电缆的总损耗示意图。假定电缆 a 的辐射量和传输损耗都大于电缆 b，由此可以看出，随着距离的增加，电缆 a 的总损耗将超过电缆 b，而波动也比较大。由于移动台接收机的特点，它的位置相对于漏泄电缆是经常发生变化的，会造成总损耗的波动，但波动不大，移动台和基站都可以通过自身自动增益控制电路（AGC）得到补偿。

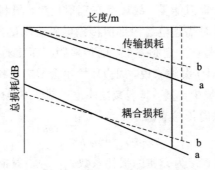

图 4-15　两条尺寸相同但漏泄量不同的漏泄同轴电缆的总损耗示意图

4.4.3　漏缆的种类

根据信号与外界的耦合机制不同，主要分为两种漏缆：辐射型（RMC）和耦合型（CMC）。

1. 辐射型漏缆

辐射型漏缆的电磁场由电缆外导体上周期性排列的槽孔产生，其槽孔间距（d）与工作波长（λ）相当，如图 4-16 所示。

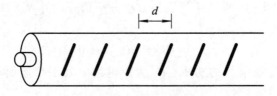

图 4-16　辐射型漏缆

考虑下面的情形，电缆的外导体上开了一组周期性槽孔，屏蔽层的辐射机制类似于朝着电缆轴向的一系列磁性偶极子的辐射。最简单的例子是，外导体上每个相邻小孔间距为半波长距离，如 100 MHz 下为 1.5 m。

辐射模式所有槽孔都符合相位迭加原理。只有当槽孔排列恰当及在特定的辐射频率段，才会出现此模式。也只在很窄的频段下，才有低的耦合损耗。高于或低于此频率，都将因干扰因素导致耦合损耗增加。

2. 耦合型漏缆

耦合型漏缆则有许多不同的结构形式。例如，在外导体上开一长条形槽，或开一组间距远远小于工作波长的小孔（如图 4-17 所示），还有就是两侧开缝。

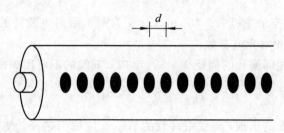

图 4-17　耦合型漏缆

电磁场通过小孔衍射激发电缆外导体外部电磁场。电流沿外导体外部传输，电缆像一个可移动的长天线向外辐射电磁波。因此，耦合型电缆等同于一根长的电子天线。

与耦合模式对应的电流平行于电缆轴线，电磁能量以同心圆的形式紧密分布在电缆周围，并随距离的增加而迅速减小，所以这种模式也被称为"表面电磁波"。这种模式的电磁波主要分布在电缆周围，但也有少量因随机存在于附近的障碍物和间断点（如吸收夹钳、墙壁等）而被衍射，如一部分能量沿径向随机衍射。图 4-18 表示了这种模式电缆中的两种辐射过程。

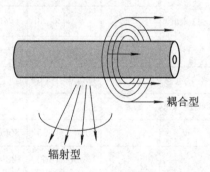

图 4-18　辐射过程

通常希望 LCX 工作在辐射模状态，因为辐射模有更多优点。从辐射电缆的辐射角可以推出耦合模出现的临界频率，即

$$F = \frac{c}{P(1+\sqrt{\varepsilon_r})} \quad (\text{MHz}) \tag{4-34}$$

式中，c 为光速（3×10^8 m/s）；P 为开槽节距（m）；ε_r 为绝缘介质的相对介电常数。例如，当 $\varepsilon_r = 1.32$ 时，SLYFY(N)-50-42 型 LCX 的这一临界频率 $F=700$ MHz，由此可确定本电缆的起始工作频率为 800 MHz。

由于漏缆的外导体上开有周期性槽孔，每一个槽孔都是能量传播的反射点，对于这种周期性的反射，当相邻反射点之间的距离 $h=\lambda/2$ 时，电缆在此频率产生谐振，即电能量在该频率下出现来回振荡，并出现驻波峰值和衰减峰值。从传输线理论中知道，电缆内存在周期性不均匀点时，在工作波长 $\lambda = 2h$（h 为两个相邻不均匀点之间的距离）的频率上出现最大电压驻波值，由此可以推导出不可用频率的计算公式为 $\lambda = 2h$，由此可推导出漏缆不可使用的频率（产生谐振的频率）为

$$f_{no} = \frac{c}{2h\sqrt{\varepsilon_r}} \quad (\text{Hz}) \tag{4-35}$$

式中，c 为电磁波在真空的速度（3×10^8 m/s）；h 为两个距离半波长的反射点距离，即 $h = \lambda/2$；ε_r 为绝缘介质的相对介电常数。

当选择外导体上相邻槽孔的间距 $P = 2h = \lambda$ 时，漏缆的不可用频率为

$$f_{no} = \frac{300}{P\sqrt{\varepsilon_r}} \quad (\text{MHz}) \tag{4-36}$$

为了避免上述情况的出现，螺纹或环纹的节距 h 应适当选择，使其相应的产生谐振的频率 f_{no} 之值落在电缆的工作频率之外。

表 4-7 为我国通信行业标准《通信电缆——物理发泡聚乙烯绝缘皱纹铜管外导体漏泄同轴电缆》（YD/T 1120—2013）中规定的漏泄同轴电缆的电气性能指标要求。

表 4-7 YD/T 1120-2013 漏泄同轴电缆的电气性能指标要求

序号	项目		单位	频率/MHz	规格代号						
					42	32	23	22	17	12	8
1	内导体直流电阻20℃，最大值	铜包铝线	Ω/km							1.53	3.68
		光滑铜管				0.80	1.40	1.42	1.85		
		螺旋皱纹铜管			1.21						
2	绝缘介电强度(DC, 1min)		V		15000	10000	10000	10000	6000	6000	2500
3	绝缘电阻，最小值		MΩ·km		5000						
4	护套火花试验(AC，有效值)		V		10000	10000	8000	8000	8000	8000	5000
	护套火花试验(DC)		V		15000	15000	12000	12000	12000	12000	7500
5	电容		pF/m		76						
6	平均特性阻抗		Ω	150~2500	50±2						
7	纵向衰减，20℃，最大值		dB/100 m	150	0.8	1.3	1.7	1.8	2.4	3.3	4.9
				450	2.0	3.0	3.4	3.6	4.3	6.6	8.5
				900	2.7	4.3	4.1	4.3	6.4	9.5	12.1
				1800	4.4	4.6	7.4	7.6	9.6	13.1	—
				2200	4.1	6.9	8.4	8.6	10.7	14.9	—
				2400	4.6	6.9	8.8	9.0	11.4	14.7	—

续表

序号	项目	单位	频率/MHz	规格代号						
				42	32	23	22	17	12	8
8	耦合损耗(50%/90%)，2 m	dB ±10 dB	150	72/84	70/80	66/75	66/76	70/80	62/78	60/75
			450	79/85	75/85	72/80	72/80	74/83	70/80	68/78
			900	79/85	77/86	72/82	74/85	72/83	71/82	70/80
			1800	80/86	77/88	70/81	80/87	68/79	77/88	—
			2200	80/86	77/88	70/81	77/88	73/82	76/85	—
			2400	82/88	78/88	69/80	78/88	73/82	77/87	—
9	电压驻波比，最大值		260~480	1.25						
			820~960							
			1700~1860							
			1900~2050	1.30						
			2100~2200							
			2300~2400							
10	相对传输速度	—	30~200	88						

注：① 电缆应在合同规定的 1 个或 2 个"工作频段"内符合相应要求。
② 当用户对电器性能有特殊要求时，应在合同中规定。
③ 电容和相对传输速度仅作为电缆的工程使用数据进行测试，但不作为考核项目

4.5 同轴电缆制造简介

不同型号的同轴电缆的制造工艺稍有差别，有用国产设备的，有用先进的进口设备的。一般制造移动通信基站用射频同轴电缆的设备目前都是用进口生产线，线上在线测试控制设备齐全，产品质量好。下面对移动通信基站用射频同轴电缆的制造工艺做一简介。

移动通信基站用射频同轴电缆的生产工艺流程如图 4-19 所示。

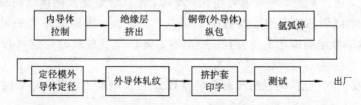

图 4-19　移动通信基站用射频同轴电缆的生产工艺流程

图 4-20 是物理发泡"皮—泡沫—皮"绝缘(简称物理发泡绝缘)生产线的示意图。图 4-21 是实际生产线的照片。

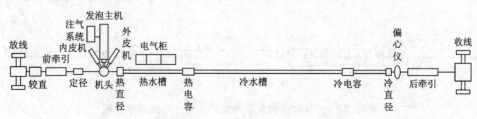

图 4-20　物理发泡"皮—泡沫—皮"绝缘生产线的示意图

图 4-21 物理发泡"皮—泡沫—皮"绝缘生产线的照片

内导体采用铜包铝线或铜管经较直、拉伸模拉直、定径，除去表面毛刺。采用三层共挤的方式制成物理发泡"皮—泡—皮"绝缘缆芯。内皮机采用 ϕ30 的挤塑机，外皮机为 ϕ45 的挤塑机，发泡主机采用长径比为 30∶1 的中 ϕ80 的挤塑机。氮气注入系统将氮气压力加压到 450~600 Bar，通过注气针注入发泡主机，氮气压力的稳定与否直接关系到绝缘缆芯的质量即电缆的电气性能。内皮层用线性低密度聚乙烯（LLDPE）少量粘结剂混合而成。发泡层用约 70%~80% 的高密度聚乙烯（HDPE）、20%~30% 的低密度聚乙烯（LDPE）和少量成核剂混合而成。物理发泡"皮—泡—皮"绝缘的制作工序包括 5 个关键阶段：聚合物熔融和混合，获得均匀的聚合物熔体；氮气注入；聚合物与氮气混合成核，泡孔形成；混合物通过十字机头挤出，压力释放，导致泡孔生长；冷却，泡孔稳定化及绝缘结构凝结。外皮层用高密度聚乙烯。绝缘缆芯的发泡度控制在 75%~80% 之间。发泡工序为关键工序，绝缘泡孔结构的一致性以及绝缘缆芯的冷直径、冷电容、偏心度等参数的稳定与否直接关系到电缆产品的质量。

物理发泡"皮—泡—皮"绝缘的相对介电常数 ε_r 与发泡度 P、实心绝缘的相对介电常数 ε_0 的关系式为

$$\varepsilon_r = \frac{2\varepsilon_0 + 1 - 2P(\varepsilon_0 - 1)}{2\varepsilon_0 + 1 + P(\varepsilon_0 - 1)} \cdot \varepsilon_0 \tag{4-37}$$

图 4-22 给出了外导体纵包氩弧焊轧纹工艺生产线的示意图。

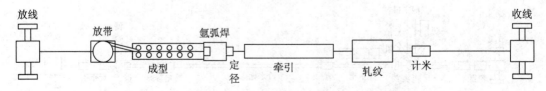

图 4-22 外导体纵包氩弧焊轧纹工艺生产线的示意图

外导体由铜带切边成一定的宽度，再经多道成型模形成管状，用氩弧焊焊管，用定径模定径，形成所要求直径的铜管。中心绝缘缆芯与外导体的占空比是影响电缆电压驻波比及衰减指标的一个不可忽视的因素。对固定尺寸外导体来说，相对较大的绝缘缆芯，有利于电压驻波比的改善；较小的绝缘缆芯，有利于衰减的改善。外导体经轧纹机轧纹。轧纹转速与生产线速度应协调，以便使外导体形成设计要求的波峰、波谷和对绞节距。外导体工序亦为关键工序，其焊接和轧纹质量控制的好坏关系到电缆产品的电气性能及弯曲性能。在氩弧焊焊接时应尽量减少漏焊和虚焊，以避免在高频下对电气性能的影响。

表4-8为1/2″和7/8″两种型号射频同轴电缆的结构尺寸和电气性能标准要求。

表4-8　1/2″和7/8″两种型号射频同轴电缆的结构尺寸和电气性能标准要求(YD/T 1092—2013)

序号	项 目		单位	频率/MHz	规 格 代 号	
					HCTAY-50-22(7/8″)	HCAAY-50-12(1/2″)
					标准要求	标准要求
1	内导体直径	铜包铝线	mm			4.83
		铜 管			9.00	
2	绝缘外径		mm		22	12
3	外导体波峰		mm		24.94	13.84
4	外导体波谷		mm		21.59	11.53
5	外导体轧纹节距		mm		7.0	4.1
6	护套最大外径		mm		28.8	16.4
7	电容		pF/m		76	76
8	相对传输速度		%		88	88
9	特性阻抗		Ω	1000	50±2	50±2
10	衰减常数，20℃，最大值		dB/100m	150	1.58	3.05
				280	2.21	4.23
				450	2.87	4.45
				800	3.97	7.45
				900	4.24	7.95
				1000	4.51	8.42
				1500	4.71	10.56
				1800	6.36	11.71
				1900	6.57	12.07
				2000	6.78	12.43
				2200	7.18	13.13
				2400	7.57	13.80

序号	项目	单位	频率/MHz	规格代号	
				HCTAY－50－22(7/8″)	HCAAY－50－12(1/2″)
				标准要求	标准要求
11	电压驻波比(VSWR)，最大值		800～2000	1.50	1.50
			100～230	1.15	1.20
			260～300		
			320～480		
			800～900		
			880～1000		
			1400～1500		
			1700～1900		
			1860～2000		
			2000～2250	1.20	1.25
			2250～2500		

注：电容和相对传输速度仅作为电缆的工程使用数据，进行测试并提供给用户，但不作为考核项目

4.6 同轴电缆连接器

同轴电缆连接器用于两根同轴电缆的连接或者把同轴电缆连接到需要同轴电缆中信号的设备上。他们有各种不同的形状和尺寸，也有一些不同的名字。其中最主要的同轴连接器是 RF 连接器。尽管各种同轴连接器之间有很多差异，各种同轴连接器被设计用于不同的用途，但有一个特征是共有的，那就是每种连接器都用于与同轴电缆的连接，并保持同轴电缆的电磁屏蔽性能。

电子设备常需要通过输入输出接口连接到其他电子设备上，这常通过金属线缆来实现，但要求线缆的连接和拆除操作方便。电子设备的连接插头有几百种，这里我们将讨论常用于电子测试现场的同轴连接器。

决定采用连接器类型的因素有以下方面：

(1) 频段——LF(音频或视频)、MF、HF、VHF、UHF 或 SHF。

(2) 成本。

(3) 特性阻抗。

(4) 回波损耗(反射)。

(5) 尺寸。

(6) 稳定性。

(7) 工业标准。

(8) 历史因素。

总而言之，高质量的连接器要具有：大的回波损耗(即连接器与电缆之间的阻抗变化小)；具有可靠和快速连接和脱口的机械机构；具有弹性及镀金的接触面以减小接触电阻。

以下是一些常用的同轴连接器的类型名称：

（1）BNC 连接器（BNC，Bayonet Neill-Concelman，后面名词为发明者名）。

（2）N 型连接器（由 Paul Neill 发明而得名）。

（3）F 型连接器。

（4）SMC 型连接器（Sub Miniature Connector）。

（5）IEC 169 - 2 或 Belling - Li 连接器。

（6）TNC 连接器（TNC，Threaded(螺纹) Neill-Concelman）。

（7）UHF 连接器。

（8）DIN 连接器（Deutsches Institut für Normung）。

（9）RCA 连接器（RCA，Radio Corporation of America）。

（10）TRS 连接器（TRS 是 Tip，Ring，Sleeve 这三个部件的首字母缩写）。

最常用的 RF 连接器是 SMA(Sub Miniature version A，A 版次微型)、SMB、BNC 和 F 连接器，而一些连接器之间还可以互换。

RF 连接器提供了同轴电缆之间或同轴电缆与电子设备之间的快速可行的连接，各种连接器的工作频率范围如图 4 - 23 所示。它们所用的脱扣方式也各不相同：一些采用螺纹连接，另一些采用推压连接，而还有一些则采用卡扣连接。

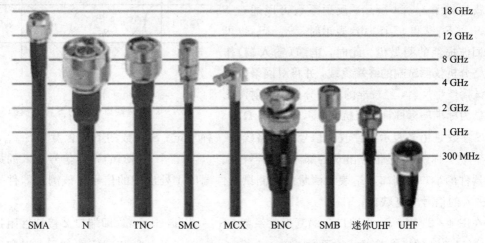

图 4 - 23　各种连接器的工作频率范围

RF 连接器的电气性能要求有：插入损耗、电压驻波比、接触电阻、绝缘电阻、耐压、三阶互调；机械性能有：标准保持力矩、正常连接力矩、连接耐力矩、夹紧机构抗电缆拉伸能力、夹紧机构抗电缆弯曲能力等；环境性能有：耐振动、耐湿热、耐温度变化、耐盐雾等。读者可根据不同型号查阅相关标准的规定。

4.7　同轴电缆的测试

4.7.1　特性阻抗与回波损耗的测量

1. 基本理论

对于同轴电缆产品来说，由于内导体的粗细不均，介质材料及外导体的制造工艺不够完善，造成外导体内径变化，这些都导致电缆结构参数沿电缆长度方向会有一定程度的变化，因此电缆沿线各个点的特性阻抗也是变化的。

当电缆上存在这种内部特性阻抗不均匀时，其传输质量就会下降，例如，对电视传输时信号会产生反射，从而对主信号产生重影，影响图像清晰度；对于数字通信来说，信号的反射就像多径传播，会造成频率选择性衰落，导致产生误码，严重的反射也消耗能量，衰减增大，降低电缆的传输效率。因此，射频同轴电缆的特性阻抗和反映阻抗均匀性的回波损耗是射频电缆的重要指标，一直是人们关注的对象。

随着测试技术的不断发展，测试方法也随之不断变化。阻抗和回波损耗的测量可以采用频域法，也可以使用时域法。频域法可采用网络分析仪或其他扫频测试设备，时域法既可以采用商品化的时域反射计(TDR)，又可以采用脉冲信号发生器和取样示波器组合成测量系统的方法。另外，随着现代网络分析仪的发展，利用矢量网络分析仪内置的离散傅里叶逆变换功能，也可将频域测量结果转换成时域，实现时域测量。本节只介绍频域测量方法。

1) 网络参数(S 参数)

当用矢量网络分析仪对某两端口器件(包括同轴电缆)进行 S 参数测量时，两端口器件的 S 参数模型如图 4-24 所示。反射系数可以通过 S 参数 S_{11}、S_{22} 获得。当以 dB 表示时，S_{11}、S_{22} 也可作为回波损耗的测量值。此时，电缆(输入端)作为网络分析仪测试端的终端负载，并将对网络分析仪测试端产生反射，经校准的网络分析仪反射测试端数据为标准的标称特性阻抗(即 50 Ω 或 75 Ω)。

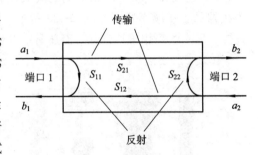

图 4-24 两端口器件的 S 参数模型

S 参数是用来表示器件改变信号流动路线的一种规定。S 参数的下标含意为 $S_{out\ in}$，此处第一个下标(out)是信号出现的那个测试器件端口，第二个下标(in)则为信号进入的那个测试器件的端口。例如，S_{12} 表示测量的是测试器件端口 1 处出现的信号与该测试器件端口 2 处进入的信号之复数比。

在图 4-24 中，S_{11} 为端口 1 的复反射系数，$S_{11}=b_1/a_1$($a_2=0$，即端口 2 接特性阻抗)；S_{21} 为端口 1 和端口 2 的复传输系数，$S_{21}=b_2/a_1$($a_2=0$)。以上"a""b"信号表示入射和反射行波的幅值和相位。当以 dB 表示时，S_{11}、S_{22} 也可作为回波损耗的测量值。S 参数的定义如表4-9 所示。有关 S 参数的具体物理意义可参见 2.3.2 节。

表 4-9　S 参数的定义

S 参数	定　义	说　明	方　向
S_{11}	$\dfrac{b_1}{a_1}(a_2=0)$	输入端反射系数	正向
S_{12}	$\dfrac{b_1}{a_2}(a_1=0)$	反向增益	正向
S_{21}	$\dfrac{b_2}{a_1}(a_2=0)$	正向增益	反向
S_{22}	$\dfrac{b_2}{a_2}(a_1=0)$	输出端反射系数	反向

2）特性阻抗测量

根据传输线理论，电缆特性阻抗与其终端开路和终端断路的传输线的输入阻抗之间的关系为

$$Z_C = \sqrt{Z_{\text{short}} \cdot Z_{\text{open}}} \qquad (4-38)$$

式中，Z_{short} 为终端短路时的输入阻抗；Z_{open} 为终端开路时的输入阻抗。

这就是说，只要得到 Z_{short} 和 Z_{open} 的测量值，传输线的 Z_C 就可以通过上式求得。因此法比较简便，故常被电信工作者采用。

3）回波损耗（RL）与结构回波损耗（SRL）

回波损耗（RL）的定义见式（4-23）。对射频电缆而言，通常回波损耗的测量是相对于电缆规范规定的标称特性阻抗（如 50Ω 或 75Ω）的，同时是将电缆连接用的连接头作为测试接口，这里也包括了电缆连接器的影响。

而结构回波损耗（SRL）是电缆中以电缆本身的平均阻抗作为参考的入射信号与反射信号的比值。随着测试仪器和测试技术的优化，目前某些网络分析仪采用合成射频信号源产生作为激励信号的入射信号，然后进行反射测量，其结果用来计算电缆的实际阻抗。所以结构回波损耗的测量结果是以测得的电缆阻抗为参考而表示出来的。即当这种回波损耗测量相对于电缆阻抗归一化时（一定频段内不同频率所测特性阻抗进行统计处理后的结果），该回波损耗即成为结构回波损耗（SRL）。另外，先进的仪器可对电缆连接器的电容及电长度进行补偿，尽可能消除其对电缆回波损耗的影响。总之，所测电缆的结构回波损耗尽可能剔除了其他影响，是最能反映电缆本身的阻抗均匀性的。

2. 特性阻抗的测量方法

射频同轴电缆特性阻抗可以用频域法或时域法测量。频域法一般采用矢量网络分析仪对电缆性能进行测试，由于矢量网络分析仪使用带通滤波器和数字滤波器，具有很低的背景噪声，因此能够对电缆特性阻抗进行精确测量。按测试信号不同的传输方向，频域法又可分为传输测量和反射测量两种。目前常用的射频同轴电缆特性阻抗测量方法中，传输相位法、传输相位差法、开路或短路谐振法等属于频域法中的传输测量，而较新的单连接器测量法是属于频域法中的反射测量。下面结合测试标准举例介绍。

1）传输测量方法

（1）传输相位法。某一圈电缆在网络分析仪上测得的相对于（$\pm\pi$）的相移和总相位如表4-10 所示（需用程控网络分析仪，为节省篇幅，表中只列出最初 5 行数据，以下表格相同），它们是通过测试 S_{21} 或者 S_{12} 时得到的频率为 f 时的扩展相位变化测得的，用电容表或电容电桥测得的电缆总电容为 5060 pF。根据阻抗计算公式（参见 IEC 61196-1-108：2011 标准）有

$$Z_C = \frac{1}{v_p C} = \frac{1}{C} \cdot \frac{\beta(f)}{2\pi f} = \frac{\varphi_{\text{exp}}(f)}{2\pi f C_1} \qquad (4-39)$$

式中，f 为频率，单位为 Hz；C 为单位长度的电容，单位为 F/m；C_1 为电缆总电容，单位为 F；$\varphi_{\text{exp}}(f)$ 为长度 l 上的总相移，单位为 rad。

当频率为 5 MHz 时，总相位为 702.416°（12.256 rad），代入式（4-39）计算得其特性阻抗为 77.2 Ω。其他各频率点阻抗如表4-10 所示，绘成的曲线如图 4-25 所示。本测试方

法即为 IEC 61196 - 1 - 108 标准的测量方法。

表 4 - 10　某电缆测得的相位(±π)偏移和总相位及特性阻抗表

频率/Hz	相位(±180°)	总相位 φ_{exp}/(°)	总相位 φ_{exp}/(°)	特性阻抗(相位法)/Ω
5 000 000.00	17.584	−702.416	−12.256	77.182
5 077 734.38	6.715	−713.285	−12.449	77.176
5 155 468.75	−4.147	−724.147	−12.639	77.170
5 233 203.13	−14.005	−734.005	−12.828	77.164
5 310 937.50	−24.868	−744.868	−13.018	77.158
…	…	…	…	…

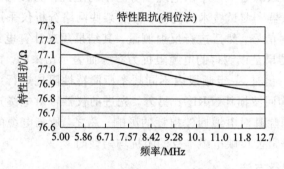

图 4 - 25　特性阻抗频率特性曲线

（2）传输相位差法。当不具备计算机程控网络分析仪时，选择相差一个周期（360°）的两个频率点，表 4 - 10 中 6.399 MHz 和 8.964 MHz 两点（表中已省略），则频率差为 2.565 MHz，则

$$Z_C = \frac{1}{v_p C} = \frac{1}{l \cdot \Delta f \cdot C} = \frac{1}{\Delta f \cdot C_1} = \frac{1}{2.565 \times 10^6 \times 5060 \times 10^{-12}} = 77.0 \ (\Omega)$$

此方法又称为传输相位差法，是标准 GB/T 17737.1—2000 的测量方法。

对于一般 PE 等均匀绝缘介质电缆，测总相位和 360°相位差这两种方法，其结果的差别是很小的。

需要说明的是，上述两种方法测得的特性阻抗是平均特性阻抗的概念。

2) 反射法测量

反射法测量即基于反射系数的测量，反射系数是对由于电缆结构变化和电缆与测量系统阻抗间失配引起的信号反射的量化。当用网络分析仪反射测量时，反射系数 Γ 可通过 S 参数 S_{11} 或 S_{22} 获得。反射系数 Γ 是复数，包含了幅度信息和相位信息。本方法用经校准的网络分析仪反射测量得到的是测试端接负载为电缆时的输入阻抗，如表 4 - 11 所示。电缆的输入阻抗与频率曲线如图 4 - 26 所示。计算公式为

$$Z_{in} = Z_0 \frac{1 + \Gamma}{1 - \Gamma} \tag{4 - 40}$$

式中，Z_0 为网络分析仪系统阻抗（50 Ω 或 75 Ω）；Γ 为反射系数。

表 4 - 11　终端端接负载的电缆的输入阻抗

频率/Hz	实部	虚部	阻抗/Ω
5 000 000.00	50.57 327	−0.79 121	50.579
5 077 734.38	50.648 43	−0.361 68	50.650
5 155 468.75	50.869 85	0.009 70	50.870
5 233 203.13	51.204 58	0.274 48	51.205
5 310 937.50	51.611 82	0.397 80	51.613
…	…	…	…

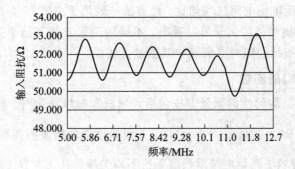

图 4 - 26　电缆的输入阻抗与频率曲线

3) 谐振频率法

(1) 通过测量谐振频率的方法计算特性阻抗。此方法原理是依据 GB 4098.3—83 中的公式，即

$$Z_C = \frac{N}{4 f_0 C_1} \cdot 10^6 \tag{4-41}$$

式中，Z_C 为测试样的特性阻抗，单位为 Ω；f_0 为被测试样的测量频率，单位为 MHz；C_1 为被测试样的总电容，单位为 pF，采用 GB/T 17737.1—2000 电容测试方法；N 为谐振序数；$N=1$、2、3、4、5……（具体取值方法请参考 GB 4098.3—1983）。

(2) 通过测量相邻谐振频率差的方法计算特性阻抗。此方法原理是依据 GB 4098.3—1983 中的公式，即

$$Z_C = \frac{10^6}{2 \Delta f C_1} \tag{4-42}$$

式中，Z_C 为被测试样平均特性阻抗，单位为 Ω；Δf 为为被测试样相邻谐振频率差，单位为 MHz；C_1 为被测试样的总电容，单位为 pF，采用电容表或电容电桥测试。

在测试时，打开网络分析仪频标，先设定一个中心频率，把频标 1 选在其中一个谐振频率的峰顶上，在频标 1 相邻的第 10 个谐振频率峰顶上选为频标 2，如图 4 - 27 所示。公式中的 Δf 由（频标 2－频标 1）÷10 得出（谐振频率法必须用电容仪测试出待测电缆的电容值 C 待用）。将计算出的 Δf 及电容 C_1 值代入式(4-42)中即可得到待测电缆的特性阻抗。

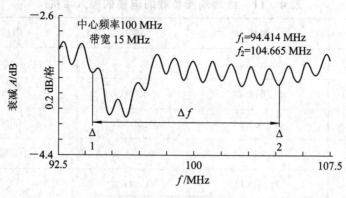

图 4-27　谐振频率图

谐振频率法测出的为整个测试样线的平均阻抗，就算中间某个点出现异常也无法知道，但能反映某段长度电缆的阻抗均匀性。此方法一般用于测试 75 Ω 编织型同轴电缆。

从上面的特性阻抗测量的例子可以看出，不同的测量方法其结果是有一定差异的，所以，在规定特性阻抗指标的同时必须规定其测量方法。

3. 回波损耗(RL)的测量

射频同轴电缆阻抗均匀性的测量方法包括频域法和时域法两种。频域法测量电缆的回波损耗，其定义见式 $RL = 10\lg\dfrac{P_r}{P_i} = 20\lg|\Gamma|$，是反映电缆的回波损耗和频率的特性(回波损耗随频率而变化)。时域法测量电缆沿长度阻抗不均匀等特性。本节仅涉及频域法的回波损耗测量方法。

本方法用于确定射频同轴电缆的回波损耗。它可用定向耦合器将入射波与反射波分开，也可用驻波电桥测定其回波损耗，测得量值能够连续地记录下来。频域法适用频率范围为 5 MHz～18 GHz。测量要点如下：

(1) 测量误差应不大于 10%。对测量误差有更高要求时，应按详细规范中的规定。

(2) 试样长度。在测量范围内，试样在最低频率时的插入损耗应不小于 6 dB。如果试样的衰减量不能达到 6 dB，应取 100 m 电缆进行测量，或按详细规范中规定长度。

(3) 射频同轴电缆回波损耗的测量原理图如图 4-28 所示。

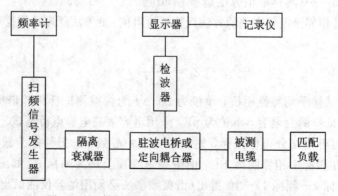

图 4-28　射频同轴电缆回波损耗的测量原理图

（4）对仪器及附件的要求：

① 扫频信号发生器。在测量频率范围必须提供变化幅度不小于 0.5 dB 的稳幅输出信号，扫描速度应满足显示器或记录仪的工作要求。

② 驻波电桥或定向耦合器。其方向性应不小于 36 dB。

③ 匹配负载。在测量范围内，回波损耗应不小于 40 dB。

④ 显示器或 X—Y 记录仪。具有高精度的标准衰减器、对数放大器、高灵敏度显示器，记录速度应与扫频信号发生器相配。

⑤ 应注意连接器、阻抗转换器和转接器的连接质量。必要时在测量范围内可采用时域反射计检查连接器和电缆的匹配质量。

从以上几点要求来看，目前国产的扫频仪尚不满足最起码的要求，并且可靠性差，返修率高。带 0.1 dB 挡的个别中挡扫频仪严格来讲虽尚不能连续记录，但测量结果已接近进口仪器，已广为中小型生产厂采用。

测试时要注意的是，电缆连接器、阻抗转换器、驻波电桥和匹配负载等器件的正确连接。各连接器连接时要特别小心，要保证连接可靠正确，否则对测试结果的影响很大。

图 4 - 29 是 75 Ω CATV 分配电缆的典型回波损耗曲线。

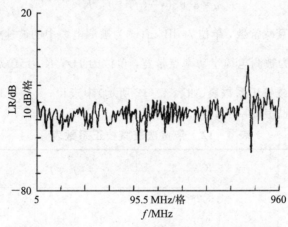

图 4 - 29   75 Ω CATV 分配电缆的典型回波损耗曲线

4.7.2 衰减常数的测量

射频同轴电缆衰减常数的测量，根据不同的频率范围和衰减量大小，可分别采用带宽法、谐振法、电压比较法、替代法等。下面我们分别介绍几种方法。

1. 带宽法

带宽法是在电缆终端开路（或短路）时，利用谐振点失谐到半功率点时的频带宽度来测量 200 MHz 及以下频率时射频电缆的衰减常数。用带宽法测量电缆的衰减常数如图 4 - 30 所示。

在测量时，选取的试样长度应保证在测量频率时试样的总衰减应不大于 10 dB。对测量仪器的要求是：当频率变化时，信号发生器的输出电压应保持恒定，其大小应能使超高频毫伏表和数字频率计正常工作。松耦合器中的耦合电容应连续可调。

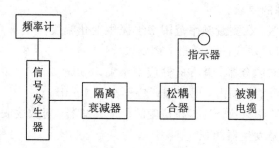

图 4-30　用带宽法测量电缆的衰减常数

　　按图 4-30 所示连接各仪器和被测试样，对信号发生器进行幅度调整和频率谐调，当系统谐振时，调整松耦合器使系统处于松耦合状态（即改变松耦合器电容，被测电缆的半功率点带宽保持不变），指示器调到满刻度，记下谐振频率 f_0。再调整信号发生器频率，使系统从谐振点失谐到半功率点即输入电压为 $\frac{\sqrt{2}}{2}$ 的谐振电压时，记下半功率点频率 f_2 和 f_1。再测出被测电缆的相速度 v。这样，衰减常数可以用式（4-43）来计算，即

$$\alpha = 8.686\frac{\pi}{v}(f_2 - f_1)K \tag{4-43}$$

式中，α 为被测电缆的衰减常数，单位为 dB/m；v 为被测电缆中的波速（相速度），m/s，$v = 2\Delta f l \times 10^6$；$(f_2 - f_1)$ 为被测电缆半功率点带宽，单位为 Hz；K 为衰减校正系数，$\frac{1}{v}(f_2 - f_1)$ 的数值从带宽法衰减校正系数表（如表 4-12 所示）中查得；l 为被测试样的长度，单位为 m；Δf 为两个相邻谐振频率的间隔，单位为 Hz。

表 4-12　带宽法衰减校正系数表

$\frac{1}{V}(f_2 - f_1)$	K	$\frac{1}{V}(f_2 - f_1)$	K
0.02	1.0025	0.22	1.137
0.04	1.010	0.24	1.129
0.06	1.022	0.26	1.114
0.08	1.039	0.28	1.095
0.10	1.061	0.30	1.072
0.12	1.084	0.32	1.047
0.14	1.104	0.34	1.021
0.16	1.122	0.36	0.994
0.18	1.134	0.38	0.965
0.20	1.139	0.40	0.934

2. 谐振法

　　谐振法是根据谐振的原理测量 200 MHz 以下频率时射频同轴电缆的衰减常数。按 4.6.1 节中的传输测量法测出电缆的平均特性阻抗 Z_m，测出谐振电阻或电导，衰减常数用

式(4-44)～式(4-47)计算。测量时,试样长度应使其总衰减量能满足测量精度的要求,仪器的电导(或电阻)测量精度应不低于 2%。

在并联谐振时,有

$$\alpha = \frac{8.686}{l} \mathrm{th}^{-1} \frac{Z_{\mathrm{m}}}{R} \tag{4-44}$$

或

$$\alpha = \frac{8.686}{l} \mathrm{th}^{-1} Z_{\mathrm{m}} G$$

式中,α 为被测试样的衰减常数,单位为 dB/km;Z_{m} 为被测试样的平均特性阻抗,单位为 Ω;l 为被测试样的长度,单位为 m;R 为被测试样的并联谐振电阻,单位为 Ω;G 为被测试样的并联谐振电导,单位为 S。

当 $\dfrac{Z_{\mathrm{m}}}{R} \leqslant 0.1$ 或 $Z_{\mathrm{m}} \cdot G \leqslant 0.1$ 时,可以近似地按式(4-45)计算,即

$$\alpha = \frac{8.686 Z_{\mathrm{m}}}{lR} \tag{4-45}$$

或

$$\alpha = \frac{8.686 Z_{\mathrm{m}} G}{l}$$

在串联谐振时,有

$$\alpha = \frac{8.686}{l} \mathrm{th}^{-1} \frac{R}{Z_{\mathrm{m}}} \tag{4-46}$$

或

$$\alpha = \frac{8.686}{l} \mathrm{th}^{-1} \frac{1}{Z_{\mathrm{m}} G}$$

当 $\dfrac{R}{Z_{\mathrm{m}}} \leqslant 0.1$ 或 $Z_{\mathrm{m}} \cdot G \geqslant 10$ 时,可以近似地按式(4-47)计算,即

$$\alpha = \frac{8.686 R}{l Z_{\mathrm{m}}} \tag{4-47}$$

或

$$\alpha = \frac{8.686}{l Z_{\mathrm{m}} G}$$

3. 电压比较法

电压比较法是指根据传输线衰减的定义用阻抗图示仪测量 30～420 MHz 频率范围内射频电缆的衰减常数。用电压比较法测量电缆的衰减常数如图 4-31 所示。按图 4-31 所示连接各仪器,将衰减常数圆图装在阻抗图示仪上。对阻抗图示仪进行频率调谐和幅度调整,把光点准确地调整到圆图的圆周上(即 0 dB)。将装好插头的被测试样接在阻抗图示仪测量端或阻抗变换器之间,此时在衰减常数圆图上所示的衰减值即为被测电缆的总衰减。

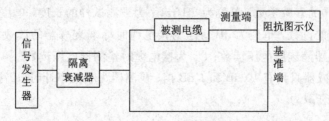

图 4-31　用电压比较法测量电缆的衰减常数

为了提高测量的精确度，可按式(4-48)进行较为精确的计算，即

$$\alpha = \frac{20}{l}\lg\frac{r_1}{r_2} \tag{4-48}$$

式中，α 为被测试样的衰减常数，单位为 dB/m；r_1 为未接被测试样时光点离开圆图圆心的距离，单位为 mm；r_2 为接上被测试样后光点离开圆图圆心的距离，单位为 mm；l 为被测试样的长度，单位为 m。

在本测试方法中，隔离衰减器的衰减量不小于 10 dB，如用阻抗变换器，则其衰减量各为 13～20 dB，应使在该测量频率时试样的总衰减量在 3～10 dB 范围内。

4. 替代法

替代法适用于测量 3000 MHz 及以下频率时射频电缆的衰减常数，如图 4-32 所示。对于被测试样长度的选择，应使在该测量频率时试样的总衰减量不小于 10 dB。

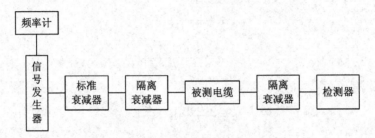

图 4-32　用替代法测量电缆的衰减常数

由于标准衰减器和检测器的类型不同，可以根据下述三种情况之一进行测量和计算：

(1) 当标准衰减器具有 0.1 dB 挡、检测器为调谐指示器时，将检测器调谐，然后调节信号发生器和标准衰减器，使产生一个适当的输出信号幅度，记下检测器的指示值和标准衰减器的读数，然后拆去电缆，把两个隔离衰减器直接相接。

重新调节标准衰减器，使检测器重现原来的指示值，记下这时标准衰减器的读数。试样的插入衰减等于标准衰减器两个读数之差。

(2) 当标准衰减器只具有 10 dB 和 1 dB 挡、检测器为宽频带超高频毫伏表时，先不接被测电缆，而把标准衰减器调节到适当读数，并调节信号发生器，使其输出信号幅度到检测器的满度值，然后接上电缆，再调节标准衰减器，并记下检测器和标准衰减器的读数，则试样的插入衰减为

$$\alpha l = |A_1 - A_2| + 20\lg_1\frac{U_1}{U_2} \tag{4-49}$$

式中，α 为被测试样的衰减常数，单位为 dB/m；l 为被测试样的长度，单位为 m；A_1 为未接电缆时标准衰减器的读数，单位为 dB；A_2 为接电缆时标准衰减器的读数，单位为 dB；U_1 为未接电缆时检测器满刻度电压读数；U_2 为接电缆时检测器电压读数。

(3) 当标准衰减器只具有 10 dB 和 1 dB 挡、检测器为小功率计时，仍按情况(2)进行测量，则试样的插入衰减为

$$\alpha l = |A_1 - A_2| + 10\lg\frac{P_1}{P_2} \tag{4-50}$$

式中，P_1 为未接电缆时检测器满刻度功率读数；P_2 为接电缆时检测器功率读数。

其余符号与式(4-49)相同。

本测试方法要求标准信号发生器输出电压恒定,并足够大:标准衰减器每 10 dB 误差小于 0.1 dB,即小于 1%;隔离衰减器的衰减量不小于 10 dB,电压驻波系数不大于 1.15。射频同轴电缆的衰减常数测试方法还有功率反射法等,详见 GB/T 4098.4—1983 标准。

习 题

一、填空题

1. 同轴电缆主要由组成一个传输回路的_____和_____及它们之间的_____组成。

2. 在现在的无线通信中,最常用的同轴电缆的特性阻抗是_____ Ω,这个数值兼顾了传输功率最大化和衰减最小化的要求;而_____ Ω 的特性阻抗主要考虑的是衰减最小化的要求,该同轴电缆主要用于有线电视系统等。

3. 同轴电缆主要由_____、_____、_____和_____组成。

4. 同轴电缆的衰减主要由_____损耗和_____损耗两部分组成。

5. 随着同轴电缆直径的增大,_____频率不断下降,高于此频率传输时会发生_____传输现象,对通信特别不利。

二、选择题

1. 射频同轴电缆中处于内、外导体之间的绝缘介质的作用是(   )。
   A. 仅仅起绝缘隔离的作用
   B. 不仅起绝缘作用,还传导高频电磁波
   C. 起到半导电的作用
   D. 起支撑的作用

2. 同轴电缆的特性阻抗与(   )没有关系。
   A. 同轴电缆的内导体直径
   B. 同轴电缆的外导体直径
   C. 内、外导体之间的绝缘
   D. 同轴电缆的长度

3. 同轴电缆中绝缘介质采用物理发泡的目的是(   )。
   A. 主要为了减轻电缆重量
   B. 减小相对介电常数,使电缆参数符合要求
   C. 为了易于弯曲
   D. 主要是为了减小介质损耗

4. 同轴电缆中传输的电磁波基模是(   )。
   A. TE_{11} 模　　　B. TM_{11} 模　　　C. TEM 模　　　D. TM_{01} 模

5. 在引起同轴电缆衰减的因素中,哪个是最主要的?(   )。
   A. 内导体　　　B. 外导体　　　C. 绝缘层　　　D. 护套层

6. 螺纹内导体标称外径为 9.40 mm、泡沫聚乙烯绝缘层的标称外径为 22 mm、外导体为环形螺纹铜管、护套为聚乙烯护套、标称特性阻抗为 50 Ω 的射频同轴电缆,按 YD/T

1092—2004 标准，其型号表示为（　　　）。

    A. HCAHY－50－22
                B. HHTAY－50－22

    C. HHTAY－22－50
                D. HCTHY－50－22

7. 同轴电缆的截止频率是指（　　　）。

    A. 信号频率高于截止频率，信号将通不过电缆传输

    B. 信号频率低于截止频率，信号将通不过电缆传输

    C. 信号频率低于截止频率，电缆中将出现 TE 模和 TM 模的高次模

    D. 信号频率高于截止频率，电缆中将出现 TE 模和 TM 模的高次模

8. 同轴电缆的截止频率与电缆的结构尺寸和绝缘介电常数有关，下列说法正确的是（　　　）。

    A. 随着电缆直径的增大，截止频率不断下降

    B. 随着电缆直径的增大，截止频率不断增大

    C. 随着电缆直径的增大，截止频率不受影响

    D. 随着电缆直径的增大，截止频率稍微受到影响

9. 关于辐射型漏缆（RMC）与耦合型漏缆（CMC）的特点描述，正确的是（　　　）。

    A. 辐射型漏缆（RMC）槽孔间距（d）与工作波长（λ）相当；耦合型漏缆（CMC）开孔间距远远小于工作波长

    B. 辐射型漏缆（RMC）槽孔间距（d）远远小于工作波长（λ）；耦合型漏缆（CMC）开孔间距与工作波长（λ）相当

    C. 辐射型漏缆（RMC）径向作用距离较短，耦合损耗较大；耦合型漏缆（CMC）径向作用距离较远，耦合损耗较小

    D. 辐射型漏缆（RMC）不存在谐振频率，使用频带较宽；耦合型漏缆（CMC）存在谐振频率，使用频带有一定范围

10. 13/8″的漏泄同轴电缆不能用于 5G 移动通信室内分布系统的主要原因是（　　　）。

    A. 13/8″的漏泄同轴电缆太粗，占用空间大，难以敷设

    B. 13/8″的漏泄同轴电缆的截止频率低于 5G 信号的频率，会产生信号的高次模传输，影响信号质量

    C. 13/8″的漏泄同轴电缆的衰减太大，5G 信号的传输距离太短

    D. 13/8″的漏泄同轴电缆的耦合损耗太大，5G 信号的辐射距离太近

三、问答题

1. 同轴电缆主要由哪几部分组成？各部分的作用是什么？

2. 同轴电缆的绝缘介质为什么要采用物理发泡聚乙烯？

3. 为什么用于移动通信基站的射频同轴电缆的内导体可以用空心铜管或铜包铝杆代替纯铜杆？

4. 同轴电缆的损耗主要由哪两部分组成？以哪部分为主？

5. 简述同轴电缆的哪些结构因素不均匀会对特性阻抗和回波损耗带来不利影响。

6. 什么是同轴电缆的截止频率？

7. 什么是同轴电缆屏蔽的转移阻抗？试叙述其定义。

四、计算题

1. 已知某射频同轴电缆内铜导体直径为 4.8 mm，外导体内径为 12 mm，同轴电容为 76 nF/m，求此电缆的特性阻抗。

2. 有一同轴电缆在 1000 kHz 时测得以下回路一次参数：$R = 39.4$ Ω/km，$L = 0.273$ mH/km，$C = 48$ nF/km，$G = 14.2$ μS/km，试计算衰减常数 α、相移常数 β 和特性阻抗 Z_C。

3. 有一同轴电缆，已知其内导体直径为 2.6 mm，外导体内径为 9.5 mm，填充在内、外导体之间的介质 $\varepsilon_r = 1.05$，$\mu_r = 1$，试计算电缆的特性阻抗 Z_C。

4. 某 RRU 的最大输出功率为每载波 43 dBm，直接接入 13/8 in(1in＝2.54 cm) 的泄漏电缆，覆盖一个公路涵洞，假设该型号的泄漏电缆的传输损耗为 2.7dB/100m，耦合损失为（电缆周围 2 m 出的耦合信号电平衰减）84dB(可通率为 95%)，试计算：

(1) 经过 500 m 的泄漏电缆后，泄漏电缆中导频信号电平衰减为多少？

(2) 按照 95% 的可通率，距基站 500 m 的泄漏电缆周围 2 m 处的信号电平为多少？

第五章 光纤及其传输特性

光纤是现代通信网络的基础传输线，它具有巨大的带宽资源、极小的信号衰减、抗干扰能力强、价格低等诸多优点，是金属传输线无法比拟的。我们可以说，没有光纤的发明，就没有现代通信网。本章主要介绍光纤的品种演进、光纤传输理论、光纤的光学、传输及机械特性，并给出了常用光纤的具体性能参数。

5.1 光纤通信概述

光纤通信是以激光作为载体、以光纤作为传输媒介的通信方式。与电缆或微波等电通信相比，光纤通信具有传输频带宽、传输衰减小、信号串扰弱、抗电磁干扰等优点。因此，在当今全世界通信方式中已构成了一个以光纤通信为主，微波、卫星通信为辅的格局。

目前，以标准单模光纤、大有效面积非零色散位移光纤、光纤放大器和波分复用技术共同组成的密集波分复用光纤传输系统已经遍及全世界的核心网以及城域网。今天，由光纤构筑的网络拓扑已延伸到地球的各个角落，光缆的敷设正向着光纤到家庭、光纤到桌面进军，以实现光纤通信的最终目的。

光纤通信的发展历程如下：

1966 年 7 月，英籍华人高锟(C. K. Kao)和 George A. Hockham 根据介质波导理论提出光纤通信的概念。高锟预言，只要在光导纤维(简称光纤)制造中消除金属离子杂质，制造出 20 dB/km 衰减的光纤就可以实现利用光纤进行通信的目的。

自 1966—1970 年，美国康宁公司的 Robert D. Maurer 等人经过 4 年的研究之后，他们完全掌握了制造衰减系数为 20dB/km 的光纤技术。这标志着现代光纤通信技术拉开了序幕。

1975 年康宁光纤衰减降低到了 4 dB/km。

1976 年康宁光纤衰减降低到了 0.5 dB/km，接近理论值。

1976 年美国贝尔实验室采用多模光纤在亚特兰大至华盛顿之间建立起了世界第一个实用化光纤通信系统，其传输速度为 45 Mb/s。

1977 年，美国在芝加哥两个电话局之间开通了世界上第一个使用多模光纤商用光纤通信系统(距离为 7 km，波长为 850 nm，速率为 44.736 为 Mb/s)。

1977 年，Tomlisnon 和 Aumiller 首先成功地开发出了第一个光栅波分复用无源器件。

1980 年，光纤衰减低达 0.2 dB/km(1.55 μm 波长处)，接近理论极限值。

20 世纪 80 年代，由于光纤制作工艺的进步，单模光纤研制成功，带宽达到几十千兆赫·千米至数百千兆赫·千米，使大容量光纤通信成为可能。

1986 年，日本住友公司制造出的纯硅芯石英玻璃光纤(Pure Silica Core Fiber，PSCF)

的衰减系数为 0.154 dB/km，创造了 PSCF 的衰减系数的世界纪录。

1987 年发明了掺铒光纤放大器(Erbium Doped optical Fiber Amplifier，EDFA)，从而为中长距离的密集波分复用(Dense Wave Division Multiplexing，DWDM)传输的商用奠定了坚实的基础。

1995 年，美国启动了世界上第一个 8×2.5 Gb/s 的 DWDM 试验系统，其具有多个光分/插复用接点和光交叉连接点，传输业务包括数据、数字视频、分布有线电视，传输距离在 2000 km 以上。

20 世纪 90 年代初期，我国通信干线建设全部以 G.652 单模光纤为主，使用 1310 nm 工作波长。

20 世纪 90 年代中期，色散位移光纤(G.653 光纤)和非零色散位移单模光纤(G.655 光纤)得到应用，但仍以非色散位移单模光纤(G.652 光纤)为主，采用 1550 nm 工作波长。我国建成"八纵八横"的光纤干线骨干通信网，采用了高速同步数字体系(Synchronous Digital Hierarchy，SDH)技术和 DWDM 技术。省内的光缆干线也大量建成。

20 世纪 90 年代末期，各地的光纤接入网开始建设。

进入 21 世纪，以武汉邮电科学研究院为代表的科研单位致力于 DWDM 技术的研究和网络建设。现在国内各大通信网络运营商都大规模采用 DWDM 系统，大量使用 32×2.5 Gb/s、32×10 Gb/s 的系统，单根光纤容量达 320 Gb/s。

到目前为止，我国已经敷设的各种光缆已超过 4000 万千米。

未来的光通信的含义不仅仅是指光传输，而且其整个通信过程都是以光的形式进行的。

5.2 光纤品种的演进

5.2.1 多模光纤

当光纤的纤芯尺寸远大于光波波长(约为 1 μm)时，光纤传输过程中就会存在着几十种乃至几百种传输模式，这样的光纤称为多模光纤。光在多模光纤中的传播轨迹如图 5-1 所示。

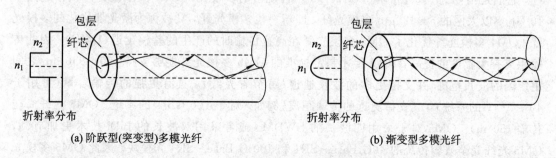

(a) 阶跃型(突变型)多模光纤　　　(b) 渐变型多模光纤

图 5-1 光在多模光纤中的传播轨迹

1970 年美国康宁玻璃公司与贝尔实验室成功制造出了低衰减系数为 20 dB/km 的多模

光纤，随后人们立即发现多模光纤的模间色散使光纤的传输带宽限制在几十兆比特每秒。国际电信联盟标准化部门(ITU-T)建议将 50/125 μm 多模光纤定义为 G.651 光纤，光源用 0.85 μm 工作波长的发光二极管。

尽管多模光纤在替代电缆作为信号传输介质所引起的通信领域的一场大革命中功不可没，但当时的多模光纤因衰减大、工作波长短、带宽窄(模间色散导致的带宽只有几百兆比特每秒)，使得其只能用在传输距离短、带宽小于几百兆比特每秒的局域网。

随后研制出具有几百兆比特每秒带宽的梯度折射率分布(Graded-Index，GI)多模光纤，因而，早期光纤通信系统大多数使用的是 GI 多模光纤。GI 多模光纤仅仅作为局域网传输介质进行数据和图像传输，究其原因，是由于光纤制造工艺无法精确地控制 GI 多模光纤的折射率分布，使得 GI 多模光纤的带宽被限制在 1 Gb/s 以下。20 世纪 80 年代初，人们开发出单模光纤，才从根本上解决了单模光纤带宽受限于模间色散的问题，随后至 20 世纪 90 年代，在光纤通信中，单模光纤一直扮演着绝对角色。

2003 年 3 月 IEC 发布了 A1 类(50/125 μm 为 A1a 类)多模光纤标准新版本《光纤：产品规范——A1 多模光纤分规范》(IEC 60793-2-10：2002)。

2004 年 9 月在瑞典召开的欧洲光通信会议上又报道了工作波长为 1300/1550 μm 的 50/125 μm 多模光纤，与 1300/1550 μm 波长的垂直腔表面发射激光二极管(VCSEL)配合使用，可以在 1300/1550 μm 波长开通波分复用系统，在 1 Gb/s 以太网链路上传输距离超过 2000 m。

多模光纤按照折射率剖面分布可分为渐变(梯度)型多模光纤和阶跃型多模光纤。对于通信用多模光纤的芯径和数值孔径(NA)的设计不同，有两种典型的多模光纤，即 50 μm 和 62.5 μm 多模光纤。50 μm 光纤是 20 世纪 70 年代开发用于中长和短距离通信用的，62.5 μm 光纤是在 1985 年为了满足 10 Mb/s、传输距离达 2 km 的校园网应用而开发的。自 20 世纪 90 年代中期以来，随着计算机网络的普及和发展，50/125 μm 新一代多模光纤提高了 850 nm 波长的工作带宽，与价格便宜的 850 nm 波长的垂直腔表面发射激光二极管(VCSEL)配合使用，可以支持 10 Gb/s 传输 300 m 的距离。

按照 ISO/IEC 11801 的标准，多模光纤根据光模式(Optical Mode)可以分为 OM1、OM2、OM3、OM4 和 OM5 多模光纤。其中，OM1 包括 A1a 和 A1b，它们被称为传统多模光纤；ISO/IEC 11801 标准将适用于吉比特每秒的以太网的多模光纤被称为 OM2 多模光纤，它们是指 62.5/125 μm 和 50/125 μm 两种规格的多模光纤；OM3 多模光纤仅指适用于 10 Gb/s 以太网的 50/125 μm 多模光纤，即新一代多模光纤，又被称为激光器优化的多模光纤；OM4 多模光纤优化了 OM3 多模光纤在高速传输时的产生的差模延迟(DMD)，因此传输距离有大幅度的提高；2017 年才制定标准的 OM5 多模光纤能够支持 850～950 nm 之间更广阔的波长范围，并支持更多的波长通道(可节省光纤)，具有更强的传输容量(可用于 40～400 G 的系统)，其支持更远的传输距离(例如，对于 100 Gb/s 的系统，OM5 光纤尚能传输 150 m)。OM5 对于采用四波长的 SWDM4 或者采用双波长的 BiDi 技术更加有利，OM5 光纤完全兼容传统的 40G Base-SR4 和 100 G Base-SR4 光模块。因此 OM5 多模光纤能够支持大型数据中心未来不同的应用。各类多模光纤在 10 Gb 以太网中的传输距离的比较如图 5-2 所示。多模光纤的国际标准如表 5-1 所示。

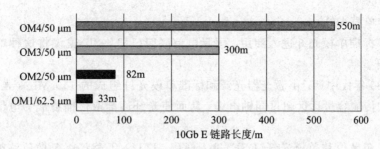

图 5-2 各类多模光纤在 10 Gb 以太网中传输距离的比较

表 5-1 多模光纤的国际标准

IEC 标准	IEC 光纤类别	光纤产品简称	ITU-T 标准和光纤类别	TIA 光纤标准	ISO/IEC 11801 光纤类别
60793-2-10	A1b	62.5/125 多模光纤	无	TIA-492AAAA	OM1 或 OM2
	A1a.1	50/125 多模光纤	G.651.1	TIA-492AAAB	OM1 或 OM2
	A1a.2	50/125(850 nm 激光器优化)		TIA-492AAAC	OM3
	A1a.3	50/125(850 nm 远距离激光器优化)		TIA-492AAAD	OM4
	A1a.4b	50/125(宽带短波分复用)		TIA-492AAAE	OM5
	A1d	100/140(渐变折射率)			
60793-2-20	A2a	100/140(阶跃折射率)	无		
	A2b	200/240			
	A2c	200/280			
60793-2-30	A3a-A3d	玻璃纤芯塑料包层多模光纤			
60793-2-40	A4a-A4h	塑料光纤			

5.2.2 单模光纤

当光纤的纤芯尺寸较小,与光波长在同一数量级(如 4~10 μm 范围)时,光纤只允许一种模式(基模)在其中传输,其余的高次模全部截止,这样的光纤称为单模光纤。光在单模光纤中的传播轨迹,简单地讲,是以平行于光纤中轴线的方式直线传播的,如图 5-3 所示。

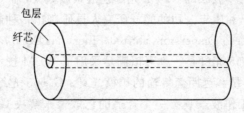

图 5-3 光在单模光纤中的传播轨迹

1980 年,人们成功地研制出零色散点在 1.31 μm 的单模光纤(非色散位移单模光纤,或简称为标准单模光纤）。

1983 年，标准单模光纤进入商用。国际电信联盟（ITU – T）建议将这种单模光纤定义为 G.652 光纤。

20 世纪 80 年代中期，由激光器光源和标准单模光纤组成的 140 Mb/s 光纤通信系统，其中继距离和传输容量远远超过同轴电缆，从而使光纤逐渐取代铜缆成为电信业采用的主要通信媒介。

1985 年，色散位移单模光纤（DSF）进入商用。ITU – T 建议将色散位移单模光纤定义为 G.653 光纤。人们通过改变光纤折射率分布结构所形成的波导的负色散来抵消材料的正色散，解决 G.652 光纤在 1550nm 的色散系数太大的问题，使 G.652 光纤的零色散点从 1.31 μm 工作波长位移到 1.55 μm 工作波长，从而研制出色散位移单模光纤。这种光纤的设计特点就是要在 1.55 μm 工作波长处同时实现衰减和色散两个性能的最佳——在衰减系数最小的同时，色散系数又为 0。采用 G.653 光纤和动态单纵模分布反馈激光器构成的光纤通信系统的传输速率为 565～622 Mb/s，中继距离可以达到 200～300 km。

为了实现跨洋洲际海底光纤通信，人们在 G.652 光纤的基础上又研究出了截止波长位移单模光纤，ITU – T 建议将截止波长位移单模光纤定义为 G.654 光纤。这种光纤折射率剖面结构形状与 G.652 光纤基本相同。它是通过采用纯 SiO_2（石英玻璃）纤芯来降低光纤衰减，依靠包层掺杂氟（F）使折射率下降而获得所需要的折射率差。与 G.652 光纤相比，这种光纤性能上的两个突出特点是：① 在 1550 nm 工作波长，衰减系数极小，仅为 0.15 dB/km 左右；②通过截止波长位移方法，大大地改善了光纤的弯曲附加损耗。

20 世纪 90 年代初，光纤通信技术又取得了两个重要技术进步：光纤放大器和波分复用（Wavelength Division Multiplexing，WDM）技术。采用了光纤放大器和波分复用技术的光纤通信系统，其最大的受益具体体现在：① 在不考虑信号格式和调制方式情况下，光纤放大器无需进行"光—电—光"转换就可以对光信号在线放大，即实现了全光传输；② 波分复用技术则是在同一根光纤上同时传输多个信道，以大大提高传输容量。然而，这个系统也存在一些复杂的技术问题，如 WDM 技术在提高了系统的传输容量的同时也增加了系统设备的投资；放大器则会以延长传输距离为目的的同时，又会因其光纤放大器注入的高的光功率与许多信道在一根光纤中同时传输时会在光纤中产生严重的非线性效应，如自相位调制、交叉相位调制、四波混频、受激拉曼散射和受激布里渊散射等。自相位调制、交叉相位调制、四波混频会引起所传输的光脉冲展宽，而受激拉曼散射和受激布里渊散射则会导致光纤的衰减增加。四波混频是决定光纤放大器和波分复用系统传输质量的重要因素。如果在这样的系统中，我们仍然选用 G.653 光纤，那么在 G.653 光纤的零色散波长处的四波混频会达到最大值。

为克服在 1.55 μm 工作波长的 G.652 光纤色散系数太大，而 G.653 光纤四波混频严重的问题，1993 年美国朗讯和康宁公司的光纤研究人员研制出一种新光纤，其被称为非零色散位移单模光纤（Non – Zero Dispersion Shifted Fiber，NZDSF），ITU – T 已经将 NZDSF 命名为 G.655 光纤。G.655 光纤是一种可以满足采用了 WDM 技术和光纤放大器的光纤通信系统进行高速率、大容量和远距离传输的单模光纤。G.655 光纤的研究思想是立足于使新光纤自身在 1550 nm 工作波长具有一个合适的色散值来解决 G.652 光纤在 1550 nm 工作波长的色散太大，增加了对高速传输系统线路进行色散补偿所付出的费用。

G.655 光纤有两大类型：普通 G.655 光纤和大有效面积 G.655 光纤。这两类 G.655 光纤的典型代表性产品分别是美国朗讯公司的商品，名为真波光纤（有效面积为 $55\ \mu m^2$），以及美国康宁公司的商品，名为大有效面积光纤（有效面积为 $72\ \mu m^2$）。大有效面积光纤是通过重新设计光纤纤芯的折射率分布结构来扩大光纤的有效面积。大有效面积 G.655 光纤的纤芯折射率分布结构呈现出一个三角形的中心区和一个外包环。大有效面积 G.655 光纤的中心区和一个外包环除了可以简单地扩大有效面积外，这个外包环还具有将来自中心区的光向外分配的能力，从而达到降低纤芯中心的峰值光功率目的。

1998 年，美国朗讯公司的光纤研究人员在光纤制造工艺中，通过选择合成石英玻璃沉积管和新的脱水方法，几乎完全消除了石英玻璃光纤在 1385 nm 处的氢氧根（OH^-）离子吸收峰，从 1280～1665 nm 之间的全部波长内可以开通光路，朗讯公司将这个光纤的商品名称定为全波光纤。这种光纤的结构参数和色散特性与传统的 G.652 光纤完全一样，因此 ITU 将全波光纤归类为波长扩展的非色散位移单模光纤和 G.652D 光纤。全波光纤为当前国内外积极建设的城域网粗波分复用（CWDM）系统找到了一种理想的光纤解决方案。

2003 年 3 月以后，为满足光纤到户的发展需要，美国康宁、日本住友和荷兰德拉克等光纤公司纷纷开发出了抗弯曲单模光纤。

2004 年 7 月，ITU-T 颁布了宽带光传输用的非零色散位移单模光纤光缆的建议。该建议将宽带光传输用的非零色散位移单模光纤规定为 G.656 光纤。G.656 光纤的特点是，它可以在 S+C+L 三个波段，即 1460～1625 nm（S 波段：1460～1530 nm，C 波段：1530～1565 nm，L 波段：1565～1625 nm）范围工作。

2004 年，欧洲光通信会议上报道，日本住友公司研制的低水峰 PSCF 在 1310 nm 和 1550 nm 的最低衰减系数分别是 0.289 dB/km 和 0.174 dB/km。

2006 年，ITU-T 又通过 G.657 光纤用于 FTTH 布线用的低弯曲损耗敏感单模光纤建议草案。

图 5-4 概括了光纤通信中常用光纤的性能研究和品种的演进历程。迄今为止，我国已经完全拥有了自主知识产权的全套光纤设计和制造技术，包括材料提纯、预制棒、拉丝等整个工艺技术。

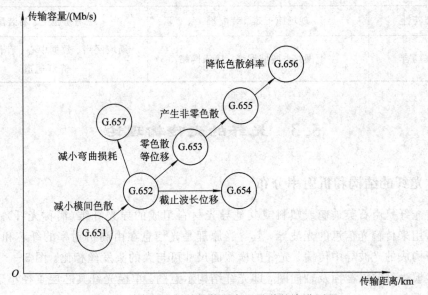

图 5-4 常用光纤的性能研究和品种的演进历程

5.2.3 单模光纤和多模光纤的应用比较

按照光在光纤中的传输模式进行区分，光纤可以分为单模光纤和多模光纤两种。打个比方：单模光纤就好像轨道交通，只有符合轨道尺寸的车辆才能在上面行驶；而多模光纤则像公路交通，各种车辆都可以在上面行驶。单模光纤具有低成本、低损耗、高带宽等优点，因此广泛应用于大于 1 km 的中继或长途的网络中，是通信线路中占据绝对市场份额的产品。多模光纤在短距离(通常小于 1 km)数据传输市场，如基于以太网的局域网、数据中心、存储区域网络和光纤通道等领域具有低成本和高带宽的解决方案，因而得到了广泛的应用。单模光纤和多模光纤在高速传输网络中的比较如表 5-2 所示。

表 5-2 单模光纤和多模光纤在高速传输网络中的比较

	单模光纤	多模光纤
传输模式	基模——LP_{01}	多种模式
传输距离	长	短
工作波段	宽(O、E、S、C、L 波段)	窄(850/1300 nm)
光纤成本	便宜	较贵
光源	半导体激光器——贵	LED/VCSEL——便宜
收发器	单模收发器——贵	多模收发器——便宜
收发器功耗	高	低
传输系统成本	高	低
连接特性	端头加工较难、接续难度较高	端头易加工、易接续
安装特性	现场施工难、装配难	现场易施工、易装配
适宜场合	主干网络、城域网络、接入网络	局域网络、数据中心、存储网络、光纤通道

5.3 光纤的光传输理论

5.3.1 光纤的结构和折射率分布

通信光纤是由石英玻璃或塑料或其他导光材料组成的导光纤维(简称光纤)。简言之，光纤是可用来传输光信息的光波导，其导光原理是光信息在由高折射率的纤芯和低折射率的包层所构成的光波导中传输。光纤的横截面尺寸可与人的头发丝相比。图 5-5 为一次涂覆后的多模光纤的横截面及轴向图，即光纤结构示意图。单模光纤其芯层直径小于 10 μm，其余结构类似。

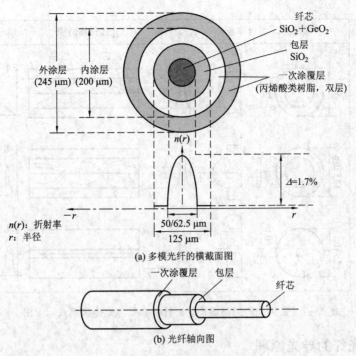

(a) 多模光纤的横截面图

(b) 光纤轴向图

图 5 - 5 光纤结构示意图

从 5.2 节的内容可以清晰地看出，各种类型的光纤的传输性能是由其波导结构（光纤的折射率分布结构）所决定的。按光纤横截面上折射率分布来划分，有突变型光纤、渐变型光纤、W 型光纤等。图 5 - 6 为几种典型的光纤横截面和相应的折射率分布图。图 5 - 7 为其中三种光纤的横截面、折射率分布及光传播模式示意图。

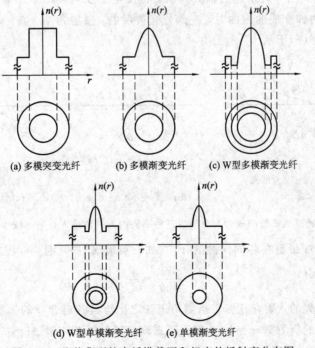

(a) 多模突变光纤　　(b) 多模渐变光纤　　(c) W 型多模渐变光纤

(d) W 型单模渐变光纤　　(e) 单模渐变光纤

图 5 - 6 几种典型的光纤横截面和相应的折射率分布图

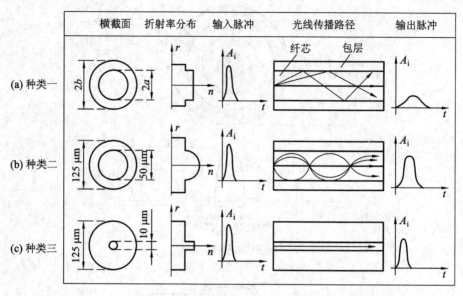

图 5-7　三种光纤的横截面、折射率分布与光传播模式示意图

5.3.2　多模光纤的导光原理

为了便于理解，我们从几何光学角度来讨论光纤的导光机理。众所周知，几何光学是波动光学的极限情况（即波长远比所讨论问题的横向几何尺寸小），对于多模光纤，几何光学是适用的。

当光波从折射率较大的介质（光密介质）入射到折射率较小的介质（光疏介质）时，在边界发生反射和折射，当入射角超过临界角时，将发生全反射，如图 5-8 所示。当入射光 k_1 以入射角 θ_1 射到两种介质的表面时，一部分光被反射，反射角 $\theta_R = \theta_1$；一部分被折射，折射角为 θ_T，如图 5-8(a) 所示。

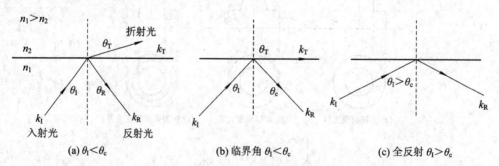

图 5-8　光波从折射率较大的介质以三种不同的入射角进入折射率较小的介质情况

对于折射光，如果是在各向同性的介质（如石英玻璃）中，则由菲涅尔折射定律可得出

$$\frac{\sin\theta_1}{\sin\theta_T} = \frac{n_2}{n_1} \tag{5-1}$$

式(5-1)说明光的入射角正弦与折射角正弦之比与其各自介质的折射率成反比。光在真空（近似于空气）中的折射率 $n_0 = 1$，一般石英玻璃光纤的纤芯和包层折射率约为 1.4～1.5。当光线以越来越大的入射角 θ_1 入射到光密介质 n_1 和光疏介质 n_2 的界面时，在某一入射角

θ_c 时折射角 $\theta_T = 90°$，如图 5-8(b) 所示。在这种情况下，光线 k_T 平行于两介质的界面而传播。这时的入射角称为两种介质的临界角。例如，玻璃折射率 $n_1 = 1.5$，空气的折射率 $n_0 = 1$，则由菲涅尔定律可知光线在这两种介质的临界角 θ_c 为

$$\sin\theta_c = \frac{n_2}{n_1} = \frac{1}{1.5} \approx 0.67$$

$$\theta_c \approx 42°$$

即临界角是由两种介质的折射率 n_2 和 n_1 的比值决定的。对于入射角 θ_1 大于临界角 θ_c 的所有光线，在光疏介质中没有对应的折射光线存在，这些光线在界面上全部被反射回光密介质中，这种现象称为全内反射(简称全反射)，如图 5-8(c) 所示。

由此可知，全内反射只能发生在光由光密介质入射到与光疏介质的界面上。对于圆柱形光波导，使中心部分的折射率高于外包层的折射率，可以将满足全内反射的光限制在芯层内并反复不断地被反射前进，光就在这样的光波导中被传播到较远的地方。如图 5-9 所示，这就是多模光纤可以传光的基本原理。

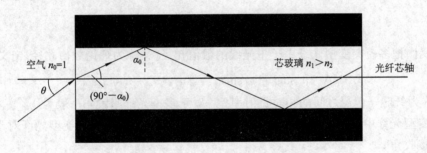

图 5-9　光在多模光纤中的传播

光纤中的光线分为两类：子午光线(Meridional Rays)和斜射光线(Skew Rays)，子午光线为在一个平面内弯曲进行的光线，它在一个周期内和光纤的轴线相交两次。而斜射光线为不通过光纤中心轴线的光线。

图 5-10 给出了子午光线在多模突变型光纤中传播的情况。由于突变型光纤纤芯的折射率 n_1，比包层的折射率 n_2 大，所以当入射角 θ 小于某一临界角 θ_c 时；入射到光纤内的子午光线 I，在到达纤芯—包层界面处发生全内反射，以"之"字形曲折地向前传播。大于临界角 θ_c 的子午光线 II，在到达纤芯—包层界面处不发生全内反射，有一部分进入包层，进入到包层的光还有可能一部分漏到光纤外面而辐射掉。这些不发生全内反射的光线，不被光纤导行。θ_c 称为光纤的孔径角(又称为最大激励角)。因此，只有与此相对应的在孔径角

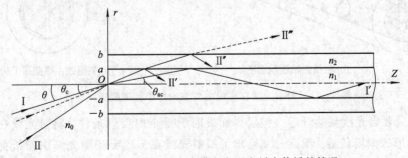

图 5-10　子午光线在多模突变型光纤中传播的情况

为 θ_c 的圆锥内入射的光线才能在光纤中传播。$2\theta_c$ 称为入射光线的接收角，它与光纤的数值孔径和发射介质的折射率 n_0 有关。

根据菲涅尔定律，由图 5-10 可得

$$n_0 \sin\theta = n_1 \sin\theta_a \tag{5-2}$$

式中，n_0 为空气的折射率；n_1 是纤芯的折射率。显然，当入射角增大到 θ_c 时，这时 θ_a 记作 θ_{ac}，只有当

$$\cos\theta_{ac} = \frac{n_2}{n_1} \tag{5-3}$$

即

$$\sin\theta_{ac} = \sqrt{1 - \cos^2\theta_{ac}} = \sqrt{1 - \left(\frac{n_2}{n_1}\right)^2} = \sqrt{2\Delta} \tag{5-4}$$

时，才对应于全内反射临界状态。

在式(5-4)中，有

$$\Delta = \frac{n_1^2 - n_2^2}{2n_1^2} \approx \frac{n_1 - n_2}{n_1} \tag{5-5}$$

习惯上，我们把多模突变型光纤中子午光线的数值孔径(又称为理论数值孔径)定义为

$$\mathrm{NA} = n_0 \sin\theta_c = n_1 \sin\theta_{ac} = \sqrt{n_1^2 - n_2^2} = n_1\sqrt{2\Delta} \tag{5-6}$$

式中，Δ 称为纤芯—包层之间的相对折射率差。对于多模光纤来说，一般为 1% 左右。θ_c 称为多模突变型光纤中子午光线的孔径角，它在物理意义上表征多模突变型光纤对于子午光线的最大接收角。

NA 是多模光纤的一个重要参数，它描述了光纤采集或接收光的能力，其为标量，通常没有单位，在 0.14～0.50 之间。

对于斜射光线，光导行的情况比较复杂一些。光纤中不在子午面内的光线都是斜射光线。它与光纤的轴线既不平行也不相交，其光路轨迹是空间螺旋折线，如图 5-11 所示。此折线可为左旋，也可为右旋，但它和光纤的中心轴是等距的。

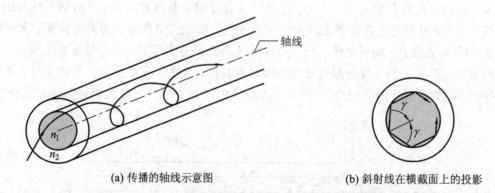

(a) 传播的轴线示意图　　　　　　　(b) 斜射线在横截面上的投影

图 5-11　斜射光线在多模突变型光纤中沿螺旋折线传播

但是，只要当光线到达纤芯—包层界面处时满足全内反射条件，斜射光线在光纤中就会以扭折的形式向前传播。图 5-12 给出了斜射光线在多模突变型光纤中扭折前进时在横截面上的投影。

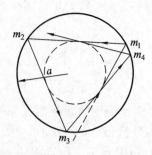

图 5-12 斜射光线在多模突变型光纤中扭折前进时在横截面上的投影

图 5-13 给出了子午光线在多模渐变型光纤中传播的情况。由于渐变型光纤纤芯的折射率，$n(r)$ 是径向坐标的函数，并且轴心上最大（我们也同样以 n_1 表示），沿径向逐渐递减。若 n_2 还是表示包层的折射率，那么一般说来，渐变型光纤都有 $n(r) \geqslant n_2$。（W 型光纤除外）。所以当入射角 θ 小于某一临界角 θc 时，入射到光纤内的子午光线 I 就逐渐偏折，以"蛇"形向前传播。大于临界角 θ_c 的子午光线 I，在没到达纤芯—包层界面处之前虽然也逐渐偏折，但当它到达界面处时，就不会全部折转回纤芯，而有一部分光进入包层，进到包层的光又有一部分可能再次漏到光纤外面而辐射掉。这些在纤芯—包层界面处不能被折转回来的子午光线，将不被光纤所导行。

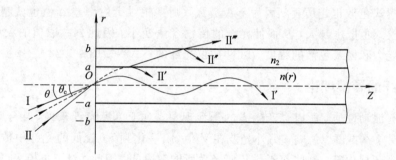

图 5-13 子午光线在多模渐变型光纤中传播的情况

对于那些不是子午光线的斜射光线，在渐变型光纤中导行的情况就更加复杂一些。但是不管怎样复杂，只要斜射光线满足一定条件，它还是能以扭偏折的形式向前传播。图 5-14 给出了斜射光线在多模渐变型光纤中扭偏折前进时在横截面上的投影。

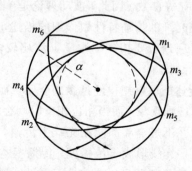

图 5-14 斜射光线在多模渐变型光纤中扭偏折前进时在横截面上的投影

与前面所述的多模突变型光纤相对照，我们定义多模渐变型光纤中子午光线的局部数值孔径为

$$\mathrm{NA}(r)=\sin\theta_c(r)=n_1\sin\theta_{ac}(r)$$
$$=\sqrt{n^2(r)-n_2{}^2} \qquad\qquad (5-7)$$

这里之所以要加上"局部"两个字，是因为多模渐变型光纤纤芯的折射率，$n(r)$ 是径向坐标的函数，不同半径坐标点上的数值孔径是不同的。

在渐变型光纤的轴心上，因为 $n(0)=n_1$，所以式(5-7)变为

$$\mathrm{NA}(0)=n_0\sin\theta_c=n_1\sin\theta_{ac}=\sqrt{n^2(0)-n_2{}^2}$$
$$\approx n_1\sqrt{2\Delta} \qquad\qquad (5-8)$$

式(5-8)与式(5-6)在形式上一样。有时将 NA(0) 称为多模渐变型光纤中子午光线的最大理论数值孔径(或理论数值孔径)。

对于斜射光线的数值孔径，情况要复杂得多。这里首先给出结论：多模光纤的大多数导模的入射光线是斜射光线，由于斜射光线具有较大的孔径角，所以它对入射光线所允许的最大可接收角要比子午光线入射角大。

需要注意的是，光纤的 NA 并非越大越好。NA 越大，虽然光纤接收光的能力越强，但多模光纤的模式色散也越厉害。因为 NA 越大，则其相对折射率差 Δ 值也就越大，Δ 值较大的光纤的模式色散也越大，从而使光纤的传输容量变小。因此 NA 取值的大小要兼顾光纤接收光的能力和模式色散的程度。ITU 建议光纤的 NA=0.18～0.23。

5.3.3　光纤的导模理论

光线具有波动性质，所以会产生光的干涉现象。对于单模光纤来说，由于其纤芯面积较小，衍射现象不再可以忽略，另外光波在 V 值(归一化频率)较低的光纤中传输时，光功率必然深入到包层内部，这些都不是几何光学所能解决的。因此，对于单模光纤来说，不能用射线理论来分析，而应用导模理论为基础的分析方法。

光是一种电磁波，波动理论是描述光波在光纤中传播的基础。在弱导(即折射率差小)近似下，光在光纤中的场分布函数和传播常数满足标量波动方程，可由数值计算法求解(如有限元法等)。在求解场分布函数和传播常数后，可进一步计算光纤色散、模场分布、有效面积、非线性系数以及弯曲损耗等参数。因此，波动理论是单模光纤设计的基础。

如果要用导模理论对单模光纤的传输特性做详细的描述，则需要求解由麦克斯韦方程组导出的波动方程。由于导模理论所要用到的数学推演比较多，因此本书不再详细论述，只介绍一些有关的基本概念和结论。

在光纤中按照几何方法所述的反射规律经过多次全反射而向轴向传输的光线(平面波)中，当相位一致时会产生光的增强现象，而当相位相反时则会相消减弱。因此，即使满足上述全反射条件的入射光线，也并不是全部都能在光纤中传输，只有那些满足相位匹配条件的一些光线才能传输下去，这些光线形成了传播模。传播模本质是满足电磁场分布的特定场型或电磁场分布形式。传播模的模数可以由一个到数十、数百个甚至更多，它由光纤芯径、折射率差、光波长等来决定。

图 5-15 表示出了三种简单的传播模。为简明起见，只表示出横向上的强度分布。

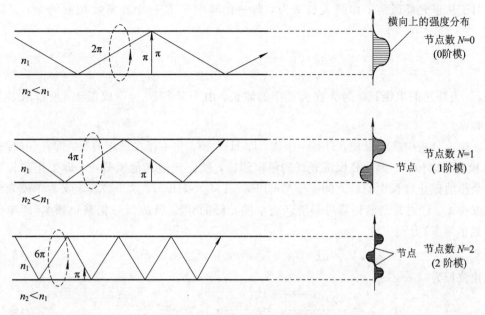

图 5-15　光纤中简单的传播模

由图 5-15 可见，以光纤横向（径向或圆周）上的强度分布的节点数来表示模的阶数 N。通常用两个编号来表示模，第一个为圆周方向上的变化节点数，第二个为半径方向上的变化节点数。理论分析证明，能够在光纤中存在的导模有 TE_{0n}、TM_{0n}、HE_{mn}、EH_{mn} 这 4 种。TE 表示横电波；TM 表示横磁波；HE 表示 $H_z \neq 0$、$E_z \neq 0$，但以 H 为主的电磁波；EH 表示 $H_z \neq 0$、$E_z \neq 0$，但以 E 为主的电磁波。例如，TE_{02} 模和 HE_{12} 模等，前者表示电场只存在于光纤横截面上、沿圆周无变化、沿半径方向有 2 个节点变化的传播模式；后者表示以磁场贡献为主的模式。图 5-16 为光纤中几种导模的电场分布。

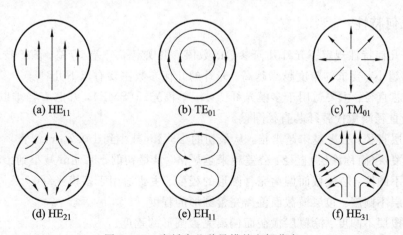

图 5-16　光纤中几种导模的电场分布

由此可见，在光纤中可以有许多模在同时传播。经复杂的数理方程计算，我们发现各个模各有各的截止波长。只有 HE_{11} 模没有截止波长。对于那些具有截止波长的模来说，当工作波长小于模截止波长时，光能传播；否则光能截止。因此，将可以得出一个结论：在工作波长比较短时，可能发生多模传输。

对于从事光纤通信工作的人员来说，归一化频率 V 是一个经常使用到的量，其定义式为

$$V = ak_0 \sqrt{n_1^2 - n_2^2} = a \cdot \frac{2\pi}{\lambda_0} \cdot \sqrt{n_1^2 - n_2^2} \tag{5-9}$$

式中，a 为纤芯的半径；λ_0 为光在大气中的波长。由于 V 与 $\frac{2\pi}{\lambda_0} = \frac{\omega_0}{c}$ 成正比，所以取名为归一化频率。

从理论分析中我们发现，只有一个模，即 HE_{11} 模，它不存在截止波长，即在任何波长，HE_{11} 模都可以传输。因此要保证光纤的单模传输，就应该使其他模截止，即工作波长要大于其余模的截止波长中的最大的一个（如 TE_{01}、TM_{01}、HE_{21}）。这个波长定义为单模光纤的截止波长 λ_c。经过复杂的计算可得阶跃型单模光纤的 TE_{01} 模的归一化截止频率（即单模光纤的截止频率）为

$$V_c = ak_c \sqrt{n_1^2 - n_2^2} = ak_c n_1 \sqrt{2\Delta} \approx 2.405 \tag{5-10}$$

故截止波长为

$$\lambda_c = \frac{2\pi a \sqrt{n_1^2 - n_2^2}}{2.405} = \frac{2\pi a}{2.405} \cdot NA = \frac{2\pi a n_1 \sqrt{2\Delta}}{2.405} \tag{5-11}$$

式（5-10）和（5-11）中，n_1、n_2 分别为纤芯和包层的折射率；a 为纤芯的半径；$k_c = 2\pi/\lambda_c$。

截止波长短，表明单模工作范围大。一般地说，小的纤芯直径和小的折射率差，可得到比较大的单模工作范围。一般单模光纤的截止波长 $\lambda_c = 1260 \sim 1270$ nm。

5.4 光纤的特性

通信光纤的特性包括几何特性、光学特性、传输特性、环境特性、机械特性等。

5.4.1 几何特性

光纤的几何特性规定了光纤几何参数的数值，也规定了公差/容差。随着技术进步，容差范围越来越小，要求的精度越来越高。光纤的几何参数主要有以下几种：

（1）纤芯直径：主要适用于多模光纤。对于单模光纤（SMF），纤芯直径难以精确测量，一般用模场直径测量代替纤芯直径测量。

（2）包层直径：公差越来越严格，从最初的 ± 3 μm 减小到 ± 0.7 μm。

（3）涂覆层（简称涂层）直径：公差越来越严格，从最初的 ± 12 μm 减小到 ± 5 μm 以下。

（4）芯不圆度：芯横截面偏离完善圆形的程度。主要适用于多模光纤。

（5）包层不圆度：包层横截面偏离完善圆形的程度。

（6）涂覆层不圆度：涂覆层横截面偏离完善圆形的程度。

（7）芯同心度误差：芯几何中心与包层几何中心之间的最大偏离距离。

（8）涂覆层同心度误差：包层几何中心与涂覆层的几何中心之间的最大偏离距离。

（9）光纤翘曲度（Curl）：光纤沿其长度自然发生的弯曲程度。

（10）标准段长：在某些场合，长段光纤代表了技术经济优势。

5.4.2 光学特性

1. 径向折射率分布(RIP)

光纤的更新换代大都是通过 RIP 设计的改进获得的。通过 RIP 信息,能够大致了解光纤的数值孔径(NA)、传导模的数目等特性。利用 RIP 信息,对于多模光纤(MMF),可预计其传输带宽特性;对于单模光纤(SMF),可预计其模场直径(MFD)、截止波长、色散等特性,光纤的几何特性也是根据 RIP 的测量来确定的。RIP 信息对于制造工艺的改进也有指导作用。

2. 数值孔径(NA)

NA 主要适用于多模光纤。不仅要规定 NA 的数值,还要规定其精度/容差范围。NA 表征光纤端面芯区接收或出射的射线的最大角度,决定传导模的数目。对于光纤的抗弯曲性能、光纤与光源的耦合、光纤与接收器件的耦合、光纤与光纤的连接/熔接有影响。

3. 模场直径(MFD)

MFD 主要适用于单模光纤,模场直径作为描述单模光纤光能量集中程度的度量。模场直径定义为:基模模场幅值由光纤轴($r=0$)处最大值减小到最大值的 $1/e$ 或基模场强度(场幅值的平方)由光纤轴($r=0$)处最大值减小到最大值的 $1/e^2$ 时所对应圆的直径。模场直径一般它要比纤芯直径略大一些,表明在单模光纤中有部分光能沿包层向前传输。模场直径一般要分别给出 1310 nm、1550 nm 两个波长的数值。

4. 有效折射率(n_{eff})

当电磁波自真空进入某介质后,其传播速度会发生变化,趋向下降,对应的电磁波的波长也将发生改变,波长会变小。折射率越高,下降越明显。而不同模式的传导模的波长或相位常数又互不相同,好像是在不同的介质中传播,为描述这种物理现象引出了有效折射率的概念。如果在某种介质均匀充填的无限大空间中,光波的传播速度同波导中某个模式的相速度相同,将此介质的折射率称为该波导的有效折射率或等效折射率。$n_2 \leqslant n_{eff} \leqslant n_1$。

5. 截止波长 λ_c

截止波长是针对单模光纤的一项特性。截止波长的定义和物理意义在 5.3.3 节中做了详述。截止波长与光纤的长度和弯曲态有关,因此,裸光纤(是指未成缆的光纤/预涂覆光纤)截止波长与成缆光纤的截止波长是不同的。因此,相关标准规定了以下三种不同状态/条件下的截止波长:

(1) 光纤截止波长 λ_c。

(2) 光缆截止波长 λ_{cc}。

(3) 跳线光缆截止波长 λ_{cj}。

光纤的截止波长和模场直径联合在一起可用于评估光纤的弯曲敏感性,高的截止波长和小的模场直径会更有利于抗弯曲。

5.4.3 传输特性

当光信号在光纤中传输时,其本身能量随着传输长度的加大而衰减下去,其波形也产生失真(由色散造成的)。表征前一现象的特性称为光损耗(衰减)特性,而表征后一现象的称为光传输带宽特性。光纤在传输光信号,当光功率衰减或光信号发生色散时,两者出现最小值或其中一个量出现最小值时所对应的光波波长范围为该光纤的工作窗口,或称为波长窗口或窗口。

1. 光纤的衰减(损耗)特性

衰减(损耗)是光波经光纤传输后光功率减少量一种度量,是光纤一个最重要传输参数,它取决于光纤工作波长范围(又称为窗口)和长度,表明光纤对光能传输损耗,对光纤质量的评定和光纤通信系统中继距离的确定有着非常重要的作用。

对于均匀光纤来说,可用单位长度衰减来反映光纤衰减性能优劣,为此引入衰减系数这一物理量来描述光纤衰减特性,即

$$\alpha(\lambda) = -\frac{10}{L}\lg\frac{P_2(L)}{P_1(0)} \quad (\text{dB/km}) \tag{5-12}$$

式中,$P_1(0)$是$Z=0$处注入光纤光功率,即输入端光功率;$P_2(L)$是$Z=L$处出射光纤的功率,即输出端光功率;L是光纤长度,单位为 km。

在光纤的损耗中,依据产生的原因可分为吸收损耗(衰减)、散射损耗(衰减)、构造不完善引起的损耗(即弯曲衰减,包括宏弯衰减和微弯衰减)、接头衰减等。

1) 吸收损耗

吸收损耗是由于光纤对光能的固有吸收并转换成热能而引起的损耗。光吸收是指光能转换成光纤物质结构中的原子(分子、离子或电子)等跃迁、振动、转动能量或是转换成动能而产生的光能量变换的现象。这种吸收损耗具有可选择性,即对波长的可选择性。

光纤中产生的吸收损耗主要有本征吸收衰减、杂质吸收衰减、氢氧根(OH^-)离子吸收衰减和原子缺陷吸收衰减等。

(1) 本征吸收衰减。本征吸收是SiO_2(石英玻璃)自身固有的吸收,难以消除。存在着红外吸收和紫外吸收两种:红外吸收(IR)主要是光波通过SiO_2构成的石英玻璃时引起SiO_2分子振动而吸收光能,吸收中心波长范围在$8\sim12\ \mu m$之间;而紫外吸收是通过光波照射激励SiO_2石英玻璃光纤中原子的束缚电子使其跃迁至高能级时吸收的光能量,吸收带在$3\ nm\sim0.39\ \mu m$之间。石英玻璃在波长$0.8\sim1.6\ \mu m$的材料的本征吸收衰减小于$0.1\ dB/km$,对于通信用石英玻璃光纤在$1.3\sim1.6\ \mu m$工作窗口,本征吸收衰减小于$0.03\ dB/km$。

(2) 杂质吸收衰减。杂质吸收衰减就是玻璃材料中含有的铁(Fe^{2+})、铜(Cu^{2+})、铬(Cr^{3+})、钴(Co^{2+})、锰(Mn^{2+})、镍(Ni^{2+})等金属离子,在光波激励下由离子而引起的电子跃迁吸收光能而产生的损耗。研究资料表明,在$0.85\ \mu m$波长区,如果铁离子浓度达到120 ppb,或铜离子浓度达到30 ppb,或铂离子浓度达到5 ppb,都可单独引起$10\ dB/km$的吸收损耗。尽管在SiO_2中金属离子含量甚微,1 ppb(为十亿分之一或10^{-9})的浓度是很小的,但它在可见光——红外波段内会产生大的损耗,各种金属离子产生的吸收峰波长在$0.2\sim1.1\ \mu m$之间,它们将严重地影响到光纤短波长通信波段的衰减,在长波长波段引起的吸收峰值较小。产生这种损耗的原因是由光纤预制棒在拉制形成玻璃纤维的过程中在原料中混有金属离子而引起的,只要在光纤制造工艺程序中注意原料的提纯精度,可以很好地克服金属离子引起的光纤吸收损耗。

（3）氢氧根（OH⁻）离子吸收衰减。光纤制造中存在水蒸气而造成一种吸收损耗非常大的 OH⁻ 离子，它对低损耗光纤吸收峰值唯一起着决定性作用，它的吸收衰减机理与过渡金属离子大相径庭。OH⁻ 离子的基波吸收振动峰（基峰）发生在 $2.73\ \mu m$ 附近，而它的谐波均匀地出现在 $1.385\ \mu m$、$0.95\ \mu m$、$0.72\ \mu m$、$0.585\ \mu m$（二、三、四、五次谐波）处，而这些谐波同 SiO_2 四面体基波振动之间又组合出组合吸收峰，出现在 $1.24\ \mu m$、$1.13\ \mu m$ 和 $0.88\ \mu m$ 处。光纤长、短波长通信波段，OH⁻ 离子振动吸收是造成 $0.95\ \mu m$、$1.24\ \mu m$ 和 $1.385\ \mu m$ 处出现损耗峰主要原因，尤其是在 $1.31\ \mu m$ 工作窗口 $1.385\ \mu m$ 波长处衰减峰值更是影响光纤传输特性主要原因，若要使 $1.385\ \mu m$ 波长处损耗降低到 $1\ dB/km$ 以下，OH⁻ 离子含量必须减小到 10^{-8} 以下。例如，若光纤中含有百万分之一重量（$10^{-6}=1\ ppm$）的 OH⁻ 离子，那么在三次谐波 $0.95\ \mu m$ 处将产生 $1\ dB/km$ 的损耗，而在二次谐波 $1.385\ \mu m$ 处将产生 $60\ dB/km$ 的损耗。由此可知，在二次谐波 $1.385\ \mu m$ 处，OH⁻ 离子对 SiO_2 光纤传输损耗影响最大，必须给予高度重视。若要使 OH⁻ 离子对 $1.31\ \mu m$ 工作窗口处衰减影响降低到小于 $0.02\ dB/km$，OH⁻ 离子含量必须控制在小于 $20\ ppb$。只有使光纤中 OH⁻ 离子含量低于 ppb 量级以下，光纤中因 OH⁻ 离子引起的损耗才可忽略。因此，提高光纤制造用原料纯度和制造工艺，是唯一减小因 OH⁻ 离子存在引起光纤损耗的途径。目前，G.652C、G.652D 和 G.655C 都称为"无水峰光纤"，即 OH⁻ 离子浓度被降到了非常小的程度，以至于 $1.39\ \mu m$ 波长的吸收峰完全消失。这些无水峰光纤可以在 $1.30\sim1.65\ \mu m$ 整个波长范围内传输 DWDM 和 CWDM 信号。

这里还要强调一下"氢损"的概念。光纤在氢气氛中将会产生氢损，氢损有以下两种形式：

① H_2 分子由于扩散作用而进入光纤，当光源波长满足氢分子某两个能带的带隙 $E_g=h\gamma$ 的波长时，氢分子将发生吸收光子的作用过程，使光能量降低，由 H_2 吸收产生能量损耗，即称为氢损。这种氢损是可逆的，当光纤周围的氢气氛消失，光纤产生的氢损会自动消失。

② 由 H_2 分子生成 OH⁻ 离子，使光纤中的 OH⁻ 离子含量增加，并与光纤中的分子网络结合产生氢损，属不可逆损耗。

光纤氢损产生的原因有以下两个：

① 光纤对水和潮气极为敏感。水和潮气渗入光缆中，使水分与光缆中的金属加强材料发生氧化反应，置换出氢气（$Zn+H_2O=H_2\uparrow+ZnO$），引起氢损。由于这个原因，光缆加强件材料已不采用镀锌钢丝，而改用镀磷钢丝。

② 为防止水和潮气侵入光纤，通常需要在松套管（简称套管）内填充光纤防水油膏（称为纤膏），而光纤防水油膏是由多种不同的物质所组成的混合物，它本身会产生微量的氢气，氢是一种分子最小的物质，随着浓度的增大，氢原子极易渗透进入光纤中，与光纤 $Si-O$ 键中的 O 键结合生成 OH⁻ 离子导致形成氢损。若光纤防水油膏析氢多，可直接造成光纤衰减的增大，因此，光纤防水油膏的析氢量必须控制在一定的范围之内，保证其不影响光纤的损耗特性。

光缆石油膏（称为缆膏）是填充在光缆缆芯空隙中的一种油膏，由于光缆石油膏直接与多种材料相接触，尤其与金属加强件直接相触时，会产生电化学反应，生成相对较浓的氢气，造成氢损，严重影响光纤的损耗特性。氢的浓度随材料的不匹配程度的增加而增加。

（4）原子缺陷吸收衰减。它是由于光纤在加热过程或者在强烈辐照下，造成玻璃材料受激产生原子缺陷吸收衰减。从光纤拉丝成形过程角度分析，当将光纤预制棒加热到拉丝所需温度 1600℃～2300℃ 时，采用骤冷方法进行光纤拉丝，虽然可在光纤制造过程中，内部原子结构排列形成时，绕过结晶温度，抑制晶体成核、生长，阻止结晶区的形成，但是还会有极小部分区域产生结晶，这是不希望的，但实际生产中是不可避免的，在结晶区会形成晶体常见的结构缺陷，如点缺陷、线缺陷、面缺陷等，从而引起吸收光能，造成损耗。

石英玻璃光纤的衰减谱如图 5-17 所示。其形象直观地描绘了衰减系数与波长之间的函数关系，同时也表示出了光纤单模工作的 5 个窗口的波长范围和引起衰减的原因。由图 5-17 可知，SiO_2 光纤衰减谱具有以下几个主要特征：

① 在 1280 nm～1600 nm 波段，光纤衰减随波长增大而呈下降趋势。

② 光纤的衰减吸收峰与 OH^- 离子有关。

③ 在波长大于 1600 nm 范围，光纤衰减增长是由红外吸收衰减、石英玻璃吸收 OH^- 离子的基峰及与 Si-O 键组合峰吸收损耗共同引起的。

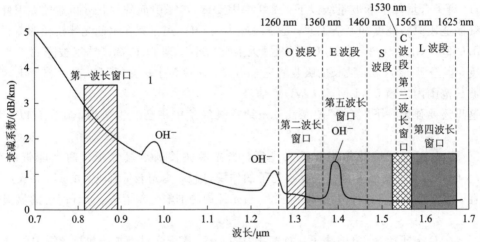

O—Original Band；E—Extend Band；S—Short Band；C—Conventional Band；L—Long Band

图 5-17　石英玻璃光纤的衰减谱

2）散射损耗

光的散射是指光入射到某种散射物体后在某处发生极化，并由此发出散射光的现象。散射损耗是以散射的形式将传播中的光能辐射出光纤外的一种损耗。它主要是由于光纤非结晶材料在微观空间的颗粒状结构和玻璃中存在的气泡、微裂纹、杂质、未熔化的生料粒子、结构缺陷等这种在材料上的不均匀性、光纤尺寸和结构不完善、表面畸变等光波导在结构上的不均匀性，而引起的光在相应界面上发生散射而引起的损耗。

（1）材料散射衰减。材料散射衰减存在着两种形式，即线性散射衰减和非线性散射衰减。

① 线性散射衰减是因为光纤在制造时，熔融态玻璃分子在冷却过程中随机的无序热运动引起其结构内部的密度和折射率起伏并产生诸如气泡、杂质、不熔性粒子、晶体结构缺陷等材料内部不均匀结构，致使光波在光纤内传播时遇到介质不均匀或不连续的界面状态时，在界面上发生光的折射，会有一部分光散射到各个方向，不再沿光纤的芯轴向前传播，这部分光能不能被传输到光纤输出终端，在中途将被损耗掉，而产生散射现象。由这种原

因产生的散射损耗是由材料自身存在的缺陷而引起的，所以它被称为本征材料散射损耗或线性散射损耗。线性散射从光波的模式观点解释，可理解为当光纤中一种模式的光波所运载的光功率一部分线性地转换成另一种模式，就会发生线性散射，在这一转换过程中，散射前和散射后的光频率不发生变化，散射前和散射后的光功率成正比。

线性散射衰减分两种情况：一种被称为瑞利散射；另一种被称为梅耶散射。

A. 瑞利散射是由纤芯材料中存在微小颗粒或气孔等结构不均匀引起的。不均匀粒子、气孔等尺寸远比入射光波长小得多，通常小于 $\lambda/10$。材料密度不均匀造成折射率不均匀也会引起这种散射衰减，折射率不均匀、起伏是由于光纤制造冷却过程中有晶格产生以及密度和成分、结构变化引起的。同时，温度起伏变化、成分不均匀都会引起这种散射衰减。在瑞利散射中，晶格产生和成分、结构变化可通过改进工艺消除，而冷却造成密度不均匀则是随机的，不可控且不可避免。因此瑞利散射是一种光纤材料固有损耗，是光纤基本损耗下限，不可克服。

瑞利散射是一种弹性后向散射。它是指在弹性散射中，入射光线在小于光波长的微粒上发生散射后，散射光波长与入射光波长相同的一种散射现象，即散射光的频率（或光子能量）保持不变。引起光纤中散射损耗的主要成因是瑞利散射，瑞利散射所造成的附加损耗与波长的 λ^4 成反比，所以长波长区域对长途通信极为有利。瑞利散射是光纤损耗最低下限，在 $1.55~\mu m$ 波长处，最低损耗已降到 $0.154~dB/km$。

经实验验证，光纤的瑞利散射主要与下列两个因素有关：

材料成分和光纤芯层和包层相对折射率差。瑞利散射对材料成分十分敏感，若在 SiO_2 中掺杂少量的 P_2O_5，将大大减小瑞利散射，如果在掺杂 P_2O_5 同时，减少 GeO_2 含量并保持原有相对折射率差 Δ 值不变，则瑞利散射损耗可以进一步降低。光纤芯层和包层相对折射率差 Δ 值越大，瑞利散射损耗就越大。

B. 梅耶散射又称为米氏散射，是由与光波波长同样大小的粒子、气孔等引起的散射，一般发生在光功率较低时，数值与瑞利散射引起损耗值相比太小，故一般将其对光纤损耗的影响忽略不计。

② 如果光纤中光场强过大，那么在大光场强作用下，就会产生非线性散射现象。这时，一种模式的光功率就会转换到其前向或后向传输的其他模式中，或者它本身同一个模式中不同场形中，伴随着模式的转换，频率将会发生改变。其实质是光波与光纤间的非线性相互作用引起波长发生漂移，这种效应决定了光纤中传输功率值上限。受激布里渊散射（SBS）和受激拉曼散射（SRS）都属于非线性散射，在非线性散射中，散射光的频率要降低，或光子能量减少。在这一过程中，光波与介质相互作用时要交换能量，拉曼散射（SRS）和布里渊散射（SBS）都是一个光子散射后成为一个能量较低的光子，其能量差以声子形式出现。二者区别在于 SRS 是和介质光学性质有关，频率较高的"光学支"声子参与散射，而 SBS 是和介质宏观弹性性质有关，频率较低的"声学支"声子参与散射。两种散射都使入射光能量降低，在光纤中形成一种损耗机制，只有在低功率时，这种功率损耗可以忽略，而在高功率时，SRS、SBS 将导致大的光损耗，当入射光功率超过一定阈值后，两种散射光强都随入射光功能而成指数增加，差别仅是 SRS 在单模光纤中前向、后向都发生，而 SBS 则仅后向发生。

在任何分子介质中，自发拉曼散射将一小部分（一般约为 10^{-6}）入射光功率由一光束转移到另一频率下移的光束中，频率下移量由介质的振动模式决定，此过程即为拉曼效应。量子力学描述为：入射光波的一个光子被一个分子散射成为另一个低频光子和一个光频声子，同时，分子完成两个振动态之间的跃迁。入射光作为泵浦产生称为斯托克斯波的频移光。散射过程中能量和动量保持守恒。

（2）波导散射衰减。波导散射衰减是指光纤波导宏观上不均匀而引起光纤损耗的增加。产生原因主要是由于波导尺寸、结构上不均匀(例如，在光纤制造时，拉丝速度不一致，造成光纤直径粗细不均匀、截面形状变化等)以及表面畸变引起模式间转换或模式间耦合所造成的一种衰减。

为降低光纤波导散射衰减，可以从以下几个方面入手：

① 在熔炼光纤预制棒时，要严格保证它的均匀性。

② 在拉丝工艺上采取精确措施，保持拉丝光纤直径的均匀性。

③ 应选择使用高精度、稳定性好的光纤拉丝机。

随着光纤制造工艺和水平的提高，光纤波导的结构、尺寸、性能日趋完善，这种波导散射引起的损耗目前已完全可以忽略。

3）光纤弯曲衰减

（1）宏弯衰减。涂覆后的 SiO_2 光纤是柔软、可弯曲的，但若弯曲曲率半径过小，将会导致光的传输路径的改变，使部分光从芯层渗透到包层中，甚至穿透包层外泄到涂覆层而消耗掉。光纤在实际成缆和应用中，依据各种使用环境条件，会出现随机弯曲现象，从而使在光纤中传输的光波在弯曲界面上不再满足全反射条件，并寻求新的全反射机会和条件，在这一过程中，伴有模式散射衰减发生。由光纤弯曲引起的损耗称为光纤的宏弯衰减。

（2）微弯衰减。光纤的微弯衰减是由模式之间的机械感应耦合引起的，是一随机现象。当光纤曲率半径 R 的畸变可与光纤横截面尺寸的大小相比拟时，将会产生微弯衰减。

而当光纤光缆周围温度发生变化时，也会使光纤产生微弯，从而使光纤芯层中的传导模变换成包层模中的辐射模，并从芯层和包层中消失，因此可以说，光纤的微弯衰减是光纤随机畸变而产生的高次模与辐射模之间的模式耦合而引起的光功率损失。

4）接头衰减

光纤通信线路中的长光纤，一般都是由几段或几十段光纤接续而成的。光纤与光纤接续，将引起光纤的接头衰减。究其原因有如下两点：

（1）光纤加工公差引起的光纤固有损耗，即因光纤制造公差，即光纤纤芯尺寸、模场半径、数值孔径、纤芯/包层同心度和折射率分布失配等因素产生的光纤固有损耗。

（2）光纤连接器加工装配公差引起的外部衰减，即由光纤连接器装配公差、端面间隙、轴线倾角、横向偏移、菲涅尔反射及端面加工粗糙等原因引起的光纤损耗。

综上所述，光纤的光功率损耗主要包括了吸收损耗、散射损耗、弯曲衰减、接头衰减四大部分，其中吸收损耗和散射损耗是构成光纤总衰减的两个基本因素，并且瑞利散射衰减决定了光纤损耗的最低极限。光纤的衰减直接影响光纤的传输效率。尤其应用于通信的光纤，低衰减特性非常重要。对于传感应用的光纤，效率问题亦不可忽视，因为它常常会影响测量灵敏度。

最后关于 SiO_2 光纤工作波长窗口的划分。目前，按照光纤工作波长窗口的不同可以将通信光纤分成三类：短波长光纤、长波长光纤和超长波长光纤。通信用石英玻璃光纤的工作波长在 $0.8\sim1.65~\mu m$ 的近红外区附近，有短波和长波两类。

在光通信波段，短波长是指 $\lambda\leqslant1.0~\mu m$ 的光波波长范围，在这一范围内，目前仅有一个通信波长窗口被利用，即 $0.85~\mu m$ 窗口。因此短波长光纤就是指光纤的工作波长在 $0.85~\mu m$ 波长窗口，如 SiO_2 多模光纤。

长波长是指 $1.0~\mu m\leqslant\lambda\leqslant2~\mu m$ 波长范围，目前已被开发的波长窗口有 5 个，如图 5-17 所示，最常用的波长窗口分别是 $1.31~\mu m$ 和 $1.55~\mu m$。长波长光纤是指光纤的工作波长在 $1.31~\mu m$ 或 $1.55~\mu m$ 等 5 个窗口上的光纤，如工作在 $1.31~\mu m$ 的 SiO_2 多模光纤和工作在 $1.31~\mu m$、$1.55~\mu m$ 的 SiO_2 标准单模光纤。

SiO_2 单模光纤的四个波长窗口和五个波段参见图 5-17。

(1) 第二波长窗口：$1280\sim1325$ nm，简称 $1.31~\mu m$ 窗口。

(2) 第三波长窗口：$1530\sim1665$ nm，简称 $1.55~\mu m$ 窗口。

(3) 第四波长窗口：$1565\sim1620$ nm。

(4) 第五波长窗口：$1325\sim1530$ nm。

第五波长窗口 $1325\sim1530$ nm，因在 1385 nm 附近出现氢氧根（OH^-）离子二次谐波吸收峰，一直未被利用，最近在制造过程中已设法消除了损耗高峰，研制出"无水峰光纤"G.652C 和 G.652D，从而实现了 $1325\sim1530$ nm 第五窗口，即 $1.4~\mu m$ 窗口的使用。

SiO_2 多模光纤具有两个工作窗口：850nm 窗口和 1310nm 窗口。

光通信波长的划分与光纤工作波长的划分分别如表 5-3 和表 5-4 所示。

表 5-3 通信时单模光纤可使用波段

波段	O	E	S	C	L	U
名称	初始	扩展	短波	常规	长波	超长波
波长范围/nm	$1260\sim1360$	$1360\sim1460$	$1460\sim1530$	$1530\sim1565$	$1565\sim1625$	$1625\sim1675$

表 5-4 G.652A/B/C/D 光纤可工作波长范围

光纤类别	G.652A	G.652B	G.652C	G.652D
工作波长	O+C	O+C+L	O+E+S+C+L	O+E+S+C+L

2. 光纤的色散特性

1) 色散的物理意义

物理光学中"色散"的定义是指复色光分解成单色光而形成光谱的现象。例如，在复色光进入三棱镜后，由于它对各种频率的光具有不同的折射率，各色光的传播方向有不同程度的偏折，因而在离开三棱镜后分散形成光谱。那么广义地讲，任何物理量只要随频率（或波长）而变，即发生了"色散"。

光纤色散是指光纤中携带信号能量的光载波因光源光谱不纯，不同频率成分的群速度不同，在传输过程中相互散开，从而引起信号失真的一种物理现象。或从能量的观点简单描述为：光纤色散主要是指集中的光能量经光纤传输后在光纤输出端发生能量分散，导致传输信号畸变的现象。色散的单位是ps/(nm·km)。

色散在光纤通信系统中表现为光源光谱中不同波长分量因在光纤中群速度不同所引起的光脉冲展宽，是光纤通信系统的主要传输损伤。色散对光脉冲的影响如图5-18所示。正色散使得光脉冲被展宽，负色散使得光脉冲缩窄。

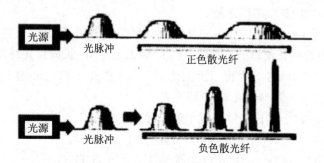

图5-18　色散对光脉冲的影响

单模光纤中存在着材料色散、波导色散、折射率分布色散和偏振模色散。多模光纤除具有单模光纤中存在的各种色散外，还存在一种模式色散。

2）色散产生机理

引起光纤色散的原因有很多，既有材料性质、传输波导结构和折射率剖面分布形式的影响，又有双折射效应导致的偏振模色散及模间色散等因素产生的影响。下面我们分别加以讨论。

（1）材料色散。在单模光纤中，石英玻璃光纤的折射率对不同的传输光波长（由于实际光源不是纯单色）有不同的值，导致不同波长的光其传播速度不同。材料折射率随光波长而变化从而引起脉冲展宽的现象称为材料色散。

（2）波导色散。由于光纤的纤芯与包层的折射率差很小，因此在交界面产生全反射时，就可能有一部分光进入包层之内。这部分光在包层内传输一定距离后，又可能回到纤芯中继续传输。进入包层内的这部分光强的大小与光波长有关，入射光的波长越长，进入包层中的光强比例就越大，这部分光走过的距离就越长，这就相当于光传输路径长度随光波波长的不同而异，由此产生的脉冲展宽现象叫做波导色散。波导色散是一种负色散。

通过采用复杂的折射率分布形式和改变剖面结构参数的方法获得适当的负波导色散来抵消石英玻璃材料的正色散，从而达到移动零色散波长的位置，使光纤的色度色散在希望的波长上实现总零色散和负色散的目的是当今光纤设计中的焦点问题。

（3）折射率剖面分布色散。光纤折射率剖面分布色散是由光纤相对折射率差 Δ 随光波长变化而产生的色散。因为相对折射率差 Δ 是光频的函数，当波长变化时，因相对折射率差会随之而变化，致使传输的光脉冲产生展宽现象，引起色散。在一般情况下，因纤芯材料的折射率和包层材料的折射率相似，$n_1 \approx n_2$，因此它们随波长变化的比率近似相同，可以认为相对折射率差 Δ 随波长的变化近似不变，它的影响很少，可忽略不计。

（4）偏振模色散（PMD）。在标准单模光纤中，基模（HE_{11}）由两个相互垂直的偏振模 HE_{11x} 和 HE_{11y} 组成，只有在理想圆对称单模光纤中，两个偏振模的时间延时才相同，才可能简并为单一模式 HE_{11}。而单模光纤中的光传输可描述为完全是沿 X 轴振动和完全沿 Y 轴上的振动或一些在两个轴上的振动。每个轴代表一个偏振"模"。两个偏振模到达终端的时间差称为偏振模色散，如图 5-19 所示，其表征参数为偏振模色散系数。

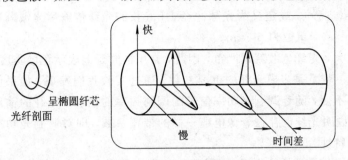

图 5-19 偏振模色散

偏振模色散系数是指光波经单位长度单模光纤传输时，两个偏振模 HE_{11X} 和 HE_{11Y} 产生的平均时延差，单位为 $ps/km^{1/2}$。

偏振模色散产生的原因是：由于实际光纤的纤芯都存在着一定程度的椭圆度，在短轴方向的偏振模传输较快，而在长轴方向的偏振模传输较慢，形成时间差，因而使脉冲展宽，造成色散。这种色散就是偏振模色散。因此，即使零色散波长的单模光纤，其带宽也不是无限大，而是受到 PMD 的限制。

造成单模光纤中 PMD 的内在原因是纤芯的椭圆度和残余应力。它们改变了光纤折射率分布引起相互垂直的本征偏振以不同的速度传输，进而造成脉冲展宽。外在原因则是成缆和敷设时的各种作用力，如压力、弯曲力、扭转力及光缆连接等部分使光纤产生的受力，使光纤的几何形状发生变化，引起 PMD。PMD 对于模拟系统（CATV）和长距离高速数字系统的影响是不可忽视的。

(5) 模间色散。模间色散是指在多模传输时，同一波长分量的不同传导模的群速度不同而引起抵达终端的光脉冲展宽现象，如图 5-20 所示。多模式光纤传输多个模式，各种模式具有不同的群时延差，因此在光纤终端会造成脉冲展宽。传输的模式越多，脉冲展宽越严重。

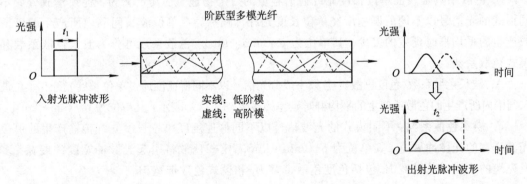

图 5-20 模间色散

3) 色散表征参数

表征色散的技术参数有 4 个：群时延差 $\Delta\tau$、带宽 B_c、色散系数 D 或色散斜率 S、比特速率 B，下面分别讨论。

(1) 群时延差 $\Delta\tau$。群时延差是指光波脉冲经光纤传输后，由于不同群速度的作用结果，使各种模式的光波抵达终端的时间不同，那么最先抵达光纤终点的传输模式所需的时延 τ_1

与最后抵达光纤终点的传输模式所需的时延 τ_2 之间的时延时间差 $\Delta\tau$ 就定义为光纤的群时延差,单位为 ps(皮秒)。或定义为光脉冲经 1 km 长的光纤传输后光波脉冲宽度展宽了多少 ps(1 ps $= 10^{-12}$ s),单位为 ps/km。

群时延差越大,光纤色散就越严重,因此,常用群时延差表示色散程度。

(2) 带宽 B_c。带宽是多模光纤的重要参数。通过实验我们发现,如果保证光纤的输入光功率信号大小不变,随着调制光功率信号的调制频率的增加,光纤的输出光功率信号也会逐渐下降。这说明光纤也存在着像电缆一样的带宽系数,即对调制光功率信号的调制频率有一定的响应特性。

带宽的定义是:1 km 长的光纤,其输出光功率信号下降到其最大值(直流光输入时的输出光功率值)的一半时,此时光功率信号的调制频率就叫做光纤的带宽,如图 5-21 所示。

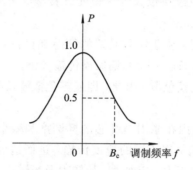

图 5-21　光纤的带宽

在实际的工程通信中,人们利用 Hz·km 为单位的"带宽—距离积"来度量光纤的通信传输容量。对于一种已定的光纤它的"带宽—距离积"是一个恒定不变的常数。光纤越长,带宽越窄。需要注意的是,单模光纤没有带宽系数的概念,仅有色散系数的概念。

(3) 色散系数 D 和色散斜率 S。

① 色散系数是表征单位长度光纤通信容量的一个物理量。其定义为:各频率成分或不同模式的光信号以不同的群速度经单位长度光纤传输后,在单位波长间隔内所产生的色散或产生的平均群时延差的多少。其单位为 ps/(nm·km)。色散系数可分为波长色散系数和模式色散系数。

A. 波长色散系数(色度色散):各频率成分光信号以不同群速度通过单位长度光纤在单位波长间隔内所产生的色散或产生的平均群时延差的多少,用 $D(\lambda)$ 表示,其单位为 ps/(nm·km)。

B. 模式色散系数:不同模式的光波信号以不同群速度经单位长度光纤传输产生的单位光源谱宽的光脉冲展宽,其单位为 ps/(nm·km)。模式色散将引起光脉冲宽度的展宽。多模光缆的光缆段总带宽 B_t 包括色度色散带宽 B_c 和模式色散带宽 B_m。

② 色散斜率是指光纤的色散系数随波长而变化的速率,又称为高阶色散,用 S 表示,单位为 ps/(nm²·km),即

$$S = \frac{\mathrm{d}D}{\mathrm{d}\lambda} = \frac{\mathrm{d}^2\tau}{\mathrm{d}\lambda^2}$$

(4) 在单模光纤中,为描述光纤的色散—波长关系特性,定义了两个适用的物理量:零色散波长和零色散斜率。

① 零色散波长:单模光纤中,当波长色散系数为 0 时,对应的波长用 λ_0 表示,单位为 nm。

② 零色散斜率：在单模光纤中，在零色散波长处，波长色散系数随波长变化曲线的斜率，或简单说成零色散波长的斜率，用 S_0 表示，单位为 ps/$(nm^2 \cdot km)$。

色散使通信中的光信号产生畸变，使光信号在接收端的判决比较困难，这是高速光纤传输系统(72.5 Gb/s)的主要损伤。通过选用谱线宽度较窄的光源，并通过改变光纤相对的折射率差 Δ 和剖面折射率分布，可优化光纤的模内色散性能。对于偏振模色散的优化，主要通过严格控制光纤拉丝工艺来实现。

(5) 比特速率 B。光纤能传输的最大的数字速率被定义为光纤的比特率容量，即最大比特速率 B。

5.4.4　非线性效应

在高比特率系统(如 2.5 Gb/s，10 Gb/s，甚至 40 Gb/s 以上)中，为了增加无中继距离，厂家千方百计地提高信号的光功率，从而产生光信号与石英玻璃光纤传输介质的强相互作用，当功率密度大到某一程度(阈值)时就会发生某些非线性效应。由于工作物质是单模光纤，模场直径小、功率密度大、作用距离很长，非线性现象在较低光功率下就会非常明显。光纤非线性可分两类：一类与受激散射有关(如受激布里渊散射 SBS 和受激拉曼散射 SRS)；另一类与物质的 Kerr 效应有关(即光纤的折射率会随光强而变)。非线性效应主要包括受激散射(SBS 和 SRS)、四波混频(FWM)、自相位调制(SPM)、交叉相位调制(XPM)、光孤子等。这些非线性现象通常会影响光纤传输系统，特别是长途 DWDH 光放大系统的传输质量。

1. 光学 Kerr 效应

在强光电场的作用下，介质中电子的轨迹发生了变化，从而使它的折射率自 n_1 变为

$$n(E) = n_1 + \Delta n = n_1 + n_1' \, |E|^2 \tag{5-13}$$

式(5-13)就是光学 Kerr 效应。变化的 Δn 引起的相位变化 $\Delta\phi$ 为

$$\Delta\phi = L\Delta\beta \approx L\omega \frac{(\Delta n)}{c} \tag{5-14}$$

Kerr 效应会引起高速光纤通信时的误码增加。但 Kerr 效应也有有益的用途，它被应用于光孤子通信、光脉冲压缩和超短光脉冲的发生。

2. 自相位调制

倘若光学 Kerr 效应在一个短的周期内发生，它将造成电场相位的变化，称为自相位调制。此时的角频率偏移为

$$\Delta\omega(t) = -\frac{\partial}{\partial t}\Delta\varphi(t) = \frac{2\pi n_1' L}{\lambda}\frac{\partial}{\partial t}|E(t)|^2 \tag{5-15}$$

也就是说，当单高强度的超短脉冲馈入光纤时，由于自相位调制的存在，脉冲前后

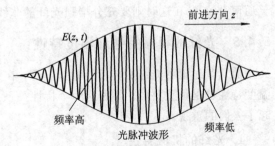

图 5-22　自相位调制示意图

沿的载频不一样，并由此产生啁啾声。自相位调制的示意图如图 5-22 所示。

在单波长系统中，自相位调制使光信号频谱逐渐展宽，这种展宽与信号的脉冲形状和光纤的色散有关。在一般情况下，自相位调制只在高累积色散或超长系统中比较明显。

3. 四波混频(FWM)

在光通信系统中,某一波长的入射光会改变光纤的折射率,从而在不同频率处会发生相位调制产生新的波长。由两个或两个不同波长的光波混合后产生的新光波就是四波混频,其示意图如图 5-23 所示。四波混频对光纤干线 DWDM 通信系统危害较大。通过波分复用(WDM)信道频率间隔和光纤色散的增加,可以有效地破坏信号波之间的相位匹配,从而降低四波混频的效率。非零色散位移单模光纤(G.655D)就是通过适当保留色散来抵抗四波混频的。

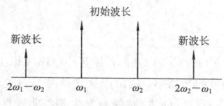

图 5-23　四波混频示意图

4. 受激拉曼散射(SRS)和受激布里渊散射(SBS)

受激拉曼散射(SRS)是当一定强度的光入射到光纤中时引起石英玻璃光纤中的分子振动所产生的非线性现象;当一定程度的光入射到光纤中时引起的声光子振动产生的非线性现象称为受激布里渊散射(SBS)。SBS 的阈值功率是所有非线性因素中最低的,典型的只有几毫瓦。一旦输入光功率超过 SBS 的阈值后,输出光功率开始饱和,不再增加,而后向散射的光功率却会迅速地增加。SRS 的阈值对于单波长系统约为 1 W,远远大于 SBS(约为 7~20 dBm),在当今的 WDM 系统中,SRS 未造成实际限制,但对于 DWDM 系统,SRS 将是限制通路数的主要因素。

描述单模光纤非线性特性的主要参数有:

(1) 有效面积 A_{eff}。

(2) 非线性系数 n_2/A_{eff}。

(3) 发生非线性的阈值功率等。

为了抑制非线性效应,业界已经推出了大有效面积光纤(LEAF)、高 SBS 阈值的低水峰光纤(NexCOR Fiber)。有时,可以利用非线性效应(如拉曼光纤放大器和宽谱光源、孤子通信系统),在这时则要充分增强光纤的非线性效应,已经出现各种高非线性光纤。

5.4.5　光纤的机械特性和温度特性

前几节讨论了光纤的传输特性。但是,在光纤通信的实际使用中,光纤的机械特性和温度特性也是很重要的。因为这两个特性关系到光纤通信的长期可靠性和稳定性,所以引起了人们的重视。

1. 光纤的机械特性

裸光纤是外径为 125 μm 左右的细玻璃丝。玻璃跟金属不同,玻璃是脆性材料,因此人们凭着旧的概念很担心光纤的机械强度。但是按照玻璃原子间的结合力推算,在 Si-O 键断开时发生断裂,其强度也将高达 2000~2500 kg/mm^2,换算成外径为 125 μm 的光纤能承受的抗张力约为 30 kg。可是,由于光纤表面(严重时甚至在光纤的内部)存在缺陷,裸光纤的强度极低，只有 100 g 以下的抗拉强度。因此在光纤在拉出之后立即涂上一层丙烯酸环氧树脂或硅酮树脂（又称为硅橡胶）等保护材料，常称此过程为一次涂覆或预涂覆。经过一次涂覆的光纤具有约 7 kg 的抗拉强度。

一次涂覆的保护作用，是将光纤表面与环境中的水分、化学气分等隔离开，防止光纤表面上已有的微小缺陷（通常称为微裂纹或微伤痕）逐步腐蚀扩大。同时一次涂覆也可避免表面擦伤。

涂覆层的同心度、均匀性对光纤的强度也有一定的影响，但决定光纤强度的主要还是光纤本身的微缺陷。光纤微缺陷产生的原因很多，除衬底管的原有裂纹、伤痕等外，还有在熔炼预制棒和拉丝的过程中，由于工艺条件不合适而引入的缺陷。

在光纤制造的各个环节上，保持清洁的环境是非常重要的，任何污物接触预制棒和光纤表面，都将使光纤的最终抗拉强度大大降低。

图 5-24 给出了一次涂覆后的石英光纤（纤芯掺杂了）的抗拉强度的韦伯尔分布。从光纤通信的适用观点来说，韦伯尔分布曲线的斜率越陡越好，它表明该光纤的最低的与最高的抗拉强度相差不会过大。

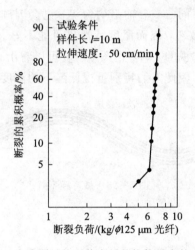

图 5-24　一次涂覆后的石英光纤的抗拉强度的韦伯尔分布

需要注意的是，韦伯尔分布曲线与被测光纤的样品长度、拉伸（应变）速度等试验条件有关。韦伯尔分布对光纤强度来说，只有统计的指导意义。因为实际使用的光纤，是要求在整个制造长度上有某一最低允许的抗拉强度。所以从适用的角度来讲，最好是整根光纤（千米级长度）通过复绕进行筛选。对于套了尼龙的光纤来说，复绕张力一般是数百克至一千克，也可用应变率（如 0.5%）来作为筛选的标准。

光纤的抗弯性能也是人们所关心的。一般说来，抗拉强度好的光纤，抗弯性能也较好。但两者不能完全对应，抗弯性能除与光纤的表面微缺陷有关外，还与光纤的粗细和涂覆层的同心度关系较大。性能好的涂覆后的光纤可弯到曲率半径 1~2 mm 而不断。

为了适应成缆工艺要求，光纤要进行二次套塑。二次套塑后的光纤，其强度比未套塑的光纤稍有增加。

2. 光纤的温度特性

前面已介绍过，为保护光纤表面，光纤在刚由预制棒拉出时就立即涂覆了一层保护的涂覆层(称为一次涂覆)。又为了便于成缆时抵抗外来的侧压力,被加了一次涂覆后的光纤还要进行套塑。有机树脂和塑料的线膨胀系数比石英要大得多,因此当温度变化时,涂覆和套塑后的光纤的温度特性会比裸光纤的温度特性差。特别是塑料在低温下收缩,在高温下伸长,会使光纤产生微弯曲。如果在一次涂覆的外层再涂一层弹性模量比较小的硅酮树脂,可以起到缓冲作用,减少套塑在低温下收缩对光纤衰减产生的影响。合理选择一次涂覆材料和套塑材料以及相应的制造工艺,可以使光纤的温度特性大大改善。但要完全消除套塑材料在低温下的收缩影响是困难的。

　　光纤出现微弯就会引起附加衰减,会产生如图5-25所示的微弯模型。一次涂覆、套塑后的光纤温度特性如图5-26所示。在图5-26中,a为涂丙烯酸环氧树脂但未套塑的光纤;b为涂丙烯酸环氧树脂并松套聚丙烯的光纤;c为涂硅酮树脂但未套塑的光纤;d为涂硅酮树脂并紧套尼龙的光纤。由图5-26可见:a比c的温度特性坏得多。这是因为在低温下丙烯酸环氧树脂变脆、变硬,致使损耗增加。c基本上无什么变化。b的温度特性最差,因聚丙烯管在低温下收缩使得涂丙烯酸环氧树脂的光纤产生了严重的微弯曲之故。在d中,由于硅酮树脂的缓冲作用,微弯并不严重,其温度特性还好。不过,即使对于d这种情况,若套塑的尼龙过厚或者不同心、沿轴不均匀等,也会因硅酮树脂的缓冲作用不能完全克服尼龙的收缩力而产生的微弯,因而温度特性也可能不好。为此,一次涂覆和套塑工艺对于温度特性来说,是值得重视的一环。由图5-26可以看出,光纤在室温下的温度特性比在室温以上的温度特性要差,因此人们特别重视低温下的温度特性。

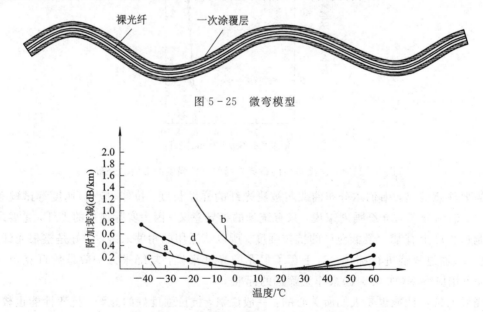

图5-25　微弯模型

图5-26　一次涂覆、套塑后的光纤温度特性

5.4.6　光纤的主要性能参数

1. 多模光纤的主要性能参数

　　多模光纤按纤芯折射率分布分为渐变折射率分布型多模光纤(A1类)和阶跃折射率分布型多模光纤(A2、A3和A4类)两大类,前者的性能要比后者好得多。在高速以太网中主要采

用渐变折射率分布型多模光纤。在此只列出三种渐变折射率分布型多模光纤的传输性能，依据《光纤：产品规范——A1 类多模光纤分规范》(IEC 60793 - 2 - 10：2002)，如表 5 - 5 所示。

表 5 - 5　A1 类多模光纤的传输性能

光纤参数	单　位	A1a		A1b		A1d	
芯直径	μm	50.0±3.0		62.5±3.0		100±15	
芯/包层同心度误差	μm	≤3.0		≤3.0		≤6	
包层不圆度	%	≤2		≤2		≤4	
工作波长	μm	850	1300	850	1300	850	1300
衰减系数	dB/km	2.4～3.5	0.7～1.5	2.8～3.5	0.7～1.5	3.5～7.0	1.5～4.5
模式带宽	MHz·km	200～800	200～1200	100～800	200～1000	10～200	100～300
数值孔径		0.20±0.02 或 0.23±0.02		0.275±0.015		0.26±0.015 或 0.29±0.03	
应用场合		数据链路、局域网		数据链路、局域网		局域网、传感器	

新一代多模光纤具有精确的折射率分布曲线，并在制造工艺中消除了多模光纤的中心下陷现象，从而使光纤的传输带宽大幅度提高。新一代多模光纤(A1a.2 或 OM3)的传输性能应该能够支持传输速率 10 Gb/s，传输 300 m 距离。特别是国内一种被称为超贝 550 的 50/125 μm 新一代多模光纤(A1a.3 或 OM4)能够满足 850 nm 和 1300 nm 单/双窗口工作，在工作波长为 850 nm 处，10 Gb/s 系统的传输距离可达到 550 m 以上。

IEC 60793 - 2 - 10 附录 E《Gb/s 以太网应用》给出了资料性信息。表 5 - 6 结合了传输速率 10 Gb/s 太网的要求，列出了国内著名光纤光缆公司生产的新一代多模光纤，即 50/125 μm 梯度型折射率分布多模光纤(OM4)的传输性能，供读者在实际工程设计选择光纤时参考。

表 5 - 6　50/125 μm 梯度型折射率分布多模光纤(OM4)的传输性能

特　　性	单　位	条　　件	数值
光学特性			
衰减系数	dB/km	850 nm 1300 nm	≤2.3 ≤0.6
满注入带宽(DFLBW)	MHz·km	850 nm 1300 nm	≥3500 ≥500
有效带宽	MHz·km	850 nm 1300 nm	≥4700 ≥500
10 ab/s 以太网链路长度 SX 10 ab/s 以太网链路长度 LX	m	850 nm 1300 nm	≤1000 ≥600

续表

特　　性	单　位	条　　件	数值
环境性能			
温度附加衰减	dB/km	−60℃～+85℃	≤0.10
温度−湿度循环附加衰减	dB/km	−10℃～+85℃，90%相对湿度	≤0.10
加速老化附加衰减	dB/km	85℃，85%相对湿度30天	≤0.10
浸水附加衰减	dB/km	20℃，30天	≤0.10
机械特性			
筛选张力	N % KPSI(千帕每英寸)	离线	≥9.0 ≥1.0 ≥100
宏弯附加衰减(ϕ60 mm，100圈)	dB	850 nm 和 1300 nm	≤0.50
涂覆层剥离力	N N	典型平均值 峰值	1.7 ≤1.3，≤8.9
动态疲劳参数(n_d，典型值)			≥27

2. 单模光纤的主要性能参数

单模光纤以其衰减小、频带宽、容量大、成本低、易于扩容等优点，作为一种理想的通信传输介质，广泛应用于长途干线、局间中继线、城域网、用户接入网中。按照零色散波长和截止波长位移与否，可将单模光纤分为 6 大类，ITU－T 已给出了建议：G.652、G.653、G.654、G.655、G656 和 G.657 光纤。

到现在为止，无论在干线网、中继网，还是在接入网中，绝大部分采用的是 G.652 光纤(又称为非色散位移单模光纤或标准单模光纤)。根据 G.652 光纤的工作波长范围、支持的不同传输速率系统和在 1385 nm 的衰减系数的不同，ITU－T 又将 G.652 光纤细分为 4 个子类：G.652A、G.652B、G.652C 和 G.652D 光纤。

G.652A 光纤支持 10 Gb/s 系统的传输距离可达 400 km，10 Gb/s 以太网的传输距离至少为 40 km，40 Gb/s 系统的传输距离为 2 km；G.652B 光纤支持 10 Gb/s 系统传输距离可达 3000 km 以上，40 Gb/s 系统的传输距离为 80 km。这两种光纤的最佳工作波长在 1310 nm 区域，在该处的色散系数为 0；也可用于工作在 1550 nm 波长区域，在该处衰减系数最小约为 0.22 dB/km，但有最大色散系数 18～20 ps/(nm·km)。G.652C 光纤的基本属性与 G.652A 光纤相同，但在 1550 nm 的衰减系数更低，而且其消除了 1380 nm 附近的水吸收峰，即系统可以工作在 1360～1530 nm 波长。G.652D 光纤的属性与 G.652B 光纤基本相同，而衰减系数与 G.652C 光纤相同，即系统可以工作在 1360～1530 nm 波长，又称为全波光纤，是目前国内干线和中继线用得最多的光纤。

表 5－7 给出了 2016 年 11 月 ITU－T SG15 对 4 种 G.652 光纤光缆性能参数的最新建议值，供读者参考。

表 5 – 7 ITU – T SG15 对 4 种 G. 652 光纤光缆性能参数的最新建议值

光纤参数	G. 652A	G. 652B	G. 652C	G. 652D
1310 nm 模场直径/μm	(8.6~9.5)±0.6	(8.6~9.5)±0.6	(8.6~9.5)±0.6	(8.6~9.2)±0.4
包层直径/μm	125±1	125±1	125±1	125±0.7
芯同心度误差最大值/μm	≤0.6	≤0.6	≤0.6	≤0.6
包层不圆度最大值/%	≤1	≤1	≤1	≤1
光缆截止波长最大值/nm	≤1260	≤1260	≤1260	≤1260
筛选应力最小值/GPa	≥0.69	≥0.69	≥0.69	≥0.69
宏弯损耗/dB(ϕ30mm，100圈)	≤0.1(1550nm)	≤0.1(1550nm) ≤0.1(1625nm)	≤0.1(1550nm) ≤0.1(1625nm)	≤0.1(1550nm) ≤0.1(1625nm)
最小零色散波长/nm	1300	1300	1300	1300
最大零色散波长/nm	1324	1324	1324	1324
零色散波长最大斜率 S_{max} ps/(nm²·km)	0.092	0.092	0.092	0.092
未成缆光纤 PMD 系数 /(ps/$\sqrt{km}$)	不要求	可规定	可规定	可规定
1310 nm 衰减系数最大值 /(dB/km)	0.5	0.4	0.4	0.4
1383 nm 衰减系数最大值 /(dB/km)			0.4	1310~1625 nm 的衰减系数最大值为 0.4
1550 nm 衰减系数最大值 /(dB/km)	0.4	0.35	0.3	1383±3 nm 的衰减系数最大值为 0.4
1625 nm 衰减系数最大值 /(dB/km)	不要求	0.4	0.4	1530~1565 nm 的衰减系数最大值为 0.3
光缆链路 PMD 特性	不要求			
光缆段数 M	20	20	20	20
概率 Q/%	0.01	0.01	0.01	0.01
PDM 系数链路设计最大值 PMDQ(ps/$\sqrt{km}$)	0.5	0.2	0.5	0.2

最后介绍一种 FTTH 用抗弯曲性能良好的光纤——G.657 光纤。在 FTTH 建设中，由于光缆被安放在拥挤的管道中或者经过多次弯曲后被固定在接线盒或插座等具有狭小空间的线路终端设备中，所以 FTTH 用的光缆应该是结构简单、敷设方便和价格便宜的光缆。因此，一些著名的制造厂商纷纷开展了抗弯曲单模光纤的研究。为了规范抗弯曲单模光纤产品的性能，ITU-T 于 2006 年 12 月发布了 ITU-T G.657"接入网用弯曲不敏感单模光纤光缆特性"的标准建议，即 G.657 光纤标准。

与其他单模光纤相比，G.657 光纤最显著的特点是弯曲损耗不敏感，这就意味着 G.657 光纤的弯曲损耗比较小。G.657 光纤具有良好的抗弯曲性能，使其适用于光纤接入网，包括位于光纤接入网终端的建筑物内的各种布线。2009 年 12 月根据标准的实际使用情况和各方面的反馈信息，发布了修订后的第二版本。在新版本的标准建议中，按照是否与 G.652 光纤兼容的原则，将 G.657 光纤划分成了 A 类和 B 类光纤，同时按照最小可弯曲半径的原则，将弯曲等级分为 1、2、3 这三个等级，其中，1 对应 10 mm 最小弯曲半径，2 对应 7.5mm 最小弯曲半径，3 对应 5mm 最小弯曲半径。结合这两个原则，将 G.657 光纤分为了 4 个子类：G.657A1、G.657A2、G.657B2 和 G.657B3 光纤。G.657 A 和 G.657 B 光纤的弯曲损耗特性分别如表 5-8 和表 5-9 所示。

表 5-8　G.657 A 光纤的弯曲损耗特性

特　　性		数　　值				
模场直径中值(1310nm)		$8.6\sim9.5\ \mu m$				
可变量		$\pm0.4\ \mu m$				
光纤类型		G.657A1		G.657A2		
最大宏弯损耗	弯曲半径/mm	15	10	15	10	7.5
	弯曲圈数	10	1	10	1	1
	1550 nm 损耗上限	0.25	0.75	0.03	0.1	0.5
	1625 nm 损耗上限	1.0	1.5	0.1	0.2	1.0

表 5-9　G.657 B 光纤的弯曲损耗特性

特　　性		数　　值				
模场直径中值(1310 nm)		$6.3\sim9.5\ \mu m$				
可变量		$\pm0.4\ \mu m$				
光纤类型		G.657B2			G.657B3	
最大宏弯损耗	弯曲半径/mm	15	10	7.5	10	7.5	5
	弯曲圈数	10	1	1	1	1	1
	1550 nm 损耗上限	0.03	0.1	0.5	0.03	0.08	0.15
	1625 nm 损耗上限	0.1	0.2	1.0	0.25	0.25	0.45

G.657 光纤之所以对弯曲损耗不敏感，是因为其是通过改进光纤截面的纤芯、包层的折射率分布以及纤芯直径等手段来实现的。例如，在光纤的包层外增加一层具有下陷的折射率的环状结构，可用于提高光纤的弯曲性能，此类光纤可以在保证与 G.652 光纤兼容的同时，显著的改善光纤的弯曲性能，可以实现同时满足 G.652D、G.657A1/A2/B2/B3 标准。如果只提高纤芯折射率，同时减小纤芯直径，光纤的模场直径就小，一般在 6~8.5 um，但因为模场直径的差异，此类光纤无法满足 G.652 标准，一般只满足 G.657B2 和 G.657B3 标准，并且与 G.652 光纤有很高的熔接损耗。

G.657A 光纤可用在 O、E、S、C 和 L 这 5 个波段，其可以在 1260~1625 nm 整个工作波长范围工作。G.657A 光纤的传输和接续性能与 G.652D 光纤相同。与 G.652D 光纤不同的是，为了改善光纤接入网中的光纤接续性能，G.657A 光纤具有更好的弯曲性能，几何尺寸技术要求更精确。

G.657B 光纤的传输工作波长分别是 1310、1550 和 1625 nm。G.657B 光纤的应用只限于建筑物内的信号传输，它的熔接和连接特性与 G.652 光纤完全不同，可以在弯曲半径非常小的情况下正常工作。

习　题

一、填空题

1. 按照光纤中光的传输模式的多少，可以将光纤分为＿＿＿＿＿光纤和＿＿＿＿＿光纤。

2. 光纤的截止波长和模场直径联合在一起可用于评估光纤的＿＿＿＿＿敏感性。小的＿＿＿＿＿和高的＿＿＿＿＿会更有利于抗弯曲。

3. ＿＿＿＿＿是表征多模光纤端面芯区接收或出射的射线的最大角度，决定传导模的数目的光纤光学参数。

4. 在光纤的损耗中，依据产生的原因又可分为＿＿＿＿＿损耗、＿＿＿＿＿损耗、构造不完善引起的损耗、＿＿＿＿＿损耗和＿＿＿＿＿损耗等。

5. 光纤通信的最低损耗波长是＿＿＿＿＿，零色散波长是＿＿＿＿＿。

6. 光纤中产生的吸收损耗主要有：＿＿＿＿＿吸收、＿＿＿＿＿吸收和＿＿＿＿＿吸收。

7. ＿＿＿＿＿散射是一种光纤材料固有损耗，是光纤基本损耗下限，不可克服。

8. 光纤的数值孔径用来衡量光纤＿＿＿＿＿能力。当 NA 值越大，则光纤的＿＿＿＿＿。如果 NA 值太大，光纤的多模畸变将增大，则影响光纤＿＿＿＿＿及传输的速度。

9. 单模光纤中存在着＿＿＿＿＿色散、＿＿＿＿＿色散、＿＿＿＿＿色散和＿＿＿＿＿色散。多模光纤除具有单模光纤中存在的各种色散外，还存在一种＿＿＿＿＿色散。

10. 非色散位移光纤零色散波长在＿＿＿＿＿，在波长为＿＿＿＿＿处衰减最小。

11. 在单模光纤中，由于光纤的双折射率特性使两个正交偏振分量以不同的群速度传输，也将导致光脉冲展宽，这种现象称为＿＿＿＿＿。

12. 单波长通信系统常分为 3 个传输窗口，其中＿＿＿＿＿nm 适合短距离多模传输，＿＿＿＿＿nm 适合中等距离传输，＿＿＿＿＿nm 适合长距离传输。

13. 按照零色散波长和截止波长位移与否可将单模光纤分为 6 大类，其中 5 大类 ITU-T 已给出了建议：＿＿＿＿＿、＿＿＿＿＿、＿＿＿＿＿、＿＿＿＿＿和＿＿＿＿＿光纤。

14. 根据 G.652 光纤的工作波长范围、支持的不同传输速率系统和在 1385nm 的衰减系数的不同，ITU - T 又将 G.652 光纤细分为 4 个子类：_____、_____、_____和_____光纤。

15. 色散位移光纤是将最小零色散点从_____位移到_____，以实现_____处最低衰减与零色散波长一致。

16. Δ 值越大的光纤，模色散_____，相应的带宽_____，集光能力_____，入纤功率_____。

17. 光纤色散系数的单位是_____。

18. 模场直径是表征_____光纤特性的一个重要参数，它表示光纤中_____在光纤横截面内分布的范围。

19. 光纤的群时延差越大，带宽就越_____，传输容量就越_____；反之亦然。

20. 光纤的截止波长和模场直径联合在一起可用于评估光纤的_____性，高的截止波长和小的模场直径会更有利于抗_____。

21. 在 FTTH 布线时，常用含_____光纤的光缆。

22. 非线性效应主要包括受激散射包括_____、_____、_____、_____、_____等。

二、选择题

1. 裸光纤（是指未成缆的光纤/预涂覆光纤）与成缆光纤的（   ）是不同的。
   A. 数值孔径（NA）   B. 截止波长 λ_c
   C. 径向折射率分布（RIP）   D. 衰减系数

2. 决定光纤最低损耗极限的是（   ）。
   A. 本征吸收损耗   B. OH^- 离子吸收损耗
   C. 微弯损耗   D. 瑞利散射损耗

3. 下面关于光纤色散的描述，正确的是（   ）。
   A. 光纤的群时延差越大，带宽就越窄，传输容量就越小；反之亦然
   B. 光纤越长，带宽越宽，传输容量就越大
   C. 单模光纤没有色散
   D. 光纤色散的单位是 $ps/(nm^2 \cdot km)$

4. 目前光纤通信中实用的三个低损耗窗口是（   ）。
   A. 0.85 μm、1.27 μm、1.31 μm
   B. 0.85 μm、1.25 μm、1.55 μm
   C. 0.81 μm、1.31 μm、1.55 μm
   D. 1.27 μm、1.31 μm、1.55 μm

5. （   ）在单模光纤中是不存在的。
   A. 材料色散   B. 波导色散
   C. 偏振模色散   D. 模间色散

6. 单模光纤的纤芯直径通常为（   ）。
   A. 8.5 μm 左右 B. 62.5 μm C. 125 μm D. 50 μm

7. 在单模光纤中，（   ）模式可以被传输。

A. TE01　　　　　　　B. TM01　　　　　　C. HE11　　　　　　D. EH11

8. 对于单模光纤，一般用(　　)来表示其带宽特性。

　　A. 色散　　　　　　B. 数值孔径　　　　　C. 模场直径　　　　　D. 衰减

9. 将 1.31～1.55 μm 隔离成两窗口主要原因是由于(　　)而形成的。

　　A. 受激布里渊散射　　　　　　　　　　B. 本征吸收

　　C. 金属离子杂质吸收　　　　　　　　　D. OH⁻ 离子吸收

10. 模场直径是(　　)的一个重要参数。

　　A. 阶跃型多模光纤　　　　　　　　　　B. 渐变型多模光纤

　　C. 单模光纤　　　　　　　　　　　　　D. 掺杂光纤

11. 判断一根光纤是单模还是多模主要决定于(　　)。

　　A. 光纤本身的结构　　　　　　　　　　B. 光纤长度

　　C. 导模的数量　　　　　　　　　　　　D. 包层外径

12. 偏振模色散(PMD)形成的内在因素是(　　)。

　　A. 纤芯的椭圆度和残余内应力　　　　　B. 传输模数量

　　C. 入射光功率　　　　　　　　　　　　D. 光纤衰减

13. 非色散位移光纤是指(　　)。

　　A. G.652 光纤　　　B. G.653 光纤　　　C. G.654 光纤　　　D. G.655 光纤

14. 光纤的群时延差越大时，下面说法正确的是(　　)。

　　A. 带宽就越大，传输容量也越大

　　B. 带宽就越小，传输容量就越小

　　C. 带宽就越大，传输容量就越小

　　D. 带宽就越小，传输容量也越大

15. 对于单模光纤来说，占主要地位的色散是(　　)。

　　A. 模式色散　　　　　B. 波导色散　　　　　C. 材料色散　　　　　D. 偏振模色散

16. 光纤的截止波长和模场直径联合在一起可用于评估光纤的弯曲敏感性，下面说法正确的是(　　)。

　　A. 高的截止波长和小的模场直径有利于抗弯曲

　　B. 高的截止波长和小的模场直径不利于抗弯曲

　　C. 低的截止波长和小的模场直径有利于抗弯曲

　　D. 高的截止波长和大的模场直径有利于抗弯曲

三、问答题

1. 什么是单模光纤？什么是多模光纤？

2. 光纤的特性参数有哪些？

3. 什么是光纤的"氢损"？有哪些因素会造成光缆中光纤的氢损？

4. 什么是光纤的色散？光纤的色散分哪几种？单模光纤中有哪些色散？色散与带宽是什么关系？

5. 试分析常用光纤中引起色散的主要因素。

6. 什么是光纤的数值孔径？请写出其表达式。

7. 什么是光纤的偏振模色散(PMD)？试说明造成单模光纤 PMD 的成因。

8. 什么是单模光纤的截至波长？

9. 试分析光纤的吸收损耗及成因。

10. 光纤的损耗有哪些原因？试分类叙述之。

11. 试述光纤一次涂覆的作用。如何选择一次涂覆的材料？

12. 试述 G.652、G.653、G.654、G.655、G.656 和 G.657 光纤的中文名称。

13. 试述 G.652A、G.652B、G.652C 和 G.652D 光纤的性能区别。

14. 在 FTTH 布线时要用哪种光纤？

四、计算题

1. 有一光纤，已知纤芯折射率为 1.50，包层的折射率为 1.47，试计算：① 临界角 θ_c；② NA。

2. 有一光纤，已知纤芯折射率为 1.5，试计算最大光接收角：① 设 $\Delta=1\%$；② $\Delta=3\%$。

3. 假定一单模光纤，已知 $n_1=1.5$，$\Delta=0.3\%$，$V=2.4$，截止波长 $\lambda_c=1.1\ \mu m$，试计算它的芯径是多大？

4. 已知某一阶跃折射率分布光纤，芯直径为 $9\ \mu m$，数值孔径为 0.11，试计算其单模传输波长？

5. 有一阶跃型多模光纤，已知纤芯折射率 $n_1=1.5$，相对折射率差 $\Delta=1\%$，波长 $\lambda=1\ \mu m$，纤芯直径 $2a=60\ \mu m$，试计算光纤的模数。

6. 芯径为 $50\ \mu m$ 的多模阶跃光纤，相对折射率差为 1.5%，用于 $0.85\ \mu m$ 波长，若纤芯折射率为 1.48，试计算光纤的归一化频率。

7. 有一阶跃型多模光纤，$\Delta=1\%$，纤芯折射率 $n_1=1.5$，请问 1 km 长的最大时延差为多少？

第六章　光纤光缆的制造工艺

光纤的主要成分是 SiO_2，要生产出通信线路上使用的光缆，要经过从原材料熔炼成玻璃预制棒、拉丝成光纤、光纤着色、套塑、成缆、护套及测试等一系列的工序过程。本章介绍了从原材料到制成成品光缆的全部工序过程。

6.1　SiO_2 光纤预制棒的熔炼工艺

6.1.1　概述

传统实体 SiO_2 玻璃光纤制造方法有两种：一种是早期用来制作传光和传像的多组分玻璃光纤的方法；另一种是当今通信用石英玻璃光纤最常采用的制备方法。

将经过提纯的原料制成一根满足一定性能要求的玻璃棒，称为"光纤预制棒"或"棒"。光纤预制棒是制作光纤的原始棒体材料，组元结构为多层圆柱体，它的内层为高折射率的纤芯层，外层为低折射率的包层，它应具有符合要求的折射率分布要求和几何尺寸。

（1）折射率分布要求：纯石英玻璃的折射率 $n=1.458$，根据光纤的导光条件可知，欲保证光波在光纤芯层传输，必须使芯层的折射率稍高于包层的折射率，为此，在制备芯层玻璃时应均匀地掺入少量的较石英玻璃折射率稍高的材料，如 GeO_2，使芯层的折射率为 n_1；在制备包层玻璃时，均匀地掺入少量的较石英玻璃折射率稍低的材料，如 SiF_4，使包层的折射率为 n_2，使 $n_1 > n_2$，就可以满足光波在芯层传输的基本要求。

（2）几何尺寸：将制得的光纤预制棒放入高温拉丝炉中加温软化，并拉制成线径很小的玻璃丝。这种玻璃丝中的芯层和包层的厚度比例及折射率分布，与原始的光纤预制棒材料完全一致，这些很细的玻璃丝就是我们所需要的光纤。

SiO_2 光纤预制棒的制造是光纤制造技术中最重要也是难度最大的，传统的 SiO_2 光纤预制棒制备工艺普遍采用气相反应沉积方法。目前最为成熟的基本技术有以下几种：

（1）美国康宁公司在 1974 年开发成功，1980 年全面投入使用的管外气相沉积法，简称 OVD（Outside Vapor Deposition，OVD）法。

（2）美国电话电报公司在 1974 年开发的管内化学气相沉积法，简称 MCVD（Modified Chemical Vapor Deposition，MCVD）法。

（3）日本电报电话公司在 1977 年开发的轴向气相沉积法，简称 VAD（Vapor Axial Deposition，VAD）法。

（4）荷兰菲利浦公司在 1975 年开发的微波等离子体化学气相沉积法，简称 PCVD（Plasma Chemical Vapor Deposition，PCVD）法。

上述四种方法相互比较，其各有优缺点，但都能制造出高质量的光纤产品，因而在世界光纤产业领域中各占有一定的份额。除上述非常成熟的传统气相沉积工艺外，近年来又开发了等离子改良的化学气相沉积(PMCVD)法、轴向和横向等离子化学气相沉积(ALPD)法、MCVD大棒法、MCVD/OVD混合法及混合气相沉积(HVD)法等。

气相沉积法的基本工作原理是：首先将经提纯的液态SiCl₄和起掺杂作用的液态卤化物在一定条件下进行化学反应，生成掺杂的高纯度石英玻璃。由于该方法选用的原料纯度极高，加之气相沉积工艺中选用高纯度的氧气作为载气(载运气体)，将汽化后的卤化物气体带入反应区，从而可进一步提纯反应物的纯度，达到严格控制过渡金属离子和OH^-离子的目的。

现在制造完整的光纤预制棒都采用二步法工艺，首先用上述一种基本方法制造出包括芯层和内包层的芯棒，再在其外制造外包层。

尽管利用气相沉积技术可制备优质光纤预制棒，但是气相技术也有其不足之处，如原料昂贵、工艺复杂、设备资源投资大、玻璃组成范围窄等。为此，人们经不断的艰苦努力，终于研究开发出一些非气相技术制备光纤预制棒(但还不是目前主要的制棒方法)：

(1) 界面凝胶(BSG)法，主要用于制造塑料光纤。

(2) 直接熔融(DM)法，主在用于制备多组分玻璃光纤。

(3) 玻璃分相(PSG)法。

(4) 溶胶–凝胶(SOL–GFL)法，最常用于生产石英系光纤的包层材料。

(5) 机械挤压成型(MSP)法。

6.1.2 管内化学气相沉积法(MCVD法)

管内化学气相沉积法是目前制作高质量石英系玻璃光纤稳定可靠的方法，它又称为"改进的化学气相沉积法"。MCVD法的特点是在一根石英包皮管内沉积内包皮层和芯层玻璃，整个系统是处于全封闭的超提纯状态，所以用这种方法制得的预制棒纯度非常高，可以用来生产高质量的单模和多模光纤。用MCVD法制备光纤预制棒的工艺可分为以下两步。

1. 熔炼光纤预制棒的内包层玻璃

在制备内包层玻璃时，由于要求其折射率稍低于芯层的折射率，因此，主体材料选用四氯化硅(SiCl₄)，低折射率掺杂材料可以选择氟利昂(CF_2Cl_2)、六氟化硫(SF_6)、四氟化二碳(C_2F_4)、三氯化硼(BCl)、三溴化硼(BBr_3)等化学试剂。并需要一根满足要求的石英包皮管(200 mm×20 mm)；同时需要载气(O_2或Ar)、脱泡剂(He)、干燥剂($POCl_3$或Cl_2)等辅助材料。

所需设备主要有可旋转的玻璃车床、加热用的氢氧喷灯、蒸发化学试剂用的蒸发瓶、气体输送设备和废气处理装置、气体质量流量控制器、测温装置等。MCVD法的工艺示意图如图6-1所示。

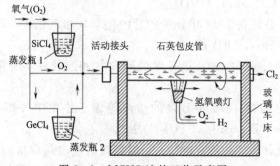

图6-1 MCVO法的工艺示意图

首先利用高纯度的氧气(O_2)或氩气(Ar)作为载气，通过蒸发瓶 1 将已汽化的饱和蒸汽 $SiCl_4$ 和掺杂剂(如 CF_2Cl_2)经气体转输装置导入石英包皮管中，这里，纯氧气一方面起载气作用；另一方面起反应气体的作用，它的纯度一定要满足要求。然后，启动玻璃车床，以数十转每分钟的转速使其旋转，并用 1400℃～1600℃ 高温氢氧火焰加热石英包皮管的外壁，这时管内的 $SiCl_4$ 和 CF_2Cl_2 等化学试剂在高温作用下，发生氧化反应，形成粉尘状的化合物 SiO_2 与 SiF_4(或 B_2O_3)，并沉积在石英包皮管的内壁上。凡氢氧火焰经过的高温区，都会沉积一层(约为 8～10 μm)均匀透明的掺杂玻璃 SiO_2 - SiF_4(或 SiO_2 - B_2O_3)，反应过程中产生的氯气和没有充分反应完的原料均被从石英包皮管的另一尾端排出，并通过废气处理装置进行中和处理。在沉积过程中，应按一定速度左右往复地移动氢氧喷灯，氢氧火焰每移动一次，就会在石英包皮管的内壁上沉积一层透明的 SiO_2 - SiF_4(或 SiO_2 - B_2O_3)玻璃薄膜，厚度约为 8～10 μm。不断从左到右缓慢移动，然后，快速返回到原处，进行第二次沉积，重复上述沉积步骤，那么在石英包皮管的内壁上就会形成一定厚度的 SiO_2 - SiF_4 或 SiO_2 - B_2O_3 玻璃层，作为 SiO_2 光纤预制棒的内包层。

在内包层沉积过程中，可以使用的低折射率掺杂剂有 CF_2Cl_2、SF_6、C_2F_4、B_2O_3 等，其氧化原理的化学反应方程式为

$$SiCl_4 + O_2 \xrightarrow{\text{高温氧化}} SiO_2 + 2Cl_2 \uparrow \tag{6-1}$$

或

$$SiCl_4 + 2O_2 + 2CF_2Cl_2 \xrightarrow{\text{高温氧化}} SiF_4 + 2Cl_2 \uparrow + 2CO_2 \uparrow \tag{6-2}$$

或

$$3SiCl_4 + 2O_2 + 2SF_6 \xrightarrow{\text{高温氧化}} 3\,SiF_4 + 3Cl_2 \uparrow + 2SO_2 \uparrow \tag{6-3}$$

或

$$3O_2 + 4BBr_3 \longrightarrow 2B_2O_3 + 6Br_2 \tag{6-4}$$

2. 熔炼芯层玻璃

光纤预制棒芯层的折射率比内包层的折射率要稍高些，可以选择高折射率材料(如三氯氧磷($POCl_3$)、四氯化锗($GeCl_4$)等)作为掺杂剂，熔炼方法与沉积内包层相同。用高纯度的氧气(O_2)把蒸发瓶 1、2 中已汽化的饱和蒸汽 $SiCl_4$、$GeCl_4$ 或 $POCl_3$ 等化学试剂经气体输送系统送入石英包皮管中，进行高温氧化反应，形成粉末状的氧化物 SiO_2 - GeO_2 或 SiO_2 - P_2O_5，并沉积在气流下游的内壁上，氢氧火焰经过的地方，就会在包皮管内形成一层均匀透明的氧化物 SiO_2 - GeO_2(或 SiO_2 - P_2O_5)沉积在内包层 SiO_2 - SiF_4 玻璃表面上。经一定时间的沉积，在内包层上就会沉积出一定厚度的掺氧化锗(GeO_2)玻璃，作为光纤预制棒的芯层。在沉积芯层的过程中，高温氧化原理的化学反应方程式为

$$SiCl_4 + O_2 \longrightarrow SiO_2 + 2Cl_2 \uparrow \tag{6-5}$$

或

$$GeCl_4 + O_2 \longrightarrow GeO_2 + 2Cl_2 \uparrow \tag{6-6}$$

或

$$2PCl_3 + 4O_2 \longrightarrow 2P_2O_5 + 3Cl_2 \uparrow \tag{6-7}$$

芯层经数小时的沉积，石英包皮管内壁上沉积了相当厚度的玻璃层，已初步形成了玻璃棒体，只是中心还留下一个小孔。为制作实心棒，必须加大加热包皮管的温度，使包皮管在更

高的温度下软化收缩，最后成为一个实心玻璃棒。为使温度升高，可以加大氢氧火焰，也可以降低火焰左右移动的速度，并保证石英包皮管始终处于旋转状态，使石英包皮管外壁温度达到 1800℃。原石英包皮管这时与沉积的石英玻璃熔缩成一体，成为预制棒的外包层。外包层不起导光作用，因为根据前文内容的分析可知：激光束是在沉积的芯层玻璃中传播。

由于光脉冲需经芯层传输，芯层剖面折射率的分布情况将直接影响其传输特性，那么如何控制芯层的折射率呢？芯层折射率的保证主要依靠携带掺杂试剂的氧气流量来精确控制。在沉积熔炼过程中，由质量流量控制器（MFC）调节原料组成的载气流量实现。如果是阶跃型光纤预制棒，那么载气（O_2）的流量应为恒定，即 $Q = \text{cont.}$。

如果是梯度分布型光纤预制棒，掺杂试剂载气总流量为

$$Q_x = Q_0 \left[1 - \left(\frac{x_t - x}{x_t} \right)^{\frac{g}{2}} \right] \tag{6-8}$$

式中，Q_0 为掺杂试剂载气的最大流量；Q_x 为沉积第 x 层时所需的掺杂试剂载气总流量；x_t 为沉积芯层过程中的总层数；x 为沉积的第 x 层；g 为光纤剖面折射率分布指数。

为使光纤预制棒的折射率分布达到所需的要求，可以通过向 SiO_2 基体中加入少量掺杂剂来改变其折射率的方法实现。为满足光纤的导光条件要求，通常可采用以下三种掺杂方法：

(1) 在熔炼纤芯玻璃时，按某种规律掺入少量的较石英折射率 n_0 稍高的材料，如氧化锗（GeO_2）或氧化磷（P_2O_3），使芯层的折射率为 n_1，即 $n_1 > n_0$；在制备包层玻璃时，同样，掺入少量的较石英折射率 n_0 稍低的材料，如氟（F）或氧化硼（B_2O_3）等，使包层的折射率为 n_2 并小于纯二氧化硅的折射率 n_0，即 $n_2 < n_0$；这样掺杂熔炼出的光纤预制棒完全满足对光纤导光条件的要求：$n_1 > n_2$。

(2) 在熔炼纤芯玻璃时，掺杂方法与方法(1)相同，$n_1 > n_0$；而在制备包层玻璃时，只沉积二氧化硅材料，不掺杂任何掺杂剂，得到纯 SiO_2 玻璃层，其折射率为 $n_2 = n_0$，满足 $n_1 > n_2 = n_0$ 的光纤的导光条件要求。

(3) 在熔炼纤芯玻璃时，只沉积 SiO_2 材料，不掺杂任何掺杂剂，得到纯 SiO_2 玻璃层，其折射率为 $n_1 = n_0$，而在制备包层玻璃时，沉积包层的方法与方法(1)相同，使包层的折射率为 n_2 并小于纯 SiO_2 的折射率 n_0，即 $n_2 < n_0$，从而满足 $n_1 = n_0 > n_2$ 的光纤的导光条件要求。

在光纤预制棒沉积的过程中，如果掺杂试剂的含量过多，沉积层之间的玻璃热膨胀系数会出现不一致，在最后的软化吸收熔缩成棒工艺中，棒内玻璃将会产生裂纹，影响光纤预制棒的最终质量与合格率，所以必须严格控制掺杂剂的含量。

此外，在使用 MCVD 法熔炼光纤预制棒时，由于最后一道工序——熔缩成棒时的温度过高（1800℃以上），使石英包皮管芯层中心孔内表面附近的掺杂剂分解升华并扩散，最终会导致光纤预制棒中心的折射率下降。光纤折射率分布曲线出现中心凹陷，如图 6-2 所示。分解原理的化学反应方程式为

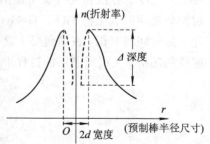

图 6-2 光纤折射率分布曲线出现中心凹陷

$$GeO_2 \longrightarrow GeO\uparrow + O_2\uparrow \qquad\qquad (6-9)$$

分解反应的结果是使沉积层材料成分产生变化。GeO_2 挥发、分解，引起光纤中心凹陷，此凹陷的深度和宽度由其中心孔附近失去的掺杂材料（GeO_2）的多少来决定。这种现象对光纤的衰减和色散都有很大的影响，尤其对多模光纤的传输带宽影响是非常大的，仅此一项有时就会把光纤宽度限制在了每千米 1 GHz 之内，对单模光纤的色散、带宽也会造成一定的影响。为消除或减少这种影响，一般可采用以下两种方法解决。

1. 补偿法

补偿法是指在熔炼实心棒的过程中，不间断地向管内送入 $GeCl_4$ 饱和蒸汽，以补偿高温升华、扩散造成的 GeO_2 损失，从而达到补偿光纤预制棒中心位置折射率的降低问题。使用此种方法会使光纤预制棒中金属锗的含量增高，导致瑞利散射损耗的增加。因此此方法并不是最理想的。

2. 腐蚀法

腐蚀法是指在熔炼实心棒时，向管内持续送入 CF_2Cl_2、SF_6 等含氟饱和蒸汽和高纯度的氧气，使它们与包皮管中心孔表面失去部分 GeO_2 的玻璃层发生反应，生成 SiF_4、GeF_4，从而把沉积的芯层内表面折射率降低部分的玻璃层腐蚀掉，这样中心凹陷区域会被减少或完成被消除掉，浓缩成棒后可大大改善光纤的带宽特性。同时，由于氯气具有极强的除湿作用，因此，利用 CF_2Cl_2 来作为蚀刻材料，具有蚀刻和除湿双重作用。腐蚀原理的化学反应方程为：

$$2CF_2Cl_2 + O_2 \longrightarrow 2COF_2 + 2Cl_2\uparrow \qquad\qquad (6-10)$$
$$2COF_2 + SiO_2 \longrightarrow SiF_4 + 2CO_2\uparrow \qquad\qquad (6-11)$$
$$2COF_2 + GeO \longrightarrow GeF_4 + 2CO \qquad\qquad (6-12)$$

MCVD 法自动化程度非常高，关键工艺参数均由计算机精确控制，包括载运化学试剂的纯氧流量、加热温度、试剂蒸发瓶的水浴温度、玻璃车床的转速、石英包皮管在高温下外径形变的检测等。MCVD 法的优点是工艺相对比较简单，对环境要求不是太高，可以用于制造各种已知折射率剖面的光纤预制棒，但是由于其化学反应所需热量是通过传导进入石英包皮管内部多，热效率低，沉积速度慢，并且光纤中的羟基降低难度大、折射率剖面存在中心凹陷等，同时又受限于外部石英包皮管的尺寸，预制棒的尺寸不易做大，从而限制了连续光纤的制造长度。目前，一棒可拉连续光纤长 15～25 km。因此在生产效率、生产成本上难与 OVD 法和 VAD 法竞争。为了克服 MCVD 法的上述缺点，人们又研究了采用套管制备大尺寸光纤预制棒的方法，即大棒套管技术，其方法是在沉积的光纤预制棒外，给其套一根大直径的石英管，然后，将它们烧成一体，石英包皮管和套管一起构成光纤预制棒的内外包层，石英包皮管内沉积的玻璃全部作为芯层，这样制成的大棒预制棒，可增加连续拉丝光纤的长度，一般可达几百千米，并可以提高光纤预制棒的生产效率。但是传统使用的石英包皮管及套管都是采用天然石英材料制成的天然石英管，天然石英管比起化学沉积层得到的包皮管的损耗相对要大。在制作单模光纤预制棒时，包层的大部分必须采用沉积层来获得低损耗的光纤预制棒，加之天然石英管的尺寸本身在制造上也受到限制，因此采用大棒套管技术的 MCVD 法仍无法与 OVD 法、VAD 法相抗衡。然而，近年来 MCVD 法又有了突破性的发展，这主要得益于合成石英管的成功开发。

6.1.3 管外化学气相沉积法(OVD 法)

管外化学气相沉积法是于 1974 年，由美国康宁公司的 Kapron 等研究发明的，1980 年全面投入应用的一种光纤预制棒制作工艺技术。OVD 法的反应机理为火焰水解，即所需的玻璃组分是通过氢氧火焰或甲烷火焰水解卤化物气体产生"粉尘"逐渐地沉积而获得，其化学反应方程式为

芯层为

$$SiCl_4(g) + 2H_2O \longrightarrow SiO_2(s) + 4HCl\uparrow \qquad (6-13)$$

$$GeCl_4(g) + 2H_2O \longrightarrow GeO_2(s) + 4HCl\uparrow \qquad (6-14)$$

或

$$SiCl_4(g) + H_2O \longrightarrow SiO_2(s) + 2HCl + Cl_2\uparrow \qquad (6-15)$$

$$GeCl_4(g) + H_2O \longrightarrow GeO_2(s) + 2HCl + Cl_2\uparrow \qquad (6-16)$$

包层为

$$SiCl_4(g) + H_2O \longrightarrow SiO_2 + 4HCl\uparrow \qquad (6-17)$$

$$2BCl_3(g) + 3H_2O \longrightarrow B_2O_3 + 6HCl\uparrow \qquad (6-18)$$

火焰水解反应为

$$2H_2 + O_2 \longrightarrow 2H_2O \qquad (6-19)$$

或

$$CH_4 + 2O_2 \longrightarrow 2H_2O + CO_2\uparrow \qquad (6-20)$$

用 OVD 法制造光纤预制棒主要包括沉积和烧结两个工序，其工艺示意图如图 6-3 所示。

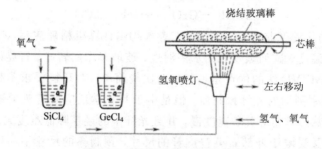

图 6-3 OVD 法的工艺示意图

1. 沉积工序

OVD 法的沉积顺序恰好与 MCVD 法相反，它是先沉积芯层，后沉积包层，所用原料完全相同。沉积过程首先需要一根靶棒，若靶棒用氧化铝陶瓷或高纯度的石墨制成，则应先沉积芯层，后沉积包层；若靶棒是一根合成的高纯度的石英玻璃，这时只需沉积包层的玻璃。首先使一根靶棒在水平玻璃车床上沿纵轴旋转并往复移动，然后，将高纯度的原料化合物，如 $SiCl_4$、$GeCl_4$ 等，通过将氢氧火焰或甲烷火焰喷到靶棒上，在高温作用下，水解产生的氧化物玻璃微粒粉尘，沉积在靶棒上，形成多孔质母材。在 OVD 法的化学反应中，不仅有从化学试剂系统中输送来的气相物质，还有火炬中的气体，而燃料燃烧产生的水也成为反应的副产品，化学气相物质则处于燃烧体中间，水分进入了玻璃体，故称为火焰水解反应。在 MCVD 法的工艺中，石英包皮管固定旋转，而氢氧火焰左右移动进行逐层沉

积。在 OVD 法的工艺中，氢氧火焰固定而靶棒边旋转边来回左右移动，进行逐层沉积。正是靶棒沿纵向来回移动，才可以实现一层一层地沉积生成多孔的玻璃体。通过改变每层的掺杂物的种类和掺杂量可以制成不同折射率分布的光纤预制棒。例如，在梯度折射率分布中，芯层中 GeO_2 掺杂量由第一层开始逐渐减少，直到最后沉积到 SiO_2 包层为止。沉积中能熔融成玻璃的掺杂剂很多，除常用的掺杂剂 GeO_2、P_2O_5、B_2O_3 外，甚至可以使用 ZnO、Ta_2O_3、PbO_5、Al_2O_3 等掺杂材料。一旦光纤芯层和包层的沉积层沉积量满足要求时（约 200 层），即达到所设计的多孔玻璃预制棒的组成尺寸和折射率分布要求，沉积过程即可停止。

2. 烧结工序

当沉积工序完成后，抽去中心靶棒，将形成的多孔质母体送入高温烧结炉内，在 1400℃～1600℃ 的高温下，进行脱水处理，并烧制成透明无气泡的玻璃预制棒，这一过程称为烧结。在烧结期间，要不间断的通入氦气、氯气和氯化亚砜（$SOCl_2$）组成的干燥气体，并喷吹多孔预制棒，使残留水分全部除去。氦气的作用是渗透到多孔玻璃质点内部排除预制棒中残留的气体，而氯气和氯化亚砜则用以脱水，除去预制棒中残留的水分。用氯气和氯化亚砜脱水的实质是将多孔玻璃中的 OH^- 离子置换出来，使产生的 $Si-Cl$ 键的基本吸收峰在 $25\ \mu m$ 附近，远离石英光纤的工作波长段 $0.8～2\ \mu m$。经脱水处理后，可使石英玻璃中 OH^- 离子的含量降低到 1 ppb 左右，保证光纤低损耗性能要求。

$SOCl_2$、Cl_2 进行脱水处理的原理与化学反应方程式为：

$$(\equiv Si-OH^-)+SOCl_2 \xrightarrow{高温氧化} (Si-Cl-)+HCl\uparrow+SO_2\uparrow \qquad (6-21)$$

$$H_2O+SOCl_2 \longrightarrow 2HCl\uparrow+SO_2\uparrow \qquad (6-22)$$

$$2Cl_2+2H_2O \longrightarrow 4HCl\uparrow+O_2\uparrow \qquad (6-23)$$

在脱水后，经高温作用，疏松的多孔质玻璃沉积体被烧结成致密、透明的光纤预制棒，抽去靶棒时遗留的中心孔也被烧成实心。

OVD 法的优点主要是生产效率高，其沉积速度是 MCVD 法的 10 倍，光纤预制棒的尺寸不受母棒限制，尺寸可以做得很大，生产出的大型预制棒一根可重达 $50～100\ kg$，甚至更重，可拉制 $1000～3000\ km$ 或更长的光纤，不需要高质量的石英管作为套管，全部预制棒材料均由沉积工艺生成，棒芯层中 OH^- 离子的含量很低，可低于 0.01 ppm，容易制备无水峰光纤；由于其沉积是中心对称的，光纤几何尺寸精度非常高；易制成损减少，强度高的光纤产品；可进行大规模生产，生产成本低。若采用中心石英靶棒作为种子棒，则其可与沉积玻璃层熔缩为一体，成为芯层的一部分。OVD 法的缺点是若采用氧化铝陶瓷或高纯度的石墨制成靶棒，在抽去靶棒时，将引起预制棒中心层折射率分布紊乱，而导致光纤传输性能的降低；其原材料利用率低，废气、粉尘处理成本高。

总之，OVD 法可以用来制造多模光纤、单模光纤、大芯径高数值孔径光纤，单模偏振保持光纤等多种光纤产品。此工艺在国际上已被广泛应用。

6.1.4　微波等离子体化学气相沉积法（PCVD 法）

微波等离子体化学气相沉积法，即 PCVD 法，其工艺示意图如图 6-4 所示。1975 年，其由荷兰菲利浦公司的 Koenings 研究发明。PCVD 法与 MCVD 法的工艺十分相似，都是采用管内气相沉积工艺和氧化反应，所用原料相同，不同之处在于反应机理的差别。PCVD 法的反应机理是将 MCVD 法中的氢氧火焰加热源改为微波腔体加热源。将数百瓦至千瓦级的微波（$f = 2450$ MHz）功率送入微波谐振腔中，使微波谐振腔中石英包皮管内的低压气体受激产生等离子体，形成辉光放电，使气体电离，等离子体中含有电子、原子、分子、离子，是一种混合态，这些粒子在石英包皮管内远离热平衡态，电子温度可高达 10000 K（9726.85℃），而原子、分子等粒子的温度可维持在几百摄氏度甚至是室温，是一种非等温等离子体，各种粒子重新结合，释放出的热量足以熔化蒸发低熔点低沸点的反应材料 $SiCl_4$ 和 $GeCl_4$ 等化学试剂，形成气相沉积层。

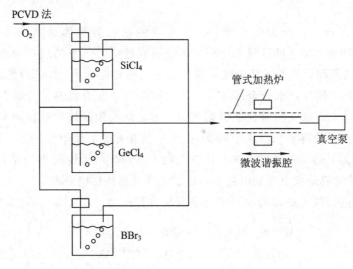

图 6-4　PCVD 法的工艺示意图

用 PCVD 法制备光纤预制棒有两个工序，即沉积工序和成棒工序。其分别叙述如下：

（1）沉积工序是指借助 1 kPa 的低压等离子体使注入石英包皮管内气体卤化物（$SiCl_4$ 和 $GeCl_4$）和氧气，在约 1000℃下直接沉积一层所设计成分玻璃层。PCVD 法每层沉积层厚度约 1 μm，沉积层数可高达上千层，因此它更适合用于制造精确和复杂波导光纤，例如，带宽大的梯度型多模光纤和衰减小单模光纤。

（2）成棒工序是指将沉积好的石英玻璃棒移至成棒车床上，利用氢氧火焰的高温作用将其熔缩成实心光纤预制棒。

PCVD 法的优点是：不用氢氧火焰加热沉积，沉积温度低于相应的热反应温度，石英包皮管不易变形；控制性能好，由于气体电离不受包皮管的热容量限制，所以微波加热腔体可以沿石英包皮管做快速往复运动，沉积层厚度可小于 1 μm，从而制备出芯层达上千层以上的接近理想分布的折射率剖面，以获得宽的带宽；光纤的几何特性和光学特性的重复性好，适于批量生产，沉积效率高，对 $SiCl_4$ 等材料的沉积效率接近 100%，沉积速度快，有利于降低生产成本。

6.1.5　轴向气相沉积法（VAD 法）

轴向气相沉积法，简称 VAD 法，于 1977 年由日本电报电话公司茨城电气通信研究所的伊泽立男等人发明。VAD法的反应机理与OVD法相同，也是由火焰水解生成氧化物玻璃的，其化学反应方程式与OVD法相同，但与OVD法有以下两个主要区别：

（1）靶棒沉积方向是垂直的，氧化物玻璃沉积在靶棒的下端。

（2）芯层和包层玻璃同时沉积在靶棒上，预制棒折射率剖面分布情况是通过沉积部位的温度分布、氢氧火焰的位置和角度、原料饱和蒸汽的气流密度的控制等多种因素来实现的。

从工艺原理上而言，VAD法沉积形成的预制棒多孔母材向上提升即可实现脱水、烧结，甚至进而直接接拉丝成纤工序，所以这种工艺的连续光纤制造长度可以不受限制，这也是此工艺潜能所在。

用VAD法制备光纤预制棒同样有两个工序：沉积工序和烧结工序。并且这两个工序可以在同一设备中的不同空间中同时完成，其工艺示意图如图6-5所示。

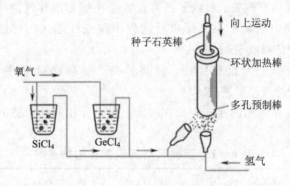

图 6-5　VAD法的工艺示意图

1．沉积工序

首先将一根靶棒垂直放置在反应炉上方的夹具上，并旋转靶棒底端面接受沉积的部位，用高纯度的氧气作为载气将形成的玻璃卤化物（$SiCl_4$、$GeCl_4$）饱和蒸汽带至氢氧喷灯和喷嘴入口，在高温火焰中水解反应，生产玻璃氧化物粉尘 SiO_2-GeO_2 和 SiO_2，并沉积在边旋转边提升的靶棒底部内、外表面上，随着靶棒端部沉积层的逐步形成，旋转的靶棒应不断向上提升，使沉积面始终处于同一个位置。最终沉积生成具有一定机械强度和孔隙率圆柱形的多孔预制棒。整个反应必须在反应炉中进行，通过保持排气的恒速来保证氢氧火焰的稳定。为获得所设计的不同芯层和包层的折射率分布，可以通过合理设计氢氧喷灯的结构、喷灯与靶棒的距离、沉积温度和同时使用几个喷灯等措施来实现。例如，在制作单模光纤预制棒时，由于包层很厚（$2a=8.3\sim9.6\ \mu m$，$2b=125\ \mu m$），可以用三个喷灯火焰同时沉积，一个火焰用于沉积芯层，另外两个用于沉积包层。在芯层喷灯喷嘴处通入 $SiCl_4$、$GeCl_4$，水解生成 SiO_2-GeO_2 玻璃粉尘，而在包层喷灯喷嘴处只通入 $SiCl_4$，水解生成 SiO_2 玻璃粉尘，并使它们沉积在相应的部位，这样可得到满足折射率要求的光纤预制棒。

2．烧结工序

随着沉积的结束，多孔预制棒沿垂直方向提升到反应炉的上部石墨环状加热炉中，充入氦气、氯气以及少量氧气进行脱水和去除 OH^- 离子处理并烧结成透明的玻璃光纤预制棒。当然，烧结工艺也可在单独的烧结炉中进行。

VAD 法的工艺特点如下：

（1）依靠大量的载气来承送化学试剂的气体通过氢氧火焰，可大幅度提高氧化物粉尘（SiO_2、$SiO_2 - GeO_2$）的沉积速度。其沉积速度是 MCVD 法的 10 倍。

（2）一次性形成纤芯层和沉积包层的粉尘棒，然后对粉尘棒分段熔融，并通入氦气、氯气以及少量氧气进行脱水处理并烧结成透明的预制棒，可将 OH^- 离子降到最低，可获得低损耗光纤。

（3）对制备预制棒所需的环境洁净度要求低，适于大批量生产，一根棒可拉数百千米的连续光纤。

（4）可制备多模光纤、单模光纤且折射率分布截面上无 MCVD 法中的中心凹陷，克服了 MCVD 法对光纤带宽的限制。

（5）由于没有收棒工序，芯层和包层的偏心最小，使光纤具有较好的接续性。

（6）由于不使用天然石英管，杜绝了石英管表面伤痕和内部气泡等原因带来的光纤强度问题，并避免了套管中钠离子在光纤拉丝过程中向光纤芯区的扩散，也避免了光纤在 1.3 μm 和 1.55 μm 带的吸收衰减。

VAD 法的工艺适合于大批量生产，经济性好，折射率分布中心无凹陷，是制造 G.652C、G.652D 光纤的理想工艺技术。

综上所述，四种气相沉积的制备方法在本质上是十分相似的。表 6-1 为四种气相沉积工艺的特点。

表 6-1 四种气相沉积工艺的特点

方法	MCVD 法	PCVD 法	OVD 法	VAD 法
反应机理	高温氧化	低温氧化	火焰水解	火焰水解
热源	氢氧火焰	等离子体氧火焰	甲烷或氢火焰	氢氧火焰
沉积方向	管内表面	管内表面向	靶棒外径	靶同轴向
沉积速率	中	小	大	大
沉积工艺	间歇	间歇	间歇	连续
预制棒尺寸	小	小	大	大
折射率分布控制	容易	极易	容易	单模：容易 多模：稍难
原料纯度要求	严格	严格	不严格	不严格
现使用厂家（代表）	美国电话电报公司	荷兰飞利浦公司、中国武汉长飞公司	美国康宁公司	日本住友、日本西古公司、古河等公司

6.1.6 大棒组合法（或称为二步法）

由表 6-1 可知，四种气相沉积工艺各有优劣，技术均已成熟，但尚有以下两个方面的问题需要解决：

（1）必须全力提高单位时间内的沉积速度。

（2）应设法增大光纤预制棒的尺寸，达到一棒拉出数百乃至数千千米以上的连续光纤。

基于此种想法，可以将四种不同的气相沉积工艺进行不同方式的组合，可以派生出不同的新的预制棒实用制备技术——大棒套管法。大棒套管法是指在沉积芯棒时采用一种方法，然后利用另一种方法沉积外包层，之后将沉积的芯棒一道放入到外包层内，再烧结成一体而成。一般认为，芯棒的制造决定了光纤的传输性能，而外包层则决定光纤的制造成本。在芯棒的制造技术中，MCVD 和 PCVD 称为管内沉积工艺，OVD 和 VAD 属于外沉积工艺；在外包层工艺中，外沉积技术是指 OVD 和 VAD，外喷技术主要指用等离子喷涂石英砂工艺。现择其一、二说明之。

1. MCVD/OVD 法

由于 MCVD 法的沉积速度慢，而 MCVD 大棒套管法要求的几何精度非常高，为适应大棒套管法的需求，而开发出一种用 MCVD 法沉积制备芯层和内包层，用 OVD 法沉积外包层，实现大尺寸预制棒的制备方法——MCVD/OVD 法。这种组合的预制棒制备工艺可以避免大棒套管法中存在的同心度误差的问题，又可以提高沉积速率，因而很有发展前途。就生产 G.655 光纤而言，芯棒的管内沉积技术（PCVD 工艺或 MCVD 工艺）颇具优势，与 OVD 法、VAD 法相比，其最大优点是：可精确控制径向折射率分布（RIP）。而这一优点，特别有利于制造最新一代的通信光纤，如大有效面积光纤、局部色散平坦的大有效面积光纤、降低色散斜率的直波光纤等，这些光纤通常都是多包层的复杂 RIP 结构。数据光纤以及新一代的多模光纤的生产，采用 PCVD 工艺更具竞争力。

2. 组合气相沉积法

组合气相沉积法即为 HVD(Hybrid Vapor Deposition)法，是美国 Spectram 光纤公司在 1995 年开发的预制棒制备技术。它是用 VAD 法制作光纤预制棒的芯层部分，不同处在于水平放置靶棒，氢氧火焰在一端进行火焰水解沉积，然后再用 OVD 法在棒的侧面沉积、制作预制棒的外包层部分。HVD 法是将 VAD 法和 OVD 法两种工艺巧妙地结合在一起，工艺效果十分显著。

现在市场上大量使用的普通 G.652 光纤。就生产 G.652 光纤而言，芯棒的外沉积技术（OVD、VAD）优于内沉积技术（MCVD、PCVD），外沉积技术主要优势在于不用价格很贵的合成石英管，沉积速率、沉积层数不会受到衬底管直径的限制，特别有利于以高沉积速率制造大型预制棒。此外，外沉积技术还能生产 G.652C、G.652D 低水峰光纤预制棒。

光纤预制棒的几种气相沉积制作方法可以相互贯通，彼此结合。

6.2　光纤拉丝技术

光纤拉丝是指将制备好的光纤预制棒，利用某种加热设备加热熔融后拉制成直径符合要求的细小光纤纤维，并保证光纤的芯/包直径比和折射率分布形式不变的工艺操作过程。在拉丝操作过程中，最重要的技术是如何保证不使光纤表面受到损伤并正确控制芯/包层外径尺寸及折射率分布的形式。如果光纤表面受到损伤，将会影响光纤机械强度与使用寿命，而外径发生波动，由于结构不完善不仅会引起光纤波导散射损耗，而且在光纤接续时，连接损耗也会增大，因此在控制光纤拉丝工艺流程时，必须使各种工艺参数与条件保持稳定。一次涂覆工艺是将拉制成的裸光纤表面涂覆上一层弹性模量比较高的涂覆材料，其作用是保护拉制出的光纤表面不受损伤，并提高其机械强度，降低衰减。在工艺上，一次涂覆与拉丝是相互独立的两个工艺步骤，而在实际生产中，一次涂覆与拉丝是在一条生产线上一次完成的。

6.2.1　光纤拉丝工艺及设备

光纤拉丝工艺流程及设备如图 6-6 所示。光纤预制棒的拉丝机由 5 个基本部分构成：① 光纤预制棒馈送系统；② 加热系统；③ 拉丝机构；④ 各参数控制系统；⑤ 冷却和气氛保护及控制系统。5 个部分之间精确地配合构成完整拉丝工艺。光纤拉丝设备具体的机械和电气设备与系统包括：机械系统拉丝塔架、送棒及调心系统、加热炉、激光测径仪、牵引装置、水气管路系统，电气部分送棒控制及调心控制系统、加热炉控制系统、外径测控系统、牵引控制系统、冷却水及保护气氛控制系统、人机界面、PLC 信号处理系统等。

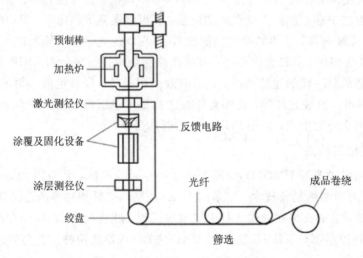

图 6-6　光纤拉丝工艺流程及设备

在拉丝工艺中不需要模具控制光纤的外径，因为模具会在光纤表面留下损伤的痕迹，降低光纤的强度。当预制棒尖端加热到一定的温度时，棒体尖端的黏度变低，靠自身的重量逐渐下垂变细而成纤维。绝大多数光纤制造者是将高温加热炉温度和送棒速度保持不变，通过改变光纤拉丝速度的方法来达到控制光纤外径尺寸的目的。拉丝速度（即牵引轮的速度）为

$$v_{drive} = \frac{v_{send} \phi^2}{d^2} \qquad (6-24)$$

式中，v_{drive} 为拉丝机的拉丝速度；d 为光纤的直径；v_{send} 为预制棒送入炉中的速度；ϕ 为预制棒的直径。

拉丝操作对加热源的要求是十分苛刻的，这是一项关键技术。热源不仅要提供足以熔融石英玻璃的 2000℃ 以上高温，还必须在拉制区域非常精确地控制温度。由于 2000℃ 的高温已超过一般材料的熔点，因而加热炉的设计是拉丝技术的又一关键技术。常用的加热源有：① 气体喷灯；② 各种电阻及感应加热炉；③ 大功率 CO_2 激光器。

现代拉丝机主要采用石墨电阻炉、氧化锆（ZrO_2）电阻炉或高频感应炉作为加热源。石墨加热炉采用直流或 50 Hz 工频交流电源加热。在加热中为防止石墨材料在高温下发生氧化，进而产生粉尘污染，一般需采用惰性气体（如氩气（Ar））进行气氛保护。炉内氩气的紊乱是导致炉内温度变动的原因，所以要对流量进行控制，以寻求温度的稳定。

高功率激光器是一理想加热源。用激光拉制光纤的清净度是各种方法无法比拟的，因为在拉丝过程中，激光器自身不会带来任何污染。常用的激光器为 CO_2 激光器，其结构复杂，体积庞大，价格昂贵，但它的工作可靠性高，寿命长，性能稳定且无污染，因而成为光纤拉丝加热设备的首选。

光纤拉丝工艺中的直径控制是第三个关键技术。为此，在加热炉及预制棒下端拉锥部位要求有相当平静的气氛，任何气流的搅动都会造成光纤直径的高频波动；加热炉内由于"烟囱效应"以及温度梯度引起的气流波动、保护气体气流紊乱流动等现象均需严格控制。为保证光纤直径的精度要求，下列措施是必需的：

（1）要求拉丝塔的底座应与周围建筑物的地基隔离，单独设置地基，以防止厂房周围车辆、机械振动产生影响，引起拉制的光纤直径波动。

（2）要求预制棒的拉丝牵引轮的速度要非常均匀平稳；牵引轮、收排线盘（简称收线盘）、电机的传动部分不能出现任何的偏心，否则都会导致光纤直径的变化。

（3）光纤直径要有一个十分精密的测量与反馈控制系统。一般选用非接触法之一的激光散射法对刚出炉的裸光纤同步进行遥测。基本测量方法有两种：① 通过光纤的干涉图形来测定直径；② 采用扫描激光束产生的光纤的影像来确定直径。测量精度可达到零点几个微米，利用测得的光纤直径误差信号去调节牵引轮的拉丝速度，以获得光纤设计要求正确外径 $125\pm1\ \mu m$、$140\pm1\ \mu m$、$150\pm1\ \mu m$ 等。

在拉丝设备中，第四个关键技术在拉丝和卷绕系统。这一部分一般由涂有橡胶的牵引轮和牵引装置、张力控制轮、收线盘等设备构成。牵引拉丝轮的速度在 $10\sim20$ m/s 之间，要求保证光纤所受拉力为"零"。要求收线张力和排线节距合理科学。排线质量直接影响光纤的衰减，要求排线平整，无压线、夹线现象。

在拉丝设备中，第五个关键技术在控制系统。当拉制光纤的直径、温度、气氛等参数发生微小变化时，控制系统自动反馈一个信息，并使变化自动得到补偿，这一作用系统称为控制系统。其主要构成部分有：位于加热炉出口的激光测径仪及涂覆后位于张力轮前端的涂覆层测径仪控制系统，氩气（Ar）液面、压力和流量控制系统，炉内温度控制系统，各自相应的误差信号处理系统及控制拉丝速度的控制机构。任何控制系统的波动，都将影响光纤的直径，所以设计一个精密的控制系统非常重要。

6.2.2　光纤的一次涂覆工艺

光纤一次涂覆工艺被称为"一次涂覆"是相对于"二次涂覆"（主要是为了提高光纤成缆时的抗张力）而言的。一次涂覆是对光纤最直接的保护，所以显得尤为重要。

SiO_2 玻璃是一种脆性易断裂材料，在不加涂覆材料时，由于光纤在空气中裸露，致使表面缺陷扩大，局部应力集中，易造成光纤强度极低，只能承受 100 g 左右的拉力。为保护光纤表面，提高抗拉强度和抗弯曲强度，实现实用化，需要给裸光纤涂覆一层或多层高分子材料，例如，硅酮树脂、聚氨基甲酸乙酯、紫外光（UV）固化丙烯酸酯等。只有涂覆后方可允许光纤与其他表面接触。一次涂覆后的光纤能承受几千克的拉力。

光纤的一次涂覆，通常是在拉丝过程中同步进行的。当熔融光纤向下拉制时，光纤表面的微裂纹尚没有与空气中水分、灰尘等接触或微裂纹尚没有扩大，待光纤在氮气（N₂）保护环境中冷却到一定温度后，就迅速涂覆，保护光纤表面，达到改善光纤的机械特性和传输特性的目的。

一次涂层的层数一般为两层：预涂层（内层）和缓冲层（外层）。预涂层是由折射率比石英玻璃偏大且弹性模量较低的聚合物所组成的涂层；缓冲层（外层）较硬，弹性模量较高，有利于防止磨损并供强度。在极特殊的情况下可以有五层结构。涂覆同心度是一次涂覆工艺的一大关键参数，它对光纤最终机械强度形成的作用与影响非常严重，需要特别关注。

涂层厚度要从机械强度和传输特性综合考虑，绝大多数光纤的涂层厚度控制在 $60~\mu m$ 左右，一次涂覆后光纤的直径为 $245~\mu m$ 左右。调节涂覆器端头的小孔直径、锥体角度和高分子材料的黏度，可以得到规定厚度的涂层。

一次涂覆根据所使用的涂覆设备目前常用的是自动定心涂覆器，它最常用的涂覆结构有两种：无外部加压开口杯式涂覆器和压力涂覆器。现在实际应用更普遍的是压力涂覆器，这种涂覆器最适合用于高速拉丝，而且不会在涂覆材料中搅起气泡。与压力涂覆器的树脂涂覆速度有关因素有：① 液体的黏度；② 涂层厚度；③ 烘干速度；④ 光纤离开加热区的冷却速度。

紫外光固化工艺主要设备是紫外光固化炉，它是由一组对放的半椭圆形紫外灯组成的。其基本固化原理是采用紫外光照固化，以特定频率的紫外光照射对该频段紫外光有敏感的涂覆材料，（如丙烯酸酯），并且满足一定时间和强度要求，使涂层固化。

UV 灯的光功率大小由拉丝速度决定，在速度一定的条件下，功率过低，会使涂层得不到充分固化，出现表面发黏的现象，而功率过高又会引起过固化并缩短灯泡的使用寿命。因此在涂覆工艺中，必须要找出 UV 灯的光功率与拉丝速度的最佳比值。

最后应该指出的是，经涂覆固化后光纤可直接与机械表面接触。为确保光纤具有一个最低强度，满足后期二次套塑、成缆、敷设、运输和使用时机械性能要求，在光纤拉丝后，必须对一次涂覆光纤进行 100% 张力筛选。光纤筛选是将光纤全长度上每一点都通过持续时间约为1 s，应力为 100 KPSI（千帕每英寸）的筛选试验。张力筛选方式有两种：在线筛选和非在线筛选（在此不做介绍）。在线张力筛选是指在光纤拉丝与一次涂覆生产线上同步完成张力的筛选，这种筛选方式由于涂层固化时间短，测得的光纤强度会受到一定影响，独立式光纤张力筛选是在专用张力筛选设备上完成，在一般情况下，均采用独立式光纤张力筛选方式进行光纤张力筛选。

6.2.3　拉丝和一次涂覆中的气氛保护

当光纤预制棒进入加热炉的一刻起，它就处于各种气氛的保护中。当光纤自加热炉端部喷嘴流出的一刻起，直到自最后一个固化炉固化完成后，在整个拉制过程中，如果光纤直接与空气接触，将导致空气中存在的潮气水分与光纤发生作用，使光纤的裂纹扩展。为确保光纤的机械性能和传输特性，光纤应始终处于气氛的保护中。在加热炉中填充氩气（Ar）进行气氛保护。在拉丝路径中，通常采用氦气（He）作为保护气氛，目的是除去光纤拉制路径中可能产生的气泡并隔绝空气，需要迅速冷却光纤。在涂覆器和固化炉内一般充以氮气(N_2)保护，原因是氮气的分子重量非常的轻，易于穿透涂覆层，避免保护气体被包裹在涂覆层中，而产生气泡，影响光纤的质量和使用寿命，强度降低，并且光纤的OH^-离子吸收衰减增加，影响光纤的传输性能。氮气的作用主要是提供一个无氧环境，达到涂覆、固化效果最佳的目的。氮气的纯度一定要高，一般要求纯度在99.95%以上。实际在工厂要求其纯度应达到99.99%以上。在整个光纤的拉丝中存在着三种保护气氛，其目的只有一个，就是使光纤隔绝空气，降低OH^-离子引起的衰减，提高光纤的机械强度。为了达到这一目的，在实际的光纤生产中，即使在生产的间歇，各种气氛的管路内、加热炉内以及涂覆器、固化炉内，只要是裸光纤所接触的路线，都要充入氮气(N_2)保护，要避免空气进入上述各管路中。

6.3 光纤的着色工艺

光缆结构中的光纤根数已从每个松套管内放置一根光纤，发展到放置2、4、8、10、12根光纤，由于这一结构上的变化，给光纤的接续和维护、检查带来了许多不便，为便于光纤的标记和识别，必须对光纤采取某种标识方法，以便于人们对其进行区分，这一方法就是着色处理。光纤着色是指在本色光纤表面涂覆某种颜色的油墨并经过固化使之保持较强附着力的一个工艺操作过程。对着色工艺要求是着色光纤颜色应鲜明易区分，颜色层不易脱落，并且与后续二次套塑工艺中的光纤阻水油膏（又称为光纤防水油膏）相容性要好。

常采用的着色方法有两种：在线着色和独立着色。在线着色是指在拉丝和一次涂覆过程中同步完成着色的方法；而独立着色是指利用专门的着色设备在已进行一次涂覆的光纤上独立着色处理的方法。目前采用后一种方法进行着色处理更多一些。

光纤着色的颜料有12种，即蓝、橙、绿、棕、灰、白、红、黑、黄、紫、粉红、青绿。传统光纤着色剂有两类，表印油墨和丙烯酸基油墨。经多年研究，目前推荐使用的着色剂是丙烯酸基油墨。为了保证油墨的质量，油墨必须储存在30℃以下，干燥无日光照射环境下。为保证着色层色泽均匀，使用前应充分搅拌油墨。

光纤着色工艺的完成主要采用着色机实现。着色机是一种在本色光纤表面涂覆不同颜色的涂覆材料并能够使其快速固化的设备。着色机主要由5个部分组成：光纤放线装置（包括放线盘）、颜料涂覆系统、牵引装置、收线装置（包括收线盘）、主控柜及辅助设备，其生产速度可以达到1500 m/min。颜料涂覆系统中的颜料固化采用紫外光固化炉，里面充氮气保护，采用风冷方式完成。所有的驱动均采用交流伺服调速电机系统，整机控制由PLC完成，人机界面是一个触摸屏。光纤着色机的示意图如图6-7所示。

要严格控制收线与放线的张力值，一方面应保证光纤在移动传输过程中平稳不抖动、不松弛、不拉紧；另一方面应保证光纤在收线盘上的排线质量。通常光纤的放线张力控制在(50 g～60 g)±5 g，收线张力控制在(60 g～70 g)±5g。排线节距为0.29 mm±0.02mm。

着色采用模具来控制着色后的光纤直径。随着光纤拉丝工艺的成熟与发展，光纤外径的均匀性也得到很大的改善。对用于普通通信的多模和单模光纤的着色层而言，现已控制直径在258 μm，甚至精确到252 μm。着色模直径尺寸大小与光纤外径有着密切的关系，着色模直径过大，会使光纤着色层偏厚，一方面浪费油墨；另一方面会因膜层过厚出现固化不良现象；而直径过小，一次涂覆光纤在模具中受阻严重，会导致光纤断裂。因此，着色模直径尺寸一定要根据光纤的外径要求进行正确的选择。

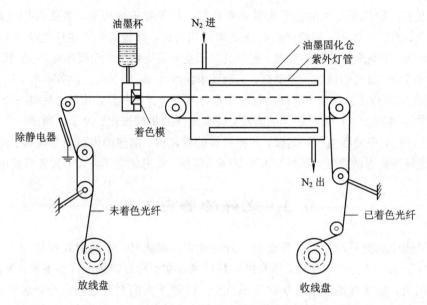

图 6-7　光纤着色机的示意图

要严格控制油墨杯中油墨的压力为 2.4 bar 或 2.1 bar，可根据生产线的速度和油墨的黏度进行调节，当压力过高时，会使回流严重，造成油墨浪费；当压力过低时，在高速情况下，油墨供给不足，着色量过少，产生间歇染色现象严重。油墨加热温度应控制在40℃～65℃。

着色剂固化烘干由 UV 灯固化完成，烘干速度由 UV 灯的光功率大小决定。而 UV 灯的光功率大小则由生产线的运行速度决定。一般烘干速度应与生产线速度同步。

着色工序对环境有着较高的要求，环境温度应控制在 15℃～30℃，同时，光纤高速运动下带有静电，会吸附空气中的尘埃，经过着色板时会堵塞着色模口，导致光纤受力甚至光纤断裂。因此，要保证工作环境的干燥、清洁，并定期对光纤导轮、导孔、模具、瓷钩、过滤网、石英管等部位进行清洗并且保持清洁。

着色完后的光纤色牢度可用无水酒精棉球进行擦拭，如果不掉色，表明颜色固化牢度合格。当然着色完后也要对光纤的衰减等参数进行测试，以检查有无微弯损耗等情况出现。

6.4　光纤并带工艺

6.4.1　基本参数与色谱规定

如果需要制造多芯数的光缆(一般大于 72 芯)，可考虑采用带状光纤结构。光纤并带就是将若干根着色光纤，按照一定的色谱有序的排列粘结在一起形成一个光纤带的工艺操作过程。而将若干层光纤带叠加而成的带纤称为光纤带叠带。光纤带由具有预涂层的光纤和UV 固化粘结材料组成，粘结材料应紧密地与各光纤预涂层粘结成为一体，其性能应满足光纤的要求。

光纤并带使用的粘结材料的要求基本上与紧套光纤所用涂覆材料相同，即其可选用紧套光纤所用涂覆材料：内层可用硅酮树脂、UV 丙烯酸酯等材料，外层多用尼龙、PVC、聚乙烯等材料，也可只用 UV 丙烯酸酯作为涂覆材料。

在 20 世纪 90 年代初期，光纤带有两类结构：一类是边缘粘结型；另一类是整体包覆型。现在鉴于标准化、技术和经济等原因，两者逐渐合二为一，光纤带的厚度统一为 300～350 μm 之间。光纤带结构的示意图如图 6-8 所示。光纤带规格有 2、4、6、8、12、16、24 芯，24×24 型光纤带是近年发展起来的规格。国内通信行业标准 YD/T 979—2009 规定的光纤带的最大几何参数尺寸如表 6-2 所示。

(a) 边缘沾边型

(b) 整体包覆型

图 6-8 光纤带结构的示意图

表 6-2 YD/T 979—2009 规定的光纤带的最大几何参数尺寸 （单位：μm）

纤数 n	宽度 w	厚度 h	相邻间距 d	两侧间距 b	平整距 p
2	700	400	280	280	—
4	1220	400	280	835	35
6	1770	400	280	1385	35
8	2300	400	300	1920	35
10	2850	400	300	2450	50
12	3400	400	300	2980	50
24	6800	400	300	每单元值①	75②

注：① 每单元值是指将光纤带分离成已有的子带后的测量值。

② 暂定值。

在光纤并带过程中，着色光纤的排列顺序有两种方法：全色谱和领示色谱。在光纤全色谱识别方法中，光纤带中每根光纤采用全色谱识别，对光纤带叠带中的每根光纤带采用光纤带上喷数字或条纹标志识别序号。例如，12 芯全色谱单模光纤带，从第 1 层到第 12 层光纤带表面分别打印"12B1-1""12B1-2"……"12B1-11""12B1-12"字样，打印字符每一个循环间距为 200 mm。全色谱光纤带光纤颜色排列如表 6-3 所示。

表 6-3 全色谱光纤带光纤颜色排列

1#	2#	3#	4#	5#	6#	7#	8#	9#	10#	11#	12#
蓝	橙	绿	棕	灰	白	红	黑	黄	紫	粉红	青绿

在领示色谱标识时，各个光纤带采用领示色谱子带循环方式进行识别，如表 6-4 所示。

表 6 - 4 领示色谱光纤带光纤识别

光纤带序号 \ 光纤序号	1	2	3	4	5	6	7	8	9	10	11	12
1	蓝	白	蓝	白	蓝	白	蓝	白	蓝	白	蓝	白
2	橙	白	橙	白	橙	白	橙	白	橙	白	橙	白
3	绿	白	绿	白	绿	白	绿	白	绿	白	绿	白
4	棕	白	棕	白	棕	白	棕	白	棕	白	棕	白
5	灰	白	灰	白	灰	白	灰	白	灰	白	灰	白
6	白	蓝	白	红	白	蓝	白	红	白	蓝	白	红
7	红	白	红	白	红	白	红	白	红	白	红	白
8	黑	白	黑	白	黑	白	黑	白	黑	白	黑	白
9	黄	白	黄	白	黄	白	黄	白	黄	白	黄	白
10	紫	白	紫	白	紫	白	紫	白	紫	白	紫	白
11	粉红	白	粉红	白	粉红	白	粉红	白	粉红	白	粉红	白
12	青绿	白	青绿	白	青绿	白	青绿	白	青绿	白	青绿	白

6.4.2 光纤带制造设备及生产工艺

1. 光纤带制造设备

并带工艺主要由光纤并带机来完成。光纤并带机是将多根光纤用粘结材料粘结及合并成一根光纤带的设备，它所使用的粘结材料是对特定频段紫外光敏感的高分子材料，如丙烯酸酯、聚乙烯等，类似于一次涂覆材料，是无色透明的材料。按照光纤穿过模具的方向不同，并带机可分为卧式和立式两种。光纤并带机主要由光纤放线架（或称为光纤放线装置）、光纤带涂覆器、紫外光固化炉、牵引轮、导引系统、收排线架（或称为收线装置）及电控柜组成，其示意图如图 6 - 9 所示。

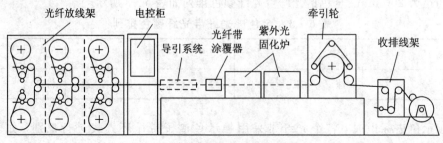

图 6 - 9 光纤并带机的示意图

2. 光纤带主要控制工艺参数

1）放线张力

并带的放线张力为(50 g～60 g)±5 g，并且对放线张力的一致性有很严格的要求，必须保证每根光纤受到相等的放线张力，否则成带后就会出现单纤衰减增加现象。张力控制是并带工艺的关键。

2）除静电方法

由于成带过程中，光纤在高速下运转，表面有静电产生，光纤之间会相互吸引并扭绞在一起，严重影响光纤在模具中的排列位置，造成平面度达不到要求，因此，为了除去静电，在光纤上、下两导轮间装配一个除静电装置。

3）生产线速度

生产线速度主要根据涂覆材料的性能、UV 灯的功率和数量、打字机速度以及设备极限速度进行调节。例如，当采用双灯管椭圆反射屏式结构固化炉时，UV 灯的功率为 2×1000 W，6 芯带的生产线速度为 100 m/min，而当采用两级固化炉时，UV 灯的功率为 4×1000 W，生产线速度可以达到 200 m/min。

4）着色光纤外径与固化度的要求

根据模具尺寸的大小，着色光纤外径一般控制在 257 μm 以下。例如，外径过大，会使光纤在模具中受堵，受力后光纤易被拉断；太小，会影响光纤带的平整度。光纤带中的着色光纤固化度要求在 90％以上，若固化度在 90％以下，在剥离光纤带时，会出现着色光纤颜色成分一起被剥离，造成接续时难以识别。

5）涂覆器中树脂和模具温度

涂覆器中树脂和模具温度为(45℃～60℃)±10℃，整套模具由导向模、口模、径模组合而成，每个模具的加工精度要求极高。模具长时间使用后会出现偏心、磨损等现象，因此要求对模具进行定期检查、评定，否则会造成光纤在模具中受伤断裂及平整度较差等现象。

6）UV 灯的功率和氮气纯度、压力

UV 灯的功率主要根据设备的情况而定，一般而言为了提高生产效率，设备厂家都采用两台紫外光固化炉进行固化，第一个紫外光固化炉主要起定型的作用，第二个紫外光固化炉加强光纤带的固化效果。功率的设定根据 UV 灯的功率而定，若功率设定太低，会使光纤带固化不良，表面带有异味；过高，会影响灯泡的使用寿命。固化炉内使用氮气的目的主要是提供一个无氧环境，使固化效果更好，与一次涂覆、着色工艺的目的完全相同。氮气的纯度要求达到 99.95％以上，压力为 6×10^5 Pa，并保持恒定。

7）收线张力和排线质量

光纤带的收线张力一般控制在(100 g～120 g)±10 g。光纤带的收线张力主要靠收线跳舞轮处的气压进行调整，正常工作气压为 5～6 bar。收线张力过大，会使收线盘上的光纤带受力，衰减增加；过小，会使光纤带有抛丝现象，在后续的套塑工序放线时会出现断带现象。光纤带的排线质量在其生产过程中是一个非常重要的控制参数，它的质量对成带质量的好坏有最直接的影响，排线方式和节距的选择必须合理。

8) 环境要求

并带与着色工艺一样，对环境条件有较高的要求，同时为了去除静电，对湿度有一定的要求，一般要求环境湿度控制在 40％左右。若有颗粒灰尘进入并带模中，会影响模具的空间，使光纤受力甚至损伤或断纤。因此，要求并带过程中光纤经过的导轮及其他部件无目视可见的颗粒灰尘。

6.5　光纤的二次套塑工艺

经一次涂覆、着色后的光纤，其机械强度仍较低，如不经进一步的增强仍是无法使用的。光缆是光纤的应用形式，为满足光纤在成缆、挤护套等后续各工序以及光缆在运输、敷设、实际使用时对其传输特性和机械特性的要求，必须对一次涂覆、着色后光纤再进行进一步保护，使光纤具有足够的机械强度和更好的温度传输特性，所以，接下来的工艺是对光纤进行二次涂覆，或称为二次套塑。

二次套塑有松套和紧套两种：紧套是指在一次涂覆的光纤上再紧紧地套上一层或两层硅酮树脂、尼龙或聚乙烯等塑料，塑料是紧贴在一次涂覆层上的，光纤不能自由活动；松套是指在光纤一次涂覆、着色的基础上，在一根或几根或光纤带外面再包上塑料套管(称为松套管)，套管中充有光纤阻水油膏(简称阻水油膏)，光纤在套管中能自由活动。

下面重点介绍二次套塑松套工艺。

6.5.1　光纤二次套塑松套工艺

光纤二次套塑是光缆制造中的关键工序。在用光纤制成光缆前，先要把数根着色光纤松散地挤包在一根塑料(如 PBT 塑料等)套管中，相对于一次涂覆，它是对光纤的第二次套塑，所以称为二次套塑。松套管不但为光纤提供了进一步的抗压抗拉的机械保护，而且在松套管中产生了光纤余长。

为了使成品光缆具有一定的抗拉伸性能，即光缆在一定的拉力下光纤不至于形变和损坏，不同的光缆结构要求有不同的光纤或光纤带在松套管中的余长值，光纤余长大小的确定是套塑工艺控制的关键。光纤余长的定义为

$$\varepsilon = \frac{L_f - L_T}{L_T} \times 100\% \qquad (6-25)$$

式中，L_f 为光纤(或光纤带轴线)的长度；L_T 为套管长度。

光纤余长是指光纤比套多出的长度，随要制造的光缆类型而有不同的要求，一般控制在 0.3‰～3‰之间。松套管中光纤余长的产生使得光缆具有优越的机械、物理性能，在光缆的敷设与运输时，当环境温度变化及外力施加时，会使光缆有一定量的伸缩量，而光纤余长的产生使光纤在光缆受到伸缩变化时可以不受外力或使外力的作用减小到可以承受的程度。另外，由于松套管内壁与着色光纤间有一定的空间间隙，间隙中填充触变性的光纤阻水油膏，因此此光纤在松套管内可以自由活动，因此称为光纤松套工艺。纤膏是一种轻而较软的触变性天然油或合成油、无机填料、偶联剂、增黏剂、抗氧剂等以一定比例混合而成

的白色半透明膏状物,在光纤的工作温度范围内不产生滴流、蒸发且不凝固,称此种混合物为光纤防水油膏或光纤阻水油膏,即纤膏。由于纤膏的存在,当有侧压力施加在松套管上时,松套管产生的形变不会直接作用于光纤,纤膏为光纤提供了有效的机械保护。纤膏的质量对成品光缆的性能(特别是会引起氢损)至关重要,采购时不能马虎。松套管结构的示意图如图 6-10 所示。

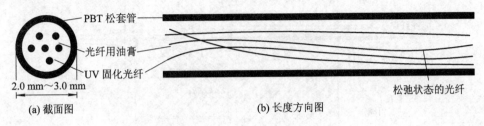

图 6-10 松套管结构的示意图

光纤二次套塑工艺是将数根(2~12 根)着色光纤(即 UV 固体光纤)或光纤带通过阻水油膏填充装置,利用纤膏与光纤间的摩擦力与纤膏一起进入挤塑机包封塑料缓冲管,并经水槽冷却收到收线盘上的操作过程。根据不同的光缆结构要求,提供不同光纤余长所需的套管。光纤二次套塑生产线及工艺流程如图 6-11 所示。

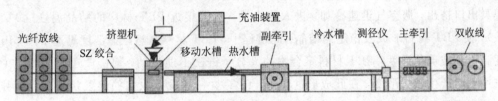

图 6-11 光纤二次套塑生产线及工艺流程

首先利用多头光纤放线机将多根光纤从放线盘上放出。放线系统配备有电子控制系统,对多根光纤进行同步控制。对于光纤放线架,要求在光纤高速放出时,放线张力稳定、可调,光纤不抖动。现在大都采用主动放线,即由伺服电机或交流变频电机驱动放线盘放出光纤,并由舞蹈轮和带重锤的平衡杆进行放线速度张力控制。放线张力控制要非常精确,一般单根光纤张力控制在 50~100 g 范围内,确保松套管中光纤余长的稳定均匀。放线张力越大,光纤余长越小;反之,若光纤余长太长,也会增加光纤的衰损。此外,在光纤放线架上应加装除静电装置,以去除光纤表面附着的灰尘杂质,也防止光纤的抖动。

光纤经放线盘放出后,进行 SZ 绞合(后文有介绍),通过两级穿纤孔。第一级穿纤孔固定位置,第二级穿纤孔以均匀的速度向左右两向交替旋转一定角度,使光纤束形成一定绞合(对绞)节距进入套管,光纤余长随着绞合节距的增加而降低。

光纤经 SZ 绞合后,进入挤塑机机头,光纤穿入纤针,与阻水油膏一起进入挤出的松套管。在此阻水油膏填充模具的设计和选用至关重要,松套管中阻水油膏填充质量最终由阻水油膏填充模具决定。二次套塑机头结构的示意图如图 6-12 所示。所以应合理设计挤塑机的内模芯内径与阻水油膏针管的间隙距离,并根据松套管内径,光纤根数调整阻水油膏的输出位置。阻水油膏在填充前必须进行除气处理,充入套管后不允许有气泡。目前阻水油膏的除气处理一般采用两种方式:过滤真空分离式和离心真空分离式。

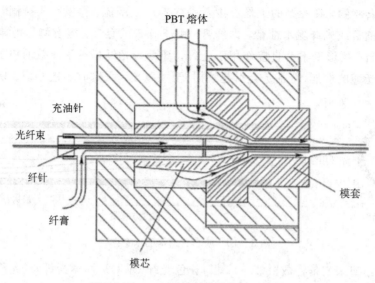

图 6 - 12 二次套塑机头结构的示意图

套管材料一般采用聚对苯二甲酸丁二醇酯（PBT）颗粒，经螺杆挤塑机熔化挤出。螺杆长径比、熔化温度（250℃～270℃）等参数的选择对挤出的套管的质量有重要的影响。套管自模具出口挤出，遇空气迅速冷却，进入热水槽，水温接近 PBT 材料的结晶温度（40℃～75℃），使 PBT 材料形成较稳定的结晶。此过程中，PBT 材料从熔融态温度迅速下降，PBT 温度高于其玻璃化温度，PBT 材料聚合物的大分子链已不能运动，但链段还能活动，在外力作用下能产生较大形变，在此成形过程中，PBT 材料从没有取向的熔融状态，沿牵引方向拉伸到原长度的若干倍，从而形成套管的拉伸比。PBT 材料的拉伸比最佳范围在 9～11 之间。拉伸比 DDR 为

$$DDR = \frac{D_D^2 - D_T^2}{D_0^2 - D_j^2}$$
(6 - 26)

式中，D_D 为模套内径；D_T 为模芯外径；D_0 为套管外径；D_j 为套管内径。

一般 2～12 芯成品套管外径一般在 1.8～3.0 mm，根据不同的芯数确定外径，壁厚一般控制在 0.3～0.5 mm 的范围。

套管经过热水槽后，已形成较为稳定的结构，通过第一个牵引轮（又称为余长牵引轮、副牵引轮）形成了负余长，副牵引轮对光纤余长的形成起主要作用。牵引轮的圈数、直径尺寸均会对光纤余长的大小产生一定的影响，牵引轮与套管的接触面应耐磨损，并有一定的摩擦力存在。

套管经过副牵引轮后进入第二水槽，这节水槽温度较低，一般温度设置在 10℃～20℃左右的范围内。套管经此水槽水冷时，应充分冷却，使套管结构稳定。然后用吹干机将水分吹干，用激光测径仪测直径后反馈控制挤塑机的挤出速度，保证套管直径稳定。

充分冷却、干燥的套管通过张力测量装置及履带牵引（主牵引）装置进入收线盘。履带牵引装置与前面的余长牵引（副牵引）轮一起决定套管内光纤的余长。

光纤余长在工艺上的形成一般有两种方法：热松弛法（又称为温差法）和弹性拉伸法。

1. 热松弛法

热松弛法余长形成原理示意图如图 6-13 所示。其实质是利用冷却水温与材料玻璃化温度的差异，使材料产生收缩变化得到光纤余长的一种方法。在图 6-13 中，光纤或光纤带从光纤放线盘上放出，经挤塑机机头挤上 PBT 塑料束管，并在束管中充以阻水油膏，由轮式牵引轮进行牵引，光纤或光纤带在轮式牵引轮上得到锁定，由于在轮式牵引轮上盘绕的束管中，光纤都压向束管的内侧，光纤或光纤带在轮式牵引轮上就会形成一定的负余长。进入冷却水槽后(14℃～20℃)，PBT 会产生较大的收缩，这一收缩不仅补偿了其在余长牵引轮上的负余长，而且得到了所需的正余长。由于 PBT 塑料的结晶主要发生在高于玻璃化温度(40℃～45℃)的热水槽区，所以采用热水(45℃～75℃)和冷水(14℃～20℃)结合式梯度冷却的方法使束管冷却，有利于束管材料(PBT 塑料)本身的结晶。热水槽区域是束管成形区，冷水槽区域是余长形成区。履带式主牵引的线速度低于轮式副牵引轮的线速度，其速度差的调整和确定即决定了所需的余长值，这样得到的具有光纤正余长的束管在离开主牵引到收线盘时，基本上没有内应力，从而得到一个稳定的束管和设计的光纤正余长值。

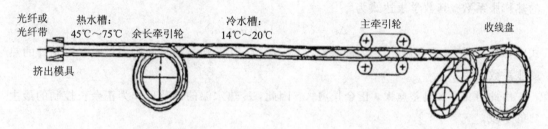

图 6-13　热松弛法余长形成原理示意图

2. 弹性拉伸法

弹性拉伸法余长形成原理示意图如图 6-14 所示。其实质是利用外界的作用力，阻止因冷却水温与材料玻璃化温度的差异使束管材料收缩，得到光纤的正余长的一种方法。光纤或光纤带经挤塑机机头挤上束管并充以阻水油膏，束管经热水槽成型后，通过履带式余长牵引轮进入冷水槽，在双轮式主牵引论上，光纤和束管锁定，主牵引的牵引张力足够大，使束管在冷却槽中不仅不能产生冷收缩，反而受到拉伸而伸长，其为束管材料玻璃化温度以下的弹性变形。这时，在束管中积聚更长的光纤，因为在履带牵引装置上，束管中的光纤未锁定，光纤可在束管中滑行(单牵引式)，当束管离开主牵引轮后，高张力消失，束管弹性恢复，长度缩短，从而使束管内的光纤或光纤带得到所需的余长。此时，收线盘的张力应适当选定，并保持稳定，使束管在收线盘上不致残留较大的内应力。从而得到稳定的束管和设计光纤余长值。

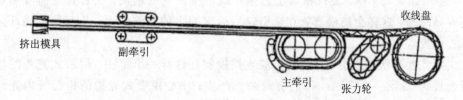

图 6-14　弹性拉伸法余长形成原理示意图

综上分析，当采用以热松弛为主要机理形成光纤余长时，二次套塑生产线的最佳配置为：轮式余长牵引与履带式主牵引的组合。当采用弹性拉伸为主要机理来形成光纤余长时，二次套塑生产线的最佳配置为：履带式主牵引与双轮主牵引的组合。而后者的余长值可做的比前者大，但是目前光缆制造厂常用的形成余长的方法还是热松弛法。

在光纤松套工艺中影响光纤余长的因素有很多，其中有些因素可作为调节光纤余长的工艺手段，而有些因素虽然影响光纤余长的值，但却不宜作为光纤余长的调节手段。影响松套管中光纤余长的主要因素有以下几个：

（1）放线张力影响。光纤放线张力愈大，松套管成型后的正余长愈小，张力愈小，正余长愈大，由此可见，通过调整光纤放线张力的大小可以调节光纤余长，这是最有效的调节工艺参数之一。

（2）冷却水温差对光纤余长的影响。松套管在热水槽和光纤余长牵引轮区的温度为 $45℃\sim75℃$ 之间，进入冷却水槽后，水温在 $14℃\sim20℃$ 之间，由于温差作用，使光纤松套管遇冷收缩，从而产生正余长。冷收缩得到的正余长取决于热冷水温差和 PBT 塑料及光纤的热膨胀系数。其数学表达式为

$$\Delta\varepsilon_f = (T_W - T_C)(\alpha_T - \alpha_f) \qquad\qquad (6-27)$$

式中，T_W 为热水槽水温；T_C 为冷水槽水温；α_T 为 PBT 塑料的热膨胀系数；α_f 为光纤的热膨胀系数。

由此可见，水温差愈大，正余长愈大。因此，冷热水温的调节可作为正余长控制的最主要的手段。

（3）双牵引生产线速度的影响。在热松弛法二次套塑生产线中，采用双牵引式生产，由于光纤、松套管同时被轮式副牵引轮牵引，而主牵引轮只牵引松套管，此时影响光纤余长的最主要因素是履带牵引和主牵引轮两者间的速度差。如图 6-13 所示。在一般情况下，轮式牵引轮速度 v_2 较履带牵引速度 v_1 要快，同时，由于履带牵引皮带只能压住松套管，而没有控制住光纤，因此，当轮式牵引轮的线速度 v_2 大于履带牵引速度 v_1 时，松套管回缩，从而产生光纤正余长。因此，履带牵引（主牵引）张力对光纤余长起到局部的调节作用：主牵引张力愈大，对收缩的牵制愈甚，正余长愈小；反之则正余长愈大。

（4）阻水油膏温度和压力对光纤余长的影响。阻水油膏都具有一定的黏度，由此产生一定的剪应力 τ 并作用在光纤上，在水平方向抵消部分放线张力 F_C 的作用，使产生的负余长减少，即正余长的形成更加容易。阻水油膏温度愈高，黏度愈小，余长就愈小；阻水油膏温度愈低，黏度就愈大，剪应力愈大，光纤余长就愈大。同样道理，阻水油膏压力愈大，余长就愈大；压力愈小，余长就愈小。此手段是调节余长的辅助手段。

（5）生产速度的影响。光纤松套工艺生产线的生产速度越快，松套管在前段热水槽中就越不容易冷却，这样会使松套管在牵引轮后冷水槽中的收缩增大，从而导致光纤余长增加；反之亦然。

在实际二次套塑生产中，光纤余长应直接控制在这样一个范围：层绞式光缆的松套管内光纤余长为 $0.3‰\sim0.75‰$，不能有负余长产生；中心束管式光缆的松套管内光纤余长为 $1.5‰\sim2.5‰$。具体生产中一般采取保持各种影响因素稳定不变，仅通过调节冷却水的温差来控制得到所需的光纤余长值，这样做既简单又可行。

6.5.2 光纤二次套塑紧套工艺

国内大多是室内用光缆都采用光纤紧套的结构。为了保护光纤不受外部影响而在光纤涂覆层外直接挤上一层合适的塑料紧包缓冲层的过程，称为光纤紧套工艺。目前生产紧套光纤常用的方法有两种：一种适用外径为 250 μm 的一次涂覆光纤，将其直接紧套至900 μm；另一种是采用双层涂层完成，先将外径为 250 μm 的一次涂覆、着色光纤涂覆一层缓冲层，缓冲层直径在 350～400 μm，然后再紧套至 900 μm，缓冲层材料一般采用硅酮树脂。紧套光纤截面示意图如图 6-15 所示。

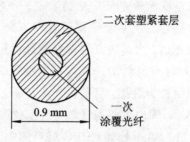

图 6-15　紧套光纤截面示意图

以上两种方法各有利弊：第一种方法工艺简单，但是由于涂层过厚，Δφ＝650 μm，给涂覆材料的固化带来不便，并且在固化过程中，由于温度变化和残留应力作用，使光纤传输性能受到影响；第二种方法可以缓解第一种方法的不足，并且由于缓冲层使用的是硅酮树脂，可以更好地改善光纤温度特性，但是其工艺相对复杂，设备投资增加，工序增多。

1. 紧套光纤生产线及设备

紧套光纤生产线及设备主要由光纤放线装置、光纤预热器、吸真空装置、挤塑机、冷却水槽、牵引轮及牵引装置、激光测径仪及同心度测试仪、测包仪、张力控制架、收线装置及控制系统组成，如图 6-16 所示。

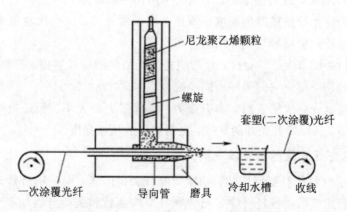

图 6-16　紧套光纤生产线及设备

紧套光纤生产线的基本运行过程是：首先将一次涂覆、着色光纤从光纤放线架上放出，利用放线传感器和放线张力测量轮得到放线张力的大小，由张力调节轮完成对放线张力的调整。经光纤预热器，将一次涂覆光纤送入挤塑机中，光纤自挤塑机内从与模具同向的导向管中穿出，利用牵引装置提供一个恒定的牵引速度，同时，高分子材料自挤塑机，通过挤塑机内模具拉成管状，并通过吸真空装置使二次熔融态黏稠状二次紧套涂覆材料紧密地粘结在一次涂覆光纤上且使其表面光洁，将从挤塑机出来已涂覆的光纤进行水冷、吹干，最后利用激光测径仪测量二次涂覆光纤的直径大小及同心度进行监测，最后利用张力传感器和张力控制装置控制收线张力大小、用排线装置排线并将光纤收到收线盘上。与光纤松套工艺不同，紧套光纤工艺的水槽是连续的，中间没有牵引。

2. 紧套光纤主要的工艺参数

光纤二次紧套涂覆材料与一次涂覆光纤应粘结紧密、合理，粘结过紧会造成光纤衰减增大，过松会造成光纤一次涂层与二次紧套涂层间存在有余长，同样会增大光纤的衰减，而且要求二次紧套涂层表面应光洁，为此应严格选择涂覆材料并控制相应的工艺参数。

（1）二次紧套涂覆材料。对涂覆材料的选取应遵守的原则是：所选的材料应以可提高光纤的低温性能和抗微弯性能材料为最佳。目前，世界上最常用的材料有硅酮树脂、尼龙、聚乙烯、聚酯、聚丙烯酯和 PVC。国内主要用材料有硅酮树脂、PVC、尼龙、丙烯酸酯。在生产使用前，应对高分子材料进行烘干处理，PVC 材料的烘干温度为 70℃±5℃，尼龙材料的烘干温度为 80℃±5℃，必须彻底烘干物料，除去水分，以免残留水分在挤制过程中进入光纤内部，影响光纤的衰减值。

（2）紧套光纤模具配置。光纤紧套工艺生产线采用的模具一般为拉管式模具，因为它易于成型，不易在生产过程中出现脱料。根据大量经验得到，光纤紧套生产用模具的拉伸比一般控制在 3.0～5.0。

（3）在生产过程中，要严格控制挤塑机机头的真空度与出口温度，使其无空气混入，在涂层中避免产生气泡，并使二次紧套涂层与一次涂层粘结紧密、固定。

（4）严格控制并调节第一、第二节水槽温度。为避免因冷却水与挤塑机出口温差过大，使高分子材料产生大的收缩，致使一次光纤受压应力作用，必须采用梯度冷却。第一水槽采用与挤塑机出口温度接近的温水冷却，第二水槽用冷水冷却。

（5）调节并控制光纤预热器的温度。预热一次涂覆光纤，使一次涂覆光纤温度接近挤塑机物料温度，保证涂覆材料与光纤粘结牢固。

（6）严格控制并调节生产线速度。生产线速度受塑料的冷却速度、挤塑机的挤出速度、光纤的牵引速度所限，应使它们很好地同步配合工作。

（7）调节并控制光纤放线张力、牵引张力、收线张力的大小。保证光纤所受拉应力最小、残留应力最小，从而降低光纤的衰减，提高光纤的机械强度。

3. 影响紧套光纤质量因素及解决措施

二次紧套涂覆材料的温度特性是影响紧套光纤关键因素，也是制造紧套光纤必须考虑的问题。因为紧套光纤的温度特性除与光纤本身结构参数和抗微弯性能有关外，还与光纤的二次紧套涂覆材料性能相关。套塑后，由于冷却固化，尼龙、聚乙烯等塑料会收缩，产生一个收缩外力作用在一次涂覆光纤上，会使光纤产生微弯，导致光纤微弯损耗的增加，使光纤总的传输损耗增大。

塑料产生收缩作用力的原因有以下两个：

（1）裸光纤为 SiO_2 玻璃光纤，SiO_2 材料的线膨胀系数 $\alpha=5\times10^{-7}/℃$，而塑料涂覆材料的线膨胀系数 $\alpha=5\times10^{-4}/℃$，两者相差三个数量级，在冷却温度发生变化时，塑料会产生一个收缩力作用到光纤上，足以使光纤衰减增加。

（2）光纤在经紧套涂覆加工后，在塑料层内会残留部分内应力，当光纤受温度影响发生变化时，造成内应力的松弛（排泄）。在常温下存放时，随存放时间的延长，内应力也会缓慢松弛，足以使紧套涂层收缩，导致光纤微弯损耗增加。

为减少这种因套塑工艺引起的附加损耗，应从以下几个方面来考虑解决此问题：

（1）应选择线膨胀系数与 SiO_2 材料相近的涂覆材料作为二次紧套涂覆材料，替代目前使用的硅酮树脂、尼龙等材料。或者选取线胀系数小、杨氏模量较低的涂覆材料，但若材料在这两方面的性能过低，它的抗侧压性能会明显下降，因此要对两方面的指标综合考虑，选择弹性模量适中的材料作为二次紧套涂覆材料。

（2）选择合理的紧套工艺，保持模具的光洁度，同时选择合适的塑化温度，并使塑料的冷却速度、挤塑机的挤出速度和光纤的牵引速度之比达到最佳，尽量避免套塑时光纤的振动，尽力消除光纤残留的内应力，严格控制冷却温度。

（3）减少涂覆层的横截面积。当光纤的几何尺寸一定时，涂覆层的外径越大，涂覆层横截面积越大，紧套光纤的温度特性越差，建议使用第二种工艺生产方法。

6.6 光缆的分类与结构

光缆是由若干根光纤及加强构件（简称加强件）经一定方式绞合、成缆并外挤制护套而构成的实用导光线缆制品。光缆内的加强件及外护层等附属材料的作用主要是保护光纤并提供成缆、敷设、储存、运输和使用要求的机械强度，防止潮气及水的侵入以及环境、化学的侵蚀和生物体啃咬等。

光缆主要由缆芯和护套两部分构成。缆芯由套塑光纤和加强件构成，有时加强件分布在护套中，这时缆芯只有套塑光纤。套塑光纤又称为芯线，主要有紧套光纤、松套光纤、带状光纤三种，它们是光缆的核心部分，决定着光缆的传输特性。加强件的作用是承受光缆所受的张力载荷，一般采用杨氏模量大的磷化钢丝或芳纶纤维，或者经处理的复合玻璃纤维棒等材料。护套的作用是保护缆芯、防止机械损伤和有害物质的侵蚀，对抗侧压能力、防潮密封、耐腐蚀等性能有严格要求。其结构可为内护套、铠装层、外护层等。

光缆常用的七种护套类型有：① PE 护套；② PVC 护套；③ 铝/聚乙烯综合护套（LAP）；④ 皱纹钢带纵包护套；⑤ LAP＋钢带绕包护套；⑥ LAP＋钢带铠装护套；⑦ LAP＋钢丝铠装护套。

6.6.1 光缆的分类

光缆的分类方法繁多，从不同的角度出发有不同的分类方法。为便于理解，我们将按照光缆服役的网络层次、光纤在缆芯中的状态、光纤形态、缆芯结构、敷设方式、使用环境、防水方式等将光缆分类，如图 6-17 所示。

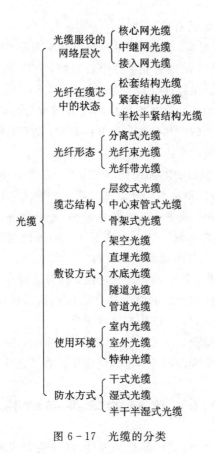

图 6-17 光缆的分类

6.6.2 光缆的基本结构

按照光缆缆芯结构的不同可将光缆分为三种：

1. 层绞式光缆

将松套光纤绕在中心加强件周围绞合成缆芯并外挤制护套而成的光缆被称为层绞式光缆，如图 6-18(a)所示。这种结构光缆的优点是采用松套光缆可以增加光缆的抗拉、抗压强度，并可改善光缆的温度特性。其光缆制造设备简单，工艺成熟，应用最为广泛。

2. 骨架式光缆

将紧套光纤或一次涂覆（着色）光纤或光纤带置入中心加强件周围的螺旋形塑料 V 形骨架凹槽内并外挤制护套而成的光缆称为骨架式光缆，如图 6-18(b)所示。这种结构的光缆具有非常好的抗侧压性能，特别利于对光纤的保护，当光缆受外力作用时，光纤在骨架凹槽内可径向移动，减轻外力对光纤的作用，同时，槽内充有光纤阻水油膏，具有很好的阻水和缓冲作用。

3. 中心束管式光缆

将一次涂覆光纤、光纤束或者光纤带放入中心的套管中，加强件分布在套管周围，套管内充有光纤阻水油膏并外挤制护套，这种结构的光缆称为中心束管式光缆，如图 6-18(c)所示。在这种结构中，加强件同时起到护套的作用，最大的特点是可以减轻光缆的重量。

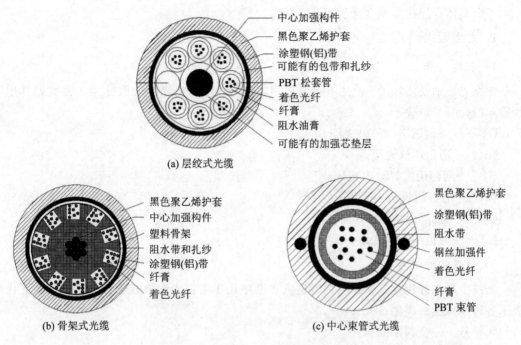

图 6-18 光缆三种基本结构的截面图

6.6.3 光缆型号

光缆的型号命名在光缆的设计、制造、施工和维护中起到了十分重要的作用。我们只有在真正了解和掌握了光缆的型号组成内容、代号及其意义，才能做好光缆的选型和采购工作。根据我国通信行业标准《光缆型号命名方法》(YD/T 908—2011)规定，光缆型号有型式和规格两大部分组成，如图 6-19 所示。

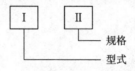

图 6-19 光缆型号的组成格式

光缆型式由 5 个部分组成，各部分均用代号表示。光缆型式的构成如图 6-20 所示。光缆型式构成中的结构特征是指缆芯结构和光缆派生结构。一般在光缆型式代号和光缆规格代号之间要空一格。

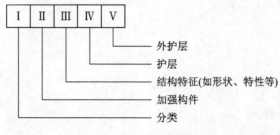

图 6-20 光缆型式的构成

下面具体介绍代号及含义。

1. 光缆型式

1）分类代号

根据光缆的使用场所、使用方式及使用功能等，可以将光缆大致分为多种类型并用一些简单的代号予以表示：

GY——通信用室（野）外光缆。

GR——通信用软光缆。

GJ——通信用室（局）内光缆。

GS——通信用设备内光缆。

GH——通信用海底光缆。

GT——通信用特殊光缆。

2）加强构件代号

光缆中的加强构件是指护套内或嵌入护套中用于增强光缆抗拉力的构件。用以下代号表示各种加强构件类型：

无符号——金属加强构件。

F——非金属加强构件。

G——金属重型加强构件。

H——非金属重型加强构件。

3）结构特征代号

D——带状结构。

（无符号）——光纤松套被覆结构。

J——光纤紧套被覆结构。

（无符号）——层绞式结构。

G——骨架式结构。

X——中心束管（被覆）式结构。

T——填充式结构。

（无符号）——干式阻水结构。

R——充气式结构。

C——自承式结构。

B——扁平式结构。

E——椭圆结构。

Z——阻燃。

4）护套代号

Y——聚乙烯护套。

V——聚氯乙烯护套。

U——聚氨酯护套。

A——铝-聚乙烯粘结护套（简称 A 护套）。

S——钢-聚乙烯粘结护套(简称 S 护套)。

W——夹带平行钢丝的钢-聚乙烯粘结护套(简称 W 护套)。

L——铝护套。

G——钢护套。

Q——铅护套。

5) 外护层代号

当光缆具有外护层时,外护层可包括垫层、铠装层和外被层的某些部分和全部。外护层代号用两组数字表示(垫层不需要表示):第一组表示铠装层,它可以是一位或两位数字;第二组表示外被层或外护套,它应是一位数字。外护层代号及其意义如表 6-5 所示。

表 6-5　外护层代号及其意义

代号	铠装层(方式)	代号	外被层或外护套(材料)
0	无	0	无
1	——	1	纤维层外被
2	绕包双钢带	2	聚氯乙烯套
3	单细圆钢丝	3	聚乙烯套
33	双细圆钢丝	4	聚乙烯套加覆尼龙套
4	单粗圆钢丝	5	聚乙烯保护管
44	双粗圆钢丝	—	—
5	皱纹钢带纵包	—	—

2. 光缆规格

光缆的规格主要由光纤数和光纤类别组成。光纤数表示光缆中实有的光纤的数目;对于光纤的类别,我国国家标准和通信行业标准按照《光纤——第 2 部分:产品规范》(IEC 60793-2:2001)标准规定用大写 A 表示多模光纤;大写 B 表示单模光纤;再以数字和小写字母表示不同种类型光纤。部分多模光纤和单模光纤的类别分别如表 6-6 和如表 6-7 所示。

表 6-6　部分多模光纤的类别

分类代号	特　性	纤芯直径/μm	包层直径/μm	材　料
A1a	渐变折射率	50	125	石英玻璃
A1b	渐变折射率	62.5	125	石英玻璃
A1c	渐变折射率	85	125	石英玻璃
A1d	渐变折射率	100	140	石英玻璃
A2a	突变折射率	100	140	石英玻璃

表 6-7　部分单模光纤的类别

分类代号	名　称	材　料
B1.1	非色散位移单模光纤	石英玻璃
B1.2	截止波长位移单模光纤	石英玻璃
B1.3	波长扩展的非色散位移单模光纤	石英玻璃
B2	色散位移单模光纤	石英玻璃
B3	色散平坦单模光纤	石英玻璃
B4	非零色散位移单模光纤	石英玻璃

下面举几个光缆型号的实例。

例 1　金属加强构件，松套管层绞、填充式、钢-聚乙烯粘结护套，内含 6 芯标准非色散位移型单模光纤(G.652D)的通信用室外光缆。光缆的型号为：

GYTS 6B1.3

例 2　金属加强构件，松套管层绞、填充式、铝-聚乙烯粘结护套，内含 24 根标准非色散位移型单模光纤(G.652D)的通信用室外光缆。光缆的型号为：

GYTA 24B1.3

例 3　中心束管式结构、夹带平行钢丝的钢-聚乙烯粘结护套、内含 12 根标准非色散位移单模光纤(G.652D)的通信用室外光缆。光缆的型号为：

GYXTW 12B1.3

例 4　中心束管式结构、带状光缆、金属加强构件、全填充型、夹带增强聚乙烯护套、内含 144 根常规单模光纤(G.652D)的通信用室外光缆。光缆的型号为：

GYDXTW144B1.3

例 5　金属加强构件，松套管层绞、填充式、铝-聚乙烯粘结护套，皱纹钢带纵包，内含 12 芯标准非色散位移型单模光纤(G.652D)的通信用室外光缆。光缆的型号为：

GYTA53 12B1.3

层绞式、中心束管式和骨架式这三种基本类型再加上护套的各种类型可以组合派生出很多光缆类型。部分光缆的结构图如图 6-21 所示。长途干线、城市区域大都利用地下预埋的塑料管道敷设光缆，能很好地保护光缆，常用的管道光缆有 GYTA、GYDTA 型等光缆。在农村地区常用光缆架空敷设的形式，为了防止光缆被鸟啄、被气枪打击等，架空光缆常用钢塑复合护套(简称 S 护套)，即 GYTS、GYDTS 型等光缆。架空光缆也可用自承式光缆，如 GYTC8S、GYXTC8S 型等光缆。在丘陵地区，光缆以直埋形式敷设，这时需要采用有护套铠装的光缆，如 GYTA53、GYTA33 型等光缆。对于芯数较少的光缆，可采用中心束管式光缆，如 GYXTW 型光缆。对于特大芯数光缆(如大于 72 芯)，可采用光纤带光缆，如 GYDTA(S)、GYDXTW 型等光缆。对于 FTTH 用引入光缆，常采用蝶形光缆，如 GJXFH、GJYXFCH 型等光缆。对于室内设备连接光缆，可采用单芯或双芯紧套光缆等，如 GJFJZY 型等光缆。光缆的用途非常广泛，在河底工程、海底工程、电力通信等方面都有应用，这些特殊场景使用的光缆是特种光缆，在此就不一一列举了，感兴趣的读者可参考其他资料。

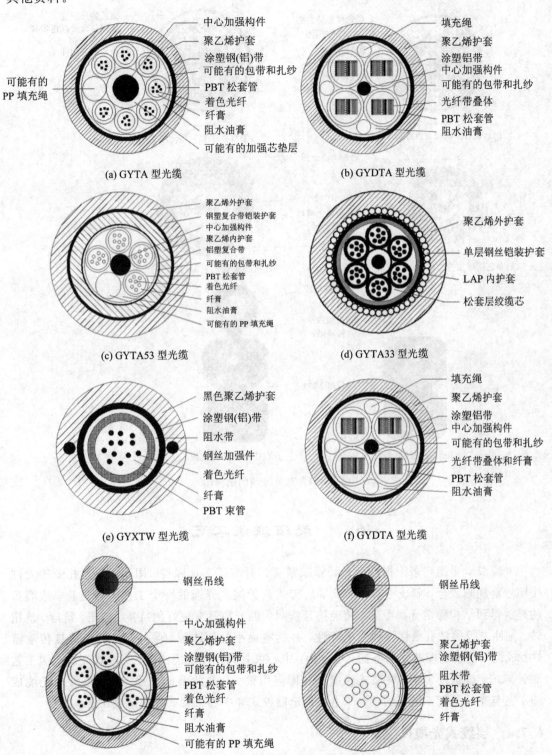

(a) GYTA 型光缆

中心加强构件
聚乙烯护套
涂塑钢(铝)带
可能有的包带和扎纱
PBT 松套管
着色光纤
纤膏
阻水油膏
可能有的加强芯垫层

可能有的
PP 填充绳

(b) GYDTA 型光缆

填充绳
聚乙烯护套
涂塑铝带
中心加强构件
可能有的包带和扎纱
光纤带叠体
PBT 松套管
阻水油膏

(c) GYTA53 型光缆

聚乙烯外护套
钢塑复合带铠装护套
中心加强构件
聚乙烯内护套
铝塑复合带
可能有的包带和扎纱
PBT 松套管
着色光纤
纤膏
阻水油膏
可能有的 PP 填充绳

(d) GYTA33 型光缆

聚乙烯外护套
单层钢丝铠装护套
LAP 内护套
松套层绞缆芯

(e) GYXTW 型光缆

黑色聚乙烯护套
涂塑钢(铝)带
阻水带
钢丝加强件
着色光纤
纤膏
PBT 束管

(f) GYDTA 型光缆

填充绳
聚乙烯护套
涂塑铝带
中心加强构件
可能有的包带和扎纱
光纤带叠体和纤膏
PBT 松套管
阻水油膏

(g) GYTC8S 型光缆

钢丝吊线
中心加强构件
聚乙烯护套
涂塑钢(铝)带
可能有的包带和扎纱
PBT 松套管
着色光纤
纤膏
阻水油膏
可能有的 PP 填充绳

(h) GYXTC8S 型光缆

钢丝吊线
聚乙烯护套
涂塑钢(铝)带
阻水带
PBT 松套管
着色光纤
纤膏

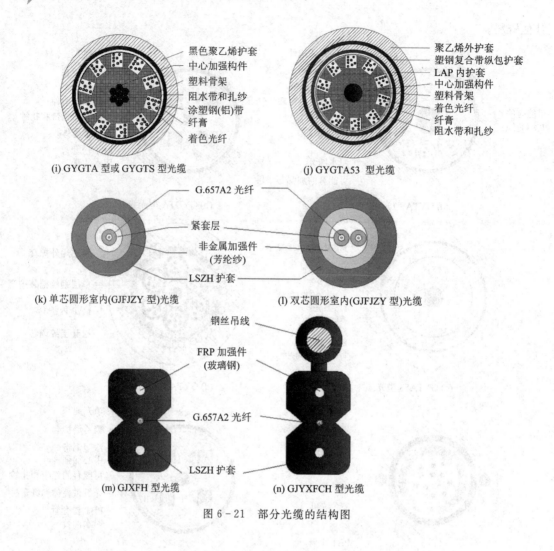

(i) GYGTA 型或 GYGTS 型光缆

黑色聚乙烯护套
中心加强构件
塑料骨架
阻水带和扎纱
涂塑钢(铝)带
纤膏
着色光纤

(j) GYGTA53 型光缆

聚乙烯外护套
塑钢复合带纵包护套
LAP 内护套
中心加强构件
塑料骨架
着色光纤
纤膏
阻水带和扎纱

(k) 单芯圆形室内(GJFJZY 型)光缆

G.657A2 光纤
紧套层
非金属加强件
(芳纶纱)
LSZH 护套

(l) 双芯圆形室内(GJFJZY 型)光缆

钢丝吊线
FRP 加强件
(玻璃钢)
G.657A2 光纤
LSZH 护套

(m) GJXFH 型光缆

(n) GJYXFCH 型光缆

图 6-21 部分光缆的结构图

6.7 光缆成缆工艺

光缆成缆是指将若干根松套光纤管或紧套光纤与缆芯加强件、阻水带、包扎带等元件按照一定规则绞合，制成中心束管式、层绞式或骨架式光缆的一个工艺操作过程。成缆目的是为得到结构稳定光缆缆芯，使经护套挤制后的光缆具有更好的抗拉、抗压、抗弯、抗扭转、抗冲击等优良机械性能和温度特性，并具有最小几何体积，保持光纤固有优良传输特性。成缆工艺根据缆芯结构不同，可分为：中心束管式光缆成缆工艺、层绞式光缆成缆工艺和骨架式光缆成缆工艺。骨架式光缆在我国应用很少，在此不做赘述。中心束管式光缆成缆工艺与光纤松套工艺相同。本节主要讨论层绞式和中心束管式光缆成缆工艺。

6.7.1 层绞式光缆成缆工艺

1. 基本概念

层绞式光缆结构是我国室外光缆的常用结构，其截面图如图 6-22 所示。光纤松套管层绞是光缆制造过程中的一道重要工序。松套管层绞是指将外径相同的5～12根松套管（含可能有的填充绳）按一定的色谱顺序，以适当的绞合节距绞合在中心加强构件周围。绞层上以适当对绞节距缠绕扎纱，以保证缆芯结构的稳定。如果光缆的缆芯数少，所需的光纤松套管就少，为了保持光缆缆芯的圆整性，可用聚丙烯填充绳填充光纤松套管的位置。成缆工艺基本上沿袭了电缆生产的工艺，在已有的三种成缆操作中，它是最成熟的工艺技术。其根据绞合方式的不同，可分为SZ绞合（S指的是左旋绞合成缆后，芯线向下旋转的外形与字母"S"形状相似；Z指的是右旋绞合成缆后芯线向上旋的外形与字母"Z"的形状相似）和螺旋绞合（又称为单方向绞合）两种。在SZ绞合中，绞合方向达到预定的回转圈数之后要变换方向，因此，绞合元件沿着光缆轴向沿"S"向绞合，然后沿着"Z"向绞合。在换向点上，绞合元件与光缆平行，如图6-23所示。SZ绞合和螺旋绞合这两种工艺生产的光缆性能相近，但成缆工艺和设备却有着很大的差别。在绞合过程中，光纤松套管和光缆两者之间的长度也必须形成一定的余长，而获得这种余长的方法就是采用光纤松套管的SZ绞合或螺旋绞合的方法实现。由于绞合元件有一定硬度，为了保证绞合元件反向时不至于松散，在SZ绞合中必须在绞合元件上缠绕扎纱。

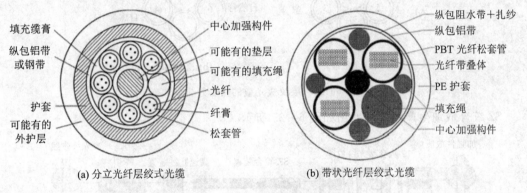

填充缆膏　　　　　　　　中心加强构件
纵包铝带　　　　　　　　可能有的垫层
或钢带　　　　　　　　　可能有的填充绳
　　　　　　　　　　　　光纤
护套　　　　　　　　　　纤膏
可能有的　　　　　　　　松套管
外护层

纵包阻水带+扎纱
纵包铝带
PBT光纤松套管
光纤带叠体
PE护套
填充绳
中心加强构件

(a) 分立光纤层绞式光缆　　　　　(b) 带状光纤层绞式光缆

图6-22　层绞式光缆结构的截面图

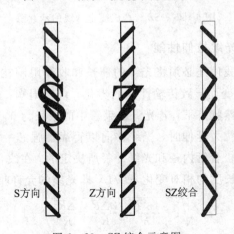

S方向　　　Z方向　　　SZ绞合

图6-23　SZ绞合示意图

在SZ绞合成缆中有一个重要的参数是绞合节距，它是指绞合单元绕轴螺旋绞合一周（360°），沿缆芯轴向移动的距离。

层绞式光缆中的主要受力元件是中心加强构件，它决定了光缆的拉伸性能。中心加强构件通常采用高模量磷化钢丝或玻璃纤维增强塑料棒（FRP）。当生产大芯数光缆时，为满足对加强构件的直径要求，需对加强构件套上一层 PE 塑料，生产成套塑中心加强构件。

成缆（松套管层绞）的目的主要有两个：① 增加光缆的柔软性和弯曲性能；② 提高光缆的抗拉性能和改善光缆的温度特性。

2. 光纤松套管及填充绳排列

全色谱光纤松套管的排列：蓝、橙、绿、棕、灰、白、红、黑、黄、紫、粉红、青绿松套管和可能有的本色填充绳按顺时针方向排列为 A 端（如图 6-24(a)所示）；反之为 B 端。

领示色谱光纤松套管的排列：以红色的填充绳或松套管、绿色的填充绳或松套管领示，其余的松套管或填充绳全为本色（自然色），按顺时针方向排列为 A 端（如图 6-24(b)所示）；反之为 B 端。

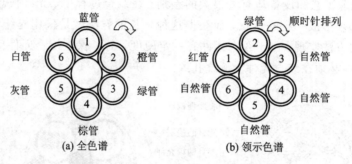

图 6-24　层绞式光缆的松套管排列

SZ 绞合成缆生产线的示意图如图 6-25 所示。

图 6-25　SZ 绞合成缆生产线的示意图

3. 缆芯工艺结构与光缆拉伸性能

除了弯曲性能之外，我们还必须将光缆的伸长和收缩限制在一定的范围内，以使松套管中光纤的不至于产生应变而导致传输性能的劣化。众所周知，松套光纤在松套管中可以自由活动。在无应力的自然状态下，若光纤在束管中的余长为 0，在静态时，光纤通常位于松套管的中心。当光缆受拉力延伸时，光纤移向束管靠加强芯一侧内壁，光纤在松套管中的自由移动间歇 ΔR 是由松套管内径和光纤外径所决定的。在绞合半径为 R、对绞节距为 h 的层绞式光缆中，光缆的长度的相对变化 $\Delta L/L$，即光缆的允许收缩率与伸长率 ε，有

$$\varepsilon = \sqrt{1 + \frac{4\pi^2 R^2}{h^2}\left(\frac{2\Delta R}{R} \pm \frac{\Delta R^2}{R^2}\right)} - 1 \qquad (6-28)$$

式中，括号内的"＋"表示光缆的收缩率，"－"表示光缆的伸长率。

由这个公式可以得到如下结论：缩短节距可以大大提高光缆的允许收缩率与伸长率。另外，SZ 绞合反转处还有一个附加的拉伸窗口，其值约为 1‰，进一步改善了光缆的拉伸性能。因而层绞式光缆大部分采用 SZ 绞合，不仅有利于光缆在使用中光纤的分叉，而且还有附

加窗口的存在，进一步改善了光缆的拉伸性能，这是 SZ 绞合形式普遍被采用的主要原因。

如上所述，层绞式光缆的拉伸性能除了正确设计其加强元件以限制光缆在受力时的伸长外，由于其缆芯结构中拉伸窗口（拉伸窗口是指光纤不受应力下光缆所能承受的拉伸率）的存在，大大改善了光缆的拉伸性能；反之，由于拉伸窗口的存在，也可以适当减轻拉伸元件的负担，减小坚强元件，节约光缆制造成本。

对于一些在使用过程中光缆拉伸应变较大的光缆，如自承式非金属光缆（ADSS）、水底光缆、非金属架空复合地线（OPGW）等，均宜采用层绞式光缆结构，以改善其延伸性能。

6.7.2　中心束管式光缆成缆工艺

在中心束管式光缆中，光纤松套管（此处又称为束管）处于光缆的中心位置，加强元件处于束管的两边，有时还嵌入护套中。中心束管式光缆的截面结构如图 6-26 所示。

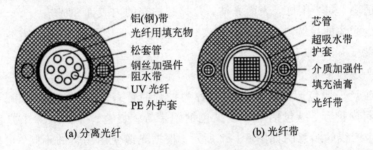

图 6-26　中心束管式光缆的截面结构

中心束管式光缆在挤制完松套管后直接被送入护套生产线，包覆阻水带、铝屏蔽带、放置平行钢丝加强元件和挤制护套等均在护套生产线上一起完成。

由于中心束管在光缆中平直放置，光缆和其中的束管在拉伸时同步伸长，因此，为了使束管中的光纤有一定的延伸窗口，唯一的办法是使光纤在束管中留有较大的余长。中心束管式光缆的拉伸性能取决于两个因素：一是正确设计抗张元件，以限制光缆在受拉伸力时的延伸；二是通过光纤在束管中的余长来保证光缆在延伸时，光纤的拉伸应变力仍能限制在标准规定的数值之下。

光纤在束管中的余长就改善光缆的拉伸性能而言，虽然是较大为好，但余长太大会造成光缆低温时的损耗增加（因光纤微弯损耗引起）。在实际设计中，通过限制束管中光缆在极限低温（如−40℃）时最小曲率半径的方法，可求得允许的光纤最大余长值，即

$$\varepsilon_{\max}=\{(1+K^2)^{1/2}[1-\xi^2/4-(3/64)\xi^4]-1\}\times10^3\text{‰} \qquad (6-29)$$

其中

$$K=\sqrt{\frac{r}{R_{\min}}}$$

$$\xi=\sqrt{\frac{r}{R_{\min}+r}}$$

$$R_{\min}=\frac{S^2}{4\pi^2 r}$$

式中，S 为假设光纤在束管中呈正弦分布的节距；R 为光纤在束管中的自由度；$R_{\min}$ 为光纤的最小曲率半径，通过实践测的，当 $R_{\min}\geqslant40\sim60$ mm 时，光纤不会产生明显的附加衰减。

例如，12 芯光纤的中心束管式光缆 GYXTW 12B1，束管内径为 1.8 mm，可求得光纤余长约为 1.5‰。在工艺上，一般中心束管式光缆的松套管中光纤余长应在 2.5‰左右。

6.8 护套挤制工艺

为保护光纤成缆后缆芯不受外界机械、热化学、潮气以及生物体啃咬等影响，光缆缆芯外部必须有护套，甚至有铠装外护套保护，只有这样才可以更有效地保护成缆光纤，使其正常工作，更好地满足使用寿命要求。光缆综合护套生产工艺必须能够保证生产出符合下述要求合格护套。

（1）完全密封。对于光缆来说，防止可能影响光缆性能并最终导致光缆失效的潮气或水分的浸入是至关重要的一点。因此，要求生产的护套必须完全没有气泡、针孔和裂缝等。

（2）尺寸适中，同心度好，表面光洁，尤其是护套的内表面要光洁。

（3）为减少光缆的接续点，应尽可能实现光缆连续长度很长的生产方式，目前光缆的典型接续长度为 5 km，如有特殊要求可达 6～7 km，甚至更长。

（4）在生产过程中不得损伤缆芯。

综合护套生产一般包括：填充缆膏（又称为护套油膏）；安装纵包阻水带；挤制内护套，内护套包括塑料内护套、纵包铝塑带或纵包钢塑带等；装铠；挤制塑料外护套等 5 部分操作。光缆护套生产线的示意图如图 6-27 所示。根据光缆使用场合的不同，可由上述 5 部分中的几部分构成不同综合护套。缆膏和纵包阻水带起到纵向阻水和挡潮作用；塑料内护套、纵包铝塑带或纵包钢塑带起到径向阻水和挡潮作用，如采用纵包钢塑带作为内护套还可提高光缆的抗侧压性能；装铠是指对已挤制塑料内护套的光缆用钢带或钢丝加装铠装层的保护操作；光缆的塑料外护套一般有聚乙烯 PE 护套、聚氯乙烯 PVC 护套、耐电痕交联聚乙烯 XEPE 护套、无卤阻燃聚氯乙烯护套、防白蚁护套等多种。

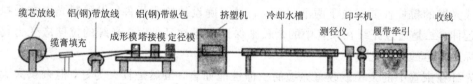

图 6-27 光缆护套生产线的示意图

6.8.1 阻水工艺

随着光纤光缆制造技术与材料不断发展，光缆的阻水工艺从最早气体增压阻水已发展到目前填充阻水油膏阻水及用吸水膨胀材料阻水阶段，阻水工艺水平已得到较大提高和发展。

1. 阻水油膏的填充

为了防止光缆在使用时水分沿着光缆缆芯中的间隙轴向流入光缆，光缆的缆芯应该填充阻水油膏。阻水油膏是由矿物油、丙烯酸高分子吸水树脂、偶联剂、抗氧剂、增黏剂等在一定的工艺下制成的，它是一种黄色半透明的膏状物。

层绞式光缆的缆芯填充一般在护套生产线上完成。将桶中的阻水油膏用高压油泵打到穿有缆芯的充油管中,在充油管出口处安装有一个尺寸大小与缆芯匹配的阻水油膏模具,从而使阻水油膏填充入缆芯的间隙中。

2. 干式阻水工艺

为了保证光缆纵向阻水,除用阻水油膏填充缆芯外,还有一种干式阻水工艺方式。干式光缆其缆芯空隙均采用遇水迅速膨胀的阻水化合物。干式阻水材料一般都采用能迅速吸水形成水凝胶的聚合物,通过水凝胶膨胀填充光缆渗水通道。最常用的是阻水带和阻水纱:阻水带是一种利用粘结剂将吸水树脂黏附在两层无纺布中间,形成一定厚度的带状材料;阻水纱是指吸水树脂黏附在聚酯纱线上,形成一种遇水膨胀的纱线。它们的阻水原理是当水或潮气进入光缆内部时,首先与阻水材料中的吸水树脂相接触,吸水树脂遇水迅速膨胀形成水凝胶聚合物把光缆内部所有与水接触部分的空隙全部填满,从而阻止水在光缆内部纵向流动。阻水带的扎捆填充可采用纵包方式,也可以采用绕包方式。它还可以替代包扎绳用来扎捆光缆芯。

6.8.2　屏蔽带纵包工艺

纵包工艺的好坏直接影响到光缆的表面质量及光缆的机械性能,所以把好纵包的质量关是护套工艺的首要问题。纵包工艺包括阻水带纵包、铝(钢)塑复合带轧纹、预成型、搭接、定型。

铝(钢)带厚度常用 0.15 mm 两面涂覆 0.05 mm 的 PE 或 EAA(乙烯-丙烯共聚物)塑料层。为改善光缆弯曲性能,对铝(钢)带需进行轧纹处理,轧纹深浅应根据具体的使用情况而定,在一般情况下,轧纹深度为 0.6 mm。若铝(钢)带需接续,应去除涂覆层采用叠合点焊;若钢带需接续,应采用对接点焊或激光缝焊。整根光缆的铝(钢)带必须在电气上连续。

预成型一般是通过使用锥形成型模(又称为喇叭模)来实现的。喇叭模的尺寸应根据具体的缆芯外径来确定。由于钢带和铝带性能有很大的差别,它们预成型所受力也有所区别。在预成型之后必须搭接,这是护套工艺中极其重要一步,搭接好坏直接影响光缆拉伸和渗水性能,若搭接不好,最严重者会造成断缆质量事故的发生。在这一工序中是关键的技术是搭接模加工的质量。定型是纵包工艺的最后一道环节,它的作用是保证光缆外径及几何形状、保证光缆渗水性能要求,此外,对于保证光缆的圆整度也是很重要的一步。一般定型模的直径选为缆芯直径加 0.5 mm 为宜。

铝(钢)塑复合带的宽度应使纵包后有足够的重叠搭接,搭接宽度应符合标准的要求。而且要在搭接处进行良好的粘结。对于粘结方法,可以在搭接处用注热熔胶粘结,也可以利用挤塑机机头的高温和压力使铝(钢)带上的薄膜软化粘结。

6.8.3　护套挤出工艺

光缆综合护套质量的好坏,与材料本身的质量、模具、挤塑机性能、挤出温度、塑料挤出后的冷却方式等诸多因素有关。

1. 塑料挤出机简介

室外光缆护套的材料为中密度或高密度聚乙烯护套料。护套的制作可采用通用的塑料挤出机。挤出机的螺杆的长径比至少应为 25∶1 以保证塑料的充分塑化,压塑比可根据所用的塑料选定。螺杆分为三个区：馈料区、塑化区及混炼计量区。通用塑料挤出机常用的全螺纹螺杆的结构如图 6-28 所示。三个区的作用分别是对塑料粒子馈料、挤压熔化剪切、进一步压缩和推力挤出。现在，为了得到更均匀的熔化效果，很多挤出机都用有两条槽的 BM型螺杆，这里不再详述。

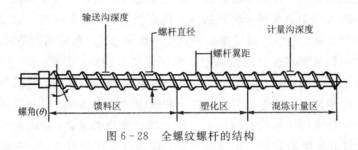

图 6-28 全螺纹螺杆的结构

2. 挤出模具

塑料挤出中的关键因素之一是挤出模具的设计。光缆护套挤制生产中使用的模具，包括模芯和模套，主要有三种形式：挤压式、挤管式和半挤管式。三种模具的典型结构如图 6-29 所示。三种模具的结构基本一样，区别仅仅在于模芯前端有无管状承径部分，或者管状承径部分与模套相对位置不同。

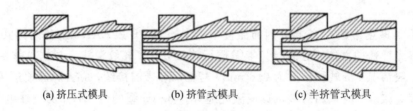

(a) 挤压式模具　　　(b) 挤管式模具　　　(c) 半挤管式模具

图 6-29 三种模具的典型结构

1）挤压式模具

挤压式模具的模芯没有管状承径部分，模芯缩在模套承径后面。熔融塑料是靠压力通过模套实现最后定型的，挤出塑胶层结构紧密，外表平整。模芯和模套夹角大小决定料流压力大小，影响着塑胶层质量和挤出光缆质量。挤压式模具的缺点是出胶速度慢，并且其偏心调节困难，厚度不易控制。

2）挤管式模具

挤管式模具又称为套管式模具。其模芯有管状承径部分，模芯口端伸出模套口端面或与模套口端面持平的挤出方式称为挤管式。在挤管式模具挤出时，由于模芯管状承径部分的存在，使塑料不是直接压在缆芯上，而是沿着管状承径部分向前移动，先形成管状，然后经拉伸再包覆在光缆缆芯上。为了提高护层与线芯结合的紧密性，一般可以通过对挤出挤塑机机头的空气来提高二者的紧密程度。铝－聚乙烯护套宜用挤管式模具生产。

3）半挤管式模具

半挤管式模具的模芯有 5 mm 左右的管状承径部分，介于挤压式和挤管式之间，模芯口端基本处于模套平直度（承径）中间。在半挤管式挤出时，由于模芯是缩在模套承径后面，故熔融塑料是靠一定压力并通过模套实现定型的，而这个压力相对挤压式要小得多。由于在模套承径内,有一段模芯管状承径长度,因此又保留拉管式模具部分特性。熔融塑料沿管状拉出,然后再包覆在缆芯上。半挤管式模具综合挤压式和挤管式特点,性能介于两者之间。在 ADSS 光缆护套及某些特殊产品护套(如钢-聚乙烯护套)上宜用半挤压式模具生产工艺。

我们根据塑料的拉伸比(DDR)来计算模套内径尺寸,模芯内径则应比缆芯略大 0.5 mm。护套挤出的示意图如图 6-30 所示。模套内径为

$$D_D = \sqrt{(D_o^2 - D_i^2) \cdot DDR + D_T^2} \tag{6-30}$$

式中,D_D 为模套内径;D_T 为模芯外径;D_o 为光缆护套外径;D_i 为光缆护套内径。

在一般情况下,护套挤出采用半挤管式或挤管式较多,用平行钢丝加强的中心束管式光缆的护套需采用挤压式成型。在高密度聚乙烯护套挤出时,因高密度聚乙烯热熔较大,是低密度聚乙烯 1.3 倍,因而它需要挤塑机热功率较大,挤出模压力不宜太大。当挤出压力太大时,挤出压力会产生波动而造成成型护套外径竹节形波动,因此易采用半挤管式方法,达到减小挤压力目的。需要指出的是,挤出后的聚乙烯护套层应与表面涂塑的铝(钢)带紧密粘结,剥离力要大。

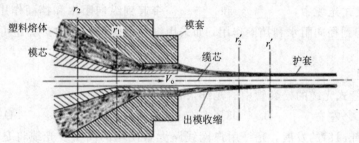

图 6-30 护套挤出的示意图

光缆缆芯挤上护套离开挤塑机机头后,应马上将光缆沿着冷却水槽充分冷却,冷却后用风机吹干护套,再打上型号、日期、厂名,收卷在木盘上,光缆产品即告制造完毕。

习　题

一、填空题

1. 光缆按缆芯结构的特点,可分为_____式光缆、_____式光缆、_____式光缆和_____式光缆。

2. 松套光纤是光纤可以在套塑层中自由活动,其主要优点有:_____、_____、_____有利于提高光纤的稳定可靠性。

3. 光纤按其套塑方式可分为_____和_____,其中_____可以减轻光纤的静态疲劳。

4. 填充结构就是为了提高光缆的_____性能,在光缆缆芯的空隙中注满_____,以有效地防止_____进入光缆。

5. 当松套管是用来制作中心束管式光缆时,松套管中光纤余长应在_____左右。

6. 常用单模光纤的芯层为_____ μm 左右,外包层直径在_____ μm 左右,经一次涂覆后的直径为_____ μm 左右。

7. 光缆端别的识别方法是,面向光缆截面,由领示色光纤按顺时针排列为_____,领示色由厂家确定。

8. 光纤着色的颜料有 12 种，即蓝、_____、_____、_____、_____、白、_____、_____、_____、_____、_____。

9. 光纤并带过程中，着色光纤的排列顺序有两种方法：_____色谱和_____色谱。

10. 根据粘结材料对光纤提供缓冲作用的大小，带状光纤的结构一般为_____型和_____型。

11. 在光纤的并带工艺中，放线张力的控制是关键，放线张力一般控制在_____左右。

12. 在光缆出厂时，在光缆盘上用红色标志标明_____端，绿色标明_____端，以便施工时识别。

13. 目前国际上生产光纤预制棒的四种方法，分别是_____、_____、_____和_____。

14. 中心束管式光缆的拉伸性能取决于下列两个因素：一是正确设计_____，以限制光缆在受拉伸力时的延伸；二是通过光纤在束管中的_____来保证光缆延伸时光纤的拉伸应变仍能限制在标准规定的数值之下。

15. 在层绞式光缆中，_____和_____带起到纵向阻水和挡潮作用；纵包铝塑带或纵包钢塑带起到径向阻水和挡潮作用，如采用纵包钢塑带作为内护套还可提高光缆的抗侧压性能。

二、选择题

1. 中心束管式光缆的松套管中的光纤余长应为（　　）。

　　A. 0.25％左右　　　　B. 0.03％左右　　　　C. 0.04％左右　　　　D. 0.06％左右

2. 随着光纤通信的发展，光纤用户网线路大量使用的高密度光缆将是（　　）结构的光缆。

　　A. 层绞式　　　　　　B. 骨架式　　　　　　C. 中心束管式　　　　D. 带状

3. 在生产松套光纤时，为了增加光纤余长，下面措施中错误的是（　　）。

　　A. 增加热水槽水温　　　　　　　　　B. 增大主牵引张力

　　C. 减小主牵引张力　　　　　　　　　D. 减小放线张力

4. 为了提高层绞式光缆的拉伸窗口，下列措施中错误的是（　　）。

　　A. 减小对绞节距　　　　　　　　　　B. 增大光纤套管直径

　　C. 增大对绞节距　　　　　　　　　　D. 增大缆芯直径

三、问答题

1. 试说明四种气相反应沉积法炼制光棒的各自优缺点。

2. 光纤拉丝设备有哪些部分所组成？试述各部分的控制要点。

3. 光纤二次套塑时的光纤余长起什么作用？

4. 光纤二次套塑时松套管中填充的缆膏起什么作用？对缆膏有什么要求？

5. 在用热松弛法生产松套管时，影响光纤余长的因素有哪些？在实际生产中经常调整什么因素来调节余长？

6. 为了解决光纤紧套工艺中产生的附加损耗，紧套工艺中要考虑哪些因素？

7. 在层绞式光缆的松套管排列中，采用哪两种色谱排列方式？

8. 为什么层绞式光缆能提高光缆的拉伸性能而不至于导致光纤应变？

9. 光缆护套在挤出时，按照挤出模具的不同分为哪几种挤出模式？各有什么特点？

第七章 光纤光缆的测试技术

光纤光缆的测试项目繁多，有的是为控制产品质量而将工序上下来的半成品进行检验(测试)，有的是产品的最终性能测试；有的是产品出厂的必测项目，有的是抽测项目或工厂技术条件发生改变后的型式试验项目。对于光纤的测试，包括光纤几何尺寸(如纤芯直径、包层直径、同心度、不圆度等)测试、光纤光学特性(如折射率剖面分布、数值孔径、模场直径、截止波长等)测试、光纤传输特性(如衰减、色散、偏振模色散、带宽等)测试、光纤机械特性(如光纤抗拉抗压强度、翘曲、涂覆层可剥性等)测试；对于成品光缆出厂来说，除了仍需对光纤的部分重要性能做测试外，还要对光缆的机械性能、环境性能等做测试，以保证出厂的光缆能符合国家或行业标准的要求，为通信市场提供合格的产品。本章不准备对上述测试项目一一详细介绍，只对其中部分常规的光纤光缆的性能测试项目进行介绍。

7.1 光纤光缆的传输性能测试

光纤的传输性能是光纤通信工程设计的重要参考依据，它决定了光纤通信中无中继传输的最远距离及系统最高工作速率，也即光通信容量的大小。光纤传输特性有 4 项：光纤衰减、光纤色散、光纤偏振模色散和光纤带宽。下面简要介绍这些特性的测试方法。

7.1.1 光纤衰减测试

光纤衰减特性是光纤最基本的传输特性，在光纤光缆制造的每道工序之后都要对它进行测量。光纤衰减的测量方法有截断法、插入法和后向散射法。下面重点介绍后向散射法。

强光脉冲经过光纤时会产生瑞利散射，若在光脉冲注入端收集光纤在不同长度上反向(后向)传回的这些散射信号，便可提取光纤在长度方向上的光纤衰减信息，用这种方法测试光纤衰减称之为后向散射法。它的最大优点是不破坏光纤，测试在光纤一端进行，可观测光纤在长度方向上的衰减分布。后向散射法所使用的设备是光时域反射仪(OTDR)。

OTDR 的工作原理和实物照片如图 7-1 所示。激光源周期性地发送可变宽度的脉冲进入被测光纤的一端，在同一端的后向散射光在经分波器后被光电检测器接收，放大后在示波器上显示。为了防止 OTDR 连接器处初始反射对测量结果的影响，通常应在 OTDR 输出连接器和被测光纤之间加一段盲区光纤。

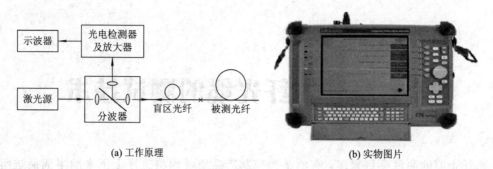

(a) 工作原理   (b) 实物图片

图 7-1 OTDR 的工作原理和实物照片

通过对后向散射波形的分析，OTDR 可测量光纤的各种衰减性能，后向散射功率曲线模型如图 7-2 所示。在 OTDR 上测得的衰减曲线如图 7-3 所示。

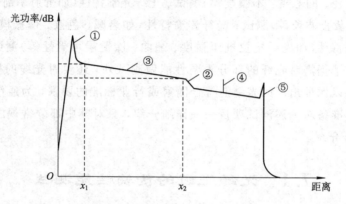

图 7-2 后向散射功率曲线模型

后向散射功率曲线给出了下列信息：

①和⑤分别为光纤输入端和远端端面的菲涅耳反射；②为光纤熔接点、光纤缺陷、光纤宏弯的非反射型损耗；③为光纤在相应长度上的光功率的下降，可得到该长度上的平均衰减(dB/km)；④的尖峰表示光纤在相应长度点上有损伤的裂纹所产生的菲涅耳反射。

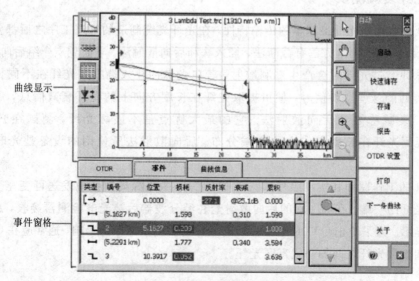

图 7-3 OTDR 上测得的衰减曲线

另外，OTDR不仅用于测量光纤的衰减，而且还测出了光纤链路的长度（图7-2中①～⑤之间的距离），即

$$d = \frac{t \cdot c}{2n} \tag{7-1}$$

式中，d为光纤的长度；c为光在真空中的光速；n为光纤纤芯的折射率；t为脉冲发出和接收的时间差。需要指出的是，在OTDR中，折射率n的设置必须正确，如果设置不正确，那么所测得的距离将是错误的。

在使用OTDR时，有以下几个要点需要注意。

1. 平均时间

每当OTDR向被测光纤发出一个光脉冲后，即按照一定的时间间隔对由被测光纤返回的后向散射的光信号进行采样。但由于在每一个采样点上均有噪声信号，因此将严重影响到测试的准确度。根据噪声信号的随机特性，为了极大地减小噪声信号对测试准确度的影响，OTDR采用了反复发送光脉冲、反复进行采样计算的测试方法，最后将每一采样点反复采样的数据进行求和并取平均值，以此对噪声信号进行抑制。这就要求OTDR要有一定的测试平均时间，平均时间越长，OTDR对噪声信号的抑制性能越好，损耗测试的精度也就越高。在一般情况下，平均时间应在0.5～3 min为好。

2. 动态范围

OTDR的动态范围是后向散射的近端与噪声峰值电平（Bellcore标准则为98％噪声电平）之差值，其示意图如图7-4所示。

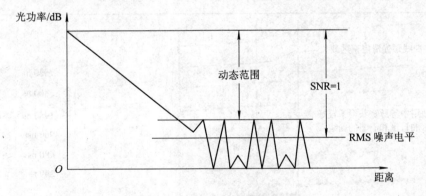

图7-4　OTDR的动态范围示意图

测量不同的长度的光纤线路，需要不同脉宽的测量脉冲，脉宽愈大，光功率愈大，测量距离也愈长，动态范围也愈大。因此，OTDR的动态范围越大，对光纤发射的光功率要越大，光接收端对噪声的抑制能力要越强，测试的距离也就越远，但价格也就越高。但绝不是说，脉冲宽度越宽越好，脉冲宽度越宽，盲区（尤其是近端盲区）越大，不可测试的损耗区和不可分辨的事件区越大。现代OTDR的动态范围可达30～40 dB，可测量距离在200 km以上。

3. 测量盲区

OTDR的盲区是指不可测量损耗的和不可分辨事件的最小距离。OTDR面板上输出连接器的初始反射会引起OTDR接收机饱和会影响光纤衰减测量精度和事件反射点的分辨

率，这一区域分别称为衰减盲区和事件盲区，如图 7-5 所示。衰减盲区是指自起始反射点到与后向散射曲线相差不超过±0.5 dB 处的距离。衰减盲区告诉我们测试光纤连接点到第一个可检测接头点之间的最短距离。事件盲区是指从反射事件的起始点到该事件峰值衰减1.5 dB 点间的距离。事件盲区确定了两个可区分的反射事件点间的最短距离。

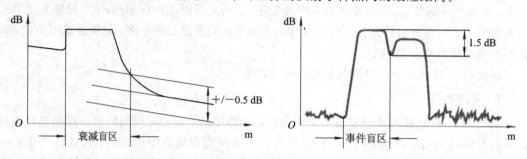

图 7-5　OTDR 的盲区

　　严格来说，盲区是一个动态指标，盲区的大小与 OTDR 的输出光脉冲宽度有关，与产生事件的具体位置有关。光脉冲宽度越大，盲区也就越大。在同样脉冲宽度下，事件发生的位置距测试点越近，盲区也就越大。盲区具体定义的条件为：当 OTDR 输出的脉冲宽度为10 ns 时，OTDR 所不可测量损耗的和不可分辨事件的最小距离。

　　脉冲宽度与盲区和动态范围直接相关。在如图 7-6 所示的脉宽与分辨率的关系中，用8 个不同的脉冲宽度测量同一根光纤。最短的脉宽获得了最小的盲区，但同时也导致了最大的噪声。最长的脉宽获得了最光滑的测试曲线，与此同时，盲区长达接近 1 km。

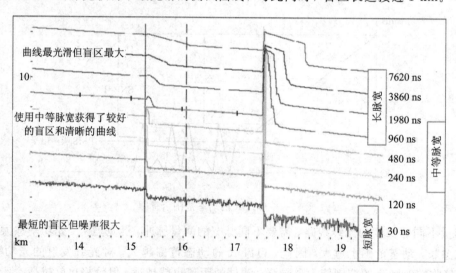

图 7-6　脉宽与分辨率的关系

　　为了减小盲区对测量值的影响，需要在 OTDR 输出连接器(尾纤)和被测光纤之间加一段盲区光纤。

　　在一般情况下，建议用户遵照以下原则，即

$$脉冲宽度 \geqslant \frac{长度分辨率 \times 8 \times 光纤折射率}{光速} \tag{7-2}$$

例如，当长度分辨率=0.25 m 时，有

$$脉冲宽度 \geqslant \frac{0.25 \text{ m} \times 8 \times 1.4681}{3 \times 10^8 \text{ m/s}} \approx 10 \text{ ns}。$$

4. 空间分辨率

OTDR 的空间分辨率分为菲涅耳反射和后向散射的距离分辨率，如图 7-7 所示。菲涅耳反射分辨率定义为小于峰值 1.5 dB 的宽度，后向散射的功率可能使接收器瞬间饱和，接收器需经一段时间才能恢复，这段时间内将使被测的后向散射信号产生畸变从而造成测量误差。这可采用电子屏蔽功能（Masking Feature）来防止信号功率快速变化带来的影响。

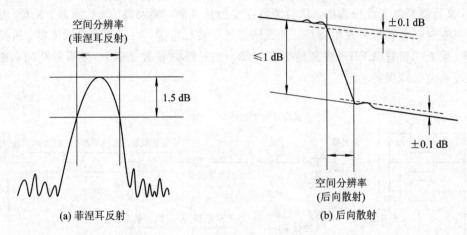

(a) 菲涅耳反射　　　　　　　　　　(b) 后向散射

图 7-7　OTDR 的空间分辨率

另外，还需说明的是，对于同一根光纤，不同波长下进行的测试会得到不同的损耗结果。因此，在用 OTDR 测试光纤衰减时，要先设定光波长测试波长越长，对光纤弯曲越敏感。1550 nm 下测试的接头损耗大于在 1310 nm 处的测试值。

7.1.2　光纤色散的测试

光纤色散主要是指集中的光能经过光纤传输后在光纤输出端发生能量分散，导致传输信号的畸变。在光纤数字通信系统中，由于信号的各频率成分或各模式成分的传输速度不同，信号在光纤中传输一段距离后，将互相散开，脉冲展宽。严重时，前后脉冲将互相重叠，形成码间干扰，增加误码率，影响光纤的带宽，限制了光纤传输的容量和传输距离。

色散是光纤的重要参数之一，它和衰减是系统设计中光中继受限距离的两个重要参数。研究光纤的色散特性，对合理地设计光纤折射率剖面结构，开发传输性能优良的光纤品种，有十分重要的意义。

多模光纤的色散主要包括模间色散、材料色散、波导色散等；单模光纤的色散主要包括材料色散、波导色散和折射率剖面色散等。单模光纤由于没有模间色散，故其总色散比多模光纤小得多，即对信号的畸变或展宽很小，带宽很宽。因此，单模光纤色散的测量需要用精密灵巧的皮秒级时延差的测量方法。

光纤色散特性测量方法常用有三种：相移法、干涉法和脉冲时延法。ITU-T 的 G.650（2000 年版）标准规定相移法为光纤色散测量的基准试验方法，干涉法和脉冲时延法为替代试验方法。下面主要介绍相移法。

相移法是测量所有 B 类单模光纤和 A 类多模光纤色散的基准试验方法。相移法的测量原理是通过测量不同波长的光纤的已调制光信号，通过光纤后，已调制光信号的包络产生相移量，从而计算得出不同波长间的相对群时延，再根据时延 $\tau(\lambda_i)$ 得到最佳拟合时延曲线 $\tau(\lambda)$，通过数学运算进一步得到光纤色散特性曲线 $D(\lambda)$。

相移法适用于实验室、工厂和现场测量长度大于 1 km 的单模光纤和多模光纤的波长色散系数。在测量精度或重复性满足要求的情况下，也可以用来测量更短的光纤，但测量波长范围可按要求改变。

用相移法测量单模光纤色散特性的试验装置如图 7-8 所示。从国外最早引进的英国 EG&G 仪器就是基于此原理的。试验装置主要包括光源、放大器、光检测器、光纤/电参考链路、可变衰减器和信号发生器等。光源依据测量波长范围，可采用多只激光器、波长可调激光器、发光二极管（LED）（或其他宽带光源，如光纤喇曼激光器）。在测量期间，光源位置、强度和波长应保持稳定。

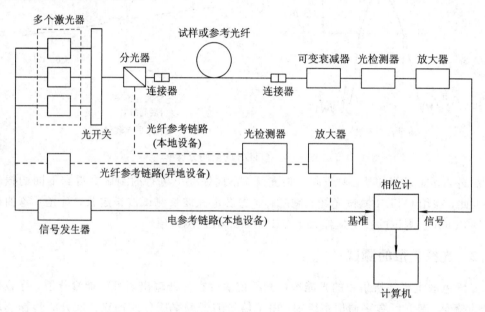

图 7-8　用相移法测量单模光纤色散特性的试验装置

光源的 FWHM 谱宽应小于或等于 10 nm。调制器应用正弦波（或梯形波，或方波）对光源进行幅度调制，产生一个具有单一主傅里叶分量的波形。调制频率稳定度至少应为 10^{-8} 量级。测量相移时，应防止 $n \times 360°$（n 是整数）的不确定性。为此应采用诸如跟踪 $360°$ 相位变化的方法或选择足够低的调制频率将相对相移限制在 $360°$ 之内；另外，为保证试验装置有足够的测量精度，光源调制频率必须足够高。所以调制光源的正弦波的频率选择有一定的范围，具体请参阅有关参考资料，这里不展开详述。

在接收端，应将一个在测量波长范围内灵敏的光检测器和一个相位计一起使用。为提高检测系统的灵敏度，可采用一个放大器。一个典型的系统可能包括光电二极管、场效应晶体管放大器和矢量电压表。检测器—放大器—相位计系统应只对调制信号的主傅里叶分量响应，在接收光功率范围内应引入恒定的信号相移。接收功率范围可由可变衰减器控制。为比较发送和接收信号的相位，应给相位计提供与调制信号的主傅里叶分量频率相同的基准信号。经相位计比较后的相位差送入计算机，计算出光纤在此工作波长时的时延量，即

色散系数 $\tau(\lambda_i)$，其计算公式为

$$\tau(\lambda_i) = \left[\phi_{out}(\lambda_i) - \phi_{in}(\lambda_i)\right] \cdot \frac{10^6}{360fL} \qquad (7-3)$$

式中，$\phi_{out}(\lambda_i)$ 为测得试样的输出相位，单位为度（°）；$\phi_{in}(\lambda_i)$ 为测得试样的输入相位，单位为度（°）；f 为光源调制频率，单位为兆赫兹（MHz）；L 为扣除参考光纤后被测量样品长度，单位为千米（km）。

通过在多个光波长 λ_i 的测量，可测量最佳拟合时延曲线 $\tau(\lambda_i)$，通过数学运算进一步得到光纤色散特性曲线 $D(\lambda)$，典型的曲线形式如图 7-9 所示。

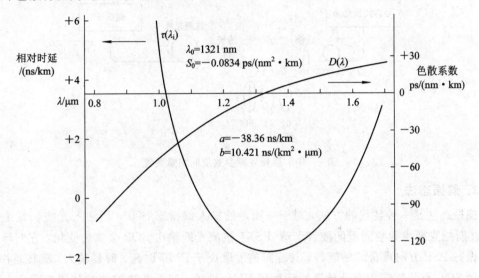

图 7-9　典型的时延曲线 $\tau(\lambda_i)$ 和色散斜率系数曲线 $D(\lambda)$

7.1.3　偏振模色散的测试

光纤偏振模色散（PMD）是指单模光纤中两个正交偏振模之间的差分群时延，在光纤数字通信系统中会导致脉冲展宽而引起误码。光纤偏振模色散（PMD）不同于光纤色度色散（CD）。一般 CD 比较稳定，而 PMD 则是随机变化的（对温度、应力、弯曲等因素的影响较敏感）。PMD 往往用群时延差的平均值，即 PMD 系数来表示，光纤偏振模色散（PMD）的测试也较为繁复，常用的测试方法有两大类（频域法与时域法）五种方法。属于频域法的有：斯托克斯参数法、固定分析（FA）仪法、偏振态法。属于时域法的有：干涉法（全称为迈克耳逊干涉法）和脉冲时延法。

下面介绍使用较多的三种方法：斯托克斯参数法、偏振态法和干涉法。

1. 斯托克斯参数法

斯托克斯参数方法是测量 PMD 的基准方法，它在一波长范围内以一定的波长间隔测量出输出偏振态（SOP）随波长的变化，该变化用琼斯矩阵本征分析（JME）或波音卡球（PS）上偏振态（SOP）矢量的旋转来表征，通过分析计算得到 PMD 结果。斯托克斯参数法的测量装置如图 7-10 所示。它由以下几个部分组成：

（1）可调波长光源：单纵模激光器，其偏振度要求不小于 90%。

（2）偏振调节器：其作用是为后面的线偏振器组提供圆偏振光。

（3）线偏振器组：采用 3 个线偏振器（0°、45°、90°）分别置于由两个透镜构成的平行光路中。

（4）被测光纤：由线偏振器组输出的线偏振光由透镜注入被测光纤，并对被测光纤进行包层模剥除。

（5）偏振计：用偏振计测量 3 个线偏振器分别插入光路时所对应的 3 个偏振态，偏振计的波长范围应覆盖光源的波长范围。

用上述装置测得的结果应用琼斯矩阵本征分析（JME）或波音卡球（PS）法计算得到 PMD。

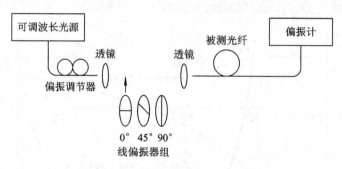

图 7 - 10　斯托克斯参数法的测量装置

2. 偏振态法

偏振态法是一种替代的方法，对于一固定的输入偏振态 SOP，当注入光波长发生变化时，在斯托克斯参数空间里的波音卡球（PS）上被测光纤输出 SOP 会发生变化，它们环绕与主偏振态 PSP 方向重合的轴旋转，其旋转速度取决于 PMD 时延，时延越大，旋转越快。通过测量 SOP 点的旋转角度及计算处理得到 PMD 结果。偏振态法的测量装置如图 7 - 11 所示。它由以下几个部分组成：

（1）光源：一个稳定的单纵模激光器，在测量范围内波长可调，其谱线宽度足够窄。

（2）偏振控制器：位于光源与被测光纤之间。

（3）偏振计：在被测光纤的输出端，用偏振计测量斯托克斯参数，斯托克斯参数是输出波长的函数。同斯托克斯参数法相比，偏振态法使用设备简单，但测量结果没有斯托克斯参数法严格和准确。

图 7 - 11　偏振态法的测量装置

3. 干涉法

干涉法是一种方便、快速的 PMD 测量方法，设备体积小，适合制造过程和施工现场长纤和短纤使用。它是在光纤一端用宽带光源照明，在光纤输出端用干涉仪测量自相关函数和互相关函数，从而确定 PMD。光纤参考通道和空气参考通道的迈克耳逊干涉法的测量装置分别如图 7 - 12 和图 7 - 13 所示。它们都由以下几部分组成：

（1）光源：宽带大功率 LED 光源，谱宽达 60 nm，近似高斯分布，输出功率大于 500 μW。

（2）偏振器：用于在整个波长范围内起偏。

（3）光束分离器：用来将一束偏振光分成两束光，使两束光分别在干涉仪的两个臂中传播，它可用光耦合器也可用直角光束分光器。

（4）调整相干的延迟线。

（5）光探测系统：由低噪声光探测器和锁定放大器组成来探测相干光信号。

（6）数据处理设备：使用有相关软件的计算机，分析干涉图样。

（7）设备校准用已知 PMD 时延的标准光纤。

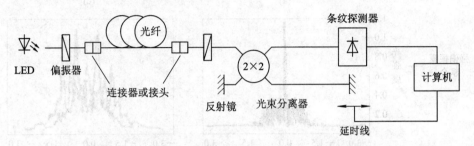

图 7 - 12　光纤参考通道的迈克耳逊干涉法的测量装置

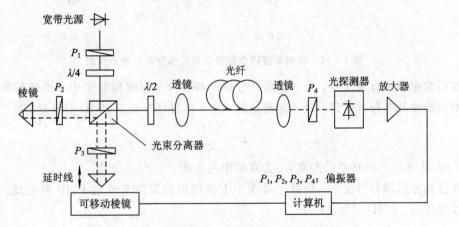

图 7 - 13　空气参考通道的迈克耳逊干涉法的测量装置

测量程序为：将光源通过偏振器耦合至光纤输入端，光纤输出端耦合至干涉仪输入端，或将光源通过透镜和偏振器耦合至光纤输入端，光纤输出端通过透镜和偏振器耦合至光探测器（如图 7 - 13 所示）。测量可通过标准光纤连接器和接头，或通过一个光纤对准系统来实现。若采用后一种方法，则应用折射率匹配液以避免反射。将光源输出功率调节到与探测器特性相应的一个合适参考值。为得到足够的干涉条纹对比度，应使干涉仪两臂中的功率基本相同。通过移动干涉仪两臂中的反射镜，记录光强得到第一个测量结果。对于一选定的偏振态，从得到的干涉条纹图按下述的方法计算 PMD 时延。

弱偏振模耦合和强偏振模耦合的干涉条纹图如图 7 - 14 所示。在偏振模耦合不够或 PMD 较低的情况下，为了得到在所有情况下的平均结果，可对不同的偏振态进行测量或在测量时对偏振状态进行调制。设备校准可用已知 PMD 时延的高双折射光纤或已知 PMD 时延的标准光纤进行。

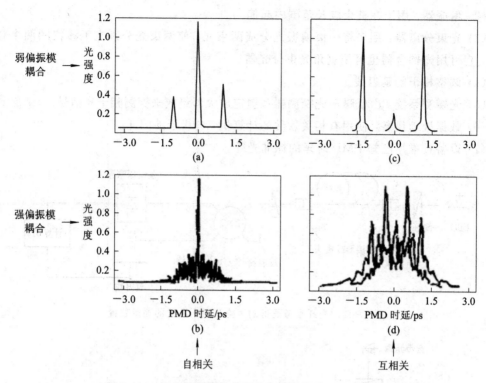

图 7-14　弱偏振模耦合和强偏振模耦合的干涉条纹图

在弱偏振模耦合情况下，干涉条纹是分离的峰，两个伴峰相对于中心主峰的延迟都对应于被测器件的差分群时延。对于这种情况，差分群时延等效于 PMD 群时延，有

$$\Delta\tau = \frac{2\Delta L}{c} \tag{7-4}$$

式中，ΔL 为光延迟线移动的距离；c 为真空中的光速。

在强偏振模耦合情况下，根据干涉图中干涉图形的宽度来确定 PMD 群时延。这时干涉条纹很接近。PMD 时延 $\Delta\tau$ 为

$$\Delta\tau = \sqrt{\frac{3}{4}} \cdot \delta \tag{7-5}$$

式中，δ 为高斯曲线标准差。

图 7-14 是对弱偏振模耦合(上方)和强偏振模耦合(下方)光纤，分别用自相关型仪器(如图 7-14 中(a)、(b))所示和互相关型仪器(如图 7-14 中的(c)、(d))所示测得的干涉条纹图。

斯托克斯参数法是基准测量法，但装置复杂、测试速度慢、操作难度大，适合在试验室使用；偏振态法设备较简单，但测量结果没有斯托克斯参数法严格准确；干涉法装置更简单且轻便，操作方便、快速、直观，测量精度满足要求，是生产和施工现场普遍采用的测试方法。上海电缆研究所于 2005 年研制成功了采用干涉法原理的 PMD-B 便携式偏振模色散测试仪，经过与国际同类先进仪器的比对测试，该仪器在精度、测试速度方面均达到国际先进水平，它既可供研究院所、生产单位使用，又可供用户进行现场测试。

由于 PMD 受温度、应力、弯曲等因素的影响较大，并且是随着时间变化的随机统计量，因此对于工程应用，测试链路的 PMDQ 值比测试单盘光纤或光缆的 PMD 值更有实际意义。

7.1.4 光纤带宽的测试

光纤带宽是多模光纤的一项重要传输特性，是光纤模间色散、材料色散及结构色散共同影响的结果（其中光纤模间色散影响是主要的）。测量光纤带宽常用方法有两种：① 频域法（扫频法）；② 时域法（脉冲展宽法）。频域法是基准方法，时域法是替代法，时域法测得的结果必须变换成用频域的结果来表达。光纤带宽测量同多模光纤损耗测量一样，要使用稳态模激励（应用扰模器、包层模剥除器）。下面分别介绍这两种测量方法。

1. 频域法（扫频法）

频域法采用了标量频谱分析仪（频域测试仪器）及其附属设备跟踪信号发生器，将跟踪信号发生器输出的扫频基带正弦信号送去调制激光二极管 LD，跟踪同步信号送至频谱分析仪的同步输入端，同时将 LD 被调制的光信号耦合至光纤扰模器包层模剥除器传送到被测光纤，用一个快响应的 PIN 光电二极管接收经被测光纤传输后的光信号并将其转换的电信号送到频谱分析仪，便可从频谱分析仪上得到的扫频曲线上直接得到光纤的带宽（相对传输光功率下降至 6 dB 处的频率宽度）。用频域法测量光纤带宽的最大优点是测量结果不需要变换，其系统原理框图如图 7-15 所示。

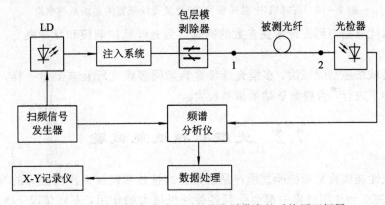

图 7-15 用频域法（扫频法）测量光纤带宽的系统原理框图

测量时，将被测光纤接入测试系统，进行同步扫频测试，在终端（点 2 处）检测出光信号并经过频谱分析仪后，各频率分量的幅值以分贝数存入数据寄存器中，得到 $P_2(\omega)$；然后，保持注入条件不变，在距注入端 2 m 左右的 1 点处，将光纤切断，将检测器接到 1 处，对 2 m 长的短光纤再次进行同步扫频测试，检测信号经频谱分析后也送入数据寄存器，作为被测光纤输入端的光频域函数 $P_1(\omega)$，在寄存器中将 $P_1(\omega)$ 减去相同频率的 $P_2(\omega)$，绘出 $P_1(\omega) - P_2(\omega)$ 与调制频率 ω 的曲线，即可得到光纤的带宽。

2. 时域法（脉冲展宽法）

时域法采用宽带（达 1000 GHz）示波器或取样示波器（以上均为时域测量仪器）观测经被测光纤传输前脉冲波形及半宽度的变化。用时域法测量光纤带宽的系统原理图如图 7-16 所示。其将脉冲信号发生器（经常也采用梳状波信号发生器）输出的窄脉冲信号（半宽小于 1 ns，重复频率 1~10 kHz）调制激光二极管 LD，LD 输出光脉冲信号经光纤扰模器包层模剥除器耦合至被测光纤，用一个响应快的 PIN 光电二极管接收经被测光纤传输后的光脉冲信号并将其转换的电信号送到宽带示波器。记录被测光纤传输前后光脉冲波形 $P_{(1)}$ 和 $P_{(2)}$

并将其取样及进行计算机傅里叶变换得到被测光纤的基带频率特性曲线，由此曲线得到光纤的带宽。可用下式对带宽进行估算

$$B = \frac{0.44}{\sqrt{\tau_2^2 - \tau_1^2}} \quad (\text{GHz})$$

$(7-6)$

式中，τ_1 和 τ_2 分别是当 $P_{(1)}$ 和 $P_{(2)}$ 近似高斯脉冲时测出的半幅值宽度，单位为纳秒（ns），并且要求 $\tau_2 > 1.4\tau_1$，计算才有足够精度。

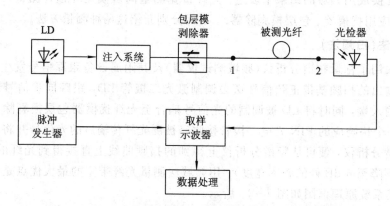

图 7 - 16　用时域法（脉冲展宽法）测量光纤带宽的系统原理框图

时域法的优点是得到光纤带宽参数的同时得到光纤脉冲响应和脉冲展宽。不足是数据处理较繁复。

无论是频域法还是时域法，多模光纤带宽测量同多模光纤衰减测量一样，要注意在稳态模分布条件下进行，否则测量结果偏差较大。

7.2　光缆机械性能试验

光缆机械性能试验是指检验光缆产品所具有的抗外部机械力作用能力的试验。光缆在制造、运输、施工和使用过程中都会受到各种外机械力的作用，不同情况下光缆承受的外作用力不但大小不同，而且类型也不同。综合各种受力状态，可分解为拉伸、压扁、冲击、反复弯曲、扭转、曲绕、卷绕和振动等 8 种典型的受力状态。光缆在外机械力作用下，光缆中的光纤很可能会受到外机械力作用，其传输性能可能发生变化，使用寿命有可能缩短，甚至出现断纤现象，所以，光缆的机械性能技术指标是光缆产品质量的重要技术指标。

光缆机械性能试验是检验光缆产品的机械性能是否达到国家或行业标准或者订货合同技术指标要求的检测标准，是判断被检测光缆产品是否合格的重要条件之一、行业标准或国家标准。光缆厂要定期按本厂企业标准对所生产的各种型号光缆做这种常规试验，以便及时判断所产生的光缆产品质量及质量控制是否存在问题。

本小节介绍的各种光缆机械性能和环境性能测量方法，具体试验目的、试验装置、试样数量、试验程序和合格判据等应符合《光缆总规范——基本试验程序》（IEC 60794 - 1 - 2：2017）或国家标准《光缆总规范第二部分：光缆基本试验方法》（GB/T 7424.2—2008）的规定。

7.2.1　拉伸性能试验

光缆拉伸性能的测量方法是利用拉伸试验装置，用规定的拉力试验光缆，以验证敷设

中的光纤光缆的衰减和光纤伸长应变性能与负载力之间的函数关系。这个方法是非破坏性的，即所施加的试验拉伸力应在光缆所允许工作的拉伸力以内。

光缆拉伸性能的测量方法有：① 测量衰减变化的方法（简称方法 1）；② 确定光纤伸长应变的方法（简称方法 2）。方法 2 可以提供现场敷设光缆最大允许拉力和光缆中光纤的应变范围。应按详细规范要求或是用户和厂方协商的意见分别单独或组合使用方法 1 和方法 2。

方法 1 中用一台衰减测量仪来监测衰减的变化，方法 2 用一台光纤伸长应变测量仪来测量光纤的伸长应变。光缆拉伸性能测量系统的原理示意图如图 7-17 所示。

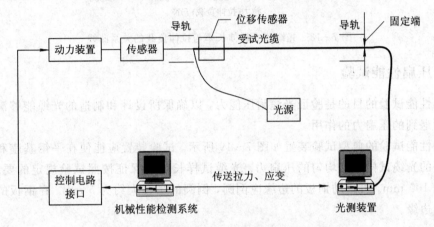

图 7-17　光缆拉伸性能测量系统的原理示意图

将光缆安装至拉伸设备并保证其固定安全。在拉伸设备的两端所用的固定光缆的方法是均匀地固定受试光缆，限制住光缆中所有元件的移动。对于大多数光缆结构（如层绞式光缆），实际上是夹持住光缆各元件（除光纤外），足以获得衰减变化和（或）光缆的最大允许拉伸负载和应变极限。然而，对某些光缆结构（如中心束管式光缆）需要采用防止光纤滑动措施才能获得正确的应变极限值。

将拉伸试验中光缆中的光纤与测量仪相连。对于方法 2（光纤伸长测量方法—差分脉冲时延），在试样拉伸中要保证试样光缆的光纤基准长度不变。

按有关规范要求连续增大拉伸负载至需要的给定值。记录衰减变化和（或）光纤应变为光缆负载或伸长的函数关系。对于大芯数光缆，可以采用一台多衰减和（或）多光纤应变测量仪。通常，试验循环次数为一次。试样的衰减和/或光纤应变不超过相关规范的要求值。

测得的光缆伸长率 ε_c 和光纤伸长率（应变）ε_f 如图 7-18 所示（往往由计算机直接打印出来的）。图中说明，该光缆在拉力为 3000 N 时光纤开始产生应变，产生附加衰减；当拉力为 4000 N 时，光纤的附加衰减为 0.5 dB，此时光缆的伸长率为 0.6%。按照我国通信行业标准 YD/T 901—2018 规定："层绞式室外光缆在长期允许拉力（600 N）下光纤应无明显的附加衰减和应变；在短暂拉力（1500 N）下光纤附加衰减应不大于 0.1 dB 和应变不大于 0.15%，在此拉力去除后，光纤应无明显的残余附加衰减和应变，光缆残余应变应不大于 0.08%；护套应无目力可见开裂"，此图显示产品合格。从图中还可以看到，当光纤应变为 0.01% 时，光缆的伸长率约为 0.5%，这就是光缆的"拉伸窗口"。这个曲线对我们光缆设计有指导意义：当光纤发生应变时的拉力太小，说明加强芯的强度不够，应该加强；当拉伸窗口过小时，说明光纤相对于光缆的余长不够，应增加套塑余长或减小 SZ 绞合成缆节距。

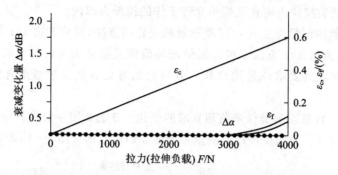

图 7-18   光缆和光纤伸长率与拉伸负载的关系曲线

7.2.2   压扁性能试验

压扁性能试验的目的是验证光缆耐压能力，以确保所设计和制造的光缆能够满足实际使用中所遇到的压扁力的作用。

压扁性能试验的典型试验装置如图 7-19 所示。试验装置应能使在平钢基座和可移动钢板之间的光缆试样受到均匀的压扁力。光缆试样长度要保证按照试验规定的要求，设试样长度为 100 mm。可移动钢板的边缘应倒圆，倒圆的半径大约为 5 mm。在钢板的平面部分不包括边缘。

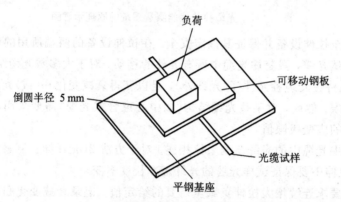

图 7-19   压扁性能试验的典型试验装置

试验时，将光缆试样安放在两平钢板之间，防止其侧向移动。逐渐施加压力，以求不产生突然变化。

光缆压扁试验应分 3 次完成。在不转动光缆试样的情况下，压扁力应施加在试样的 3 个不同的位置，3 个不同位置的间隔应大于 500 mm。

如有规范要求进行工作条件试验，可在垂直于试样方向插入一根或多根钢棒（直径为 25 mm）进行附加或替代试验，以模拟特殊的工作条件。试验时，应在有关规范中规定最大压扁力、允许的短暂压扁力和长期压扁力。通常，试验施加负荷的持续时间至少为 1 min。如有要求应在加载下测量试样的附加衰减，卸载 5 min 后，测量试样衰减变化。试验合格判断依据应详细规定。典型的破坏形式包括：丧失光学连续性、光传输性能恶化或光缆物理损伤。图 7-20 所示的是压扁性能试验中测量的压扁力与光缆中各光纤的附加衰减变化量的关系曲线。

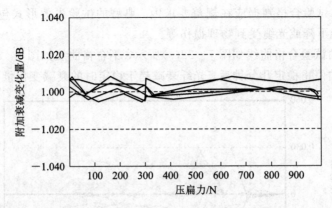

图 7-20　压扁力与光缆中各光纤的附加衰减变化量的关系曲线

7.2.3　反复弯曲试验

光缆在运输、施工和使用中，不可避免会受到反复弯曲作用。反复弯曲试验的目的是验证光缆经受反复弯曲的能力。

试样长度应满足试验规定的要求。当只鉴别光缆试样物理损伤时，试样长度为 1 m（如小直径的软跳线光缆或双芯光缆）至 5 m（如大直径光缆）。如要进行光学性能测量，所需要的试样长度会更长。光缆试样的每端应与连接器连接，或以一种典型的方法将光纤、护套和加强件夹持在一起。如果弯曲装置上的夹具合适，试样长度不受上述条件限制。

试验装置将允许试样的左右往复弯曲角度达 180°。试样的两个极限位置为试样的两个垂直边弯成 90°。与此同时，试样受到一个拉伸负荷。光缆反复弯曲试验的试验装置如图 7-21 所示。

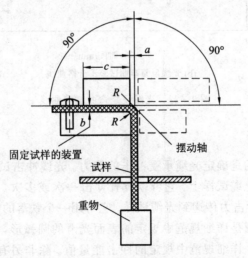

图 7-21　光缆反复弯曲试验的试验装置

试验装置应具有可调节的夹具或固定件来牢牢地夹住光缆试样，以求试验中不压住光纤或引起光衰减。对带有连接器的光缆，可用连接器将试样光缆固定到弯曲臂上。

试验装置应具有循环能力，将试样由垂直位置移至右端极限位置。然后摆动弯曲到左端极限位置,再返回到原始的垂直位置构成一个循环。通常,弯曲速率为 2 s/循环,循环次数按照规范要求。试验合格判据应在规范要求内。典型的试验失效形式包括:丧失光学连接性、光传输性能下降或光缆受到物理损伤等。

光缆反复弯曲试验合格曲线如图 7-22(a)所示,不合格曲线如图 7-22(b)所示。不合格的原因是当弯曲停止稳定几分钟后,光纤衰减趋于稳定时的衰减变化量大于 0.03 dB。

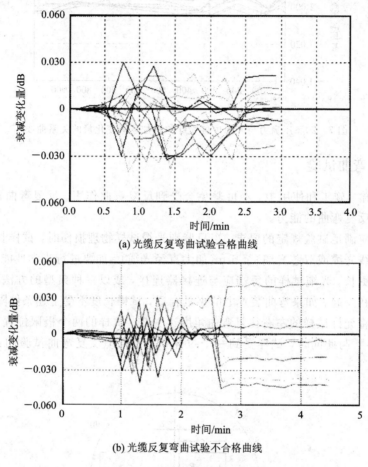

(a) 光缆反复弯曲试验合格曲线

(b) 光缆反复弯曲试验不合格曲线

图 7-22　光缆反复弯曲试验曲线

7.2.4　光缆冲击试验

光缆冲击试验的目的是确定光缆承受冲击的能力。光缆冲击试验机的冲击被施加到固定在坚实的平钢座上的光缆试样上。它可以设置冲击一次或多次,使一个重锤垂直跌落在一个钢块上,钢块再把冲击力传递到光缆试样。它可用一个跌落的重锤进行多次冲击。

接触试样的撞击表面是详细规范中规定的表面光滑的圆弧形,可调整重物或跌落重锤的质量和下落高度来产生详细规范中规定的冲击能量值。除非另有规定,下落高度通常为 1 m。然后,按详细规范中规定的速率和冲击次数,在详细规范中规定的试样位置上进行冲击。试验期间,按详细规范的要求进行监测和检查。

除非详细规范中另有规定,本试验的合格判据是光纤不断裂、衰减变化不超过详细规范中规定的值和光缆护套不开裂。光缆冲击试验后各光纤衰减变化量合格的曲线如图

7-23 所示。

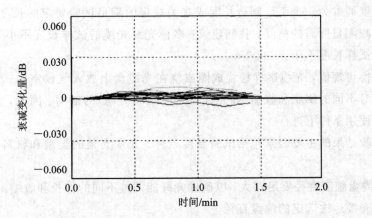

图 7-23　光缆冲击试验后各光纤衰减变化量合格的曲线

从如图 7-23 所示的这组曲线可以看到，在光缆受到冲击时，光纤的衰减在不停地变化，当冲击停止稳定后，光纤的衰减趋于稳定，光纤衰减变化量不大于 0.03 dB，并且光缆外护套无目力可见开裂，光缆中全部光纤和部件均完好。上述试验曲线符合冲击要求，应判定为合格。

光缆的机械性能试验除了上述项目外，还有曲扰试验、卷绕试验、振动试验、弯折试验等，读者可参阅有关资料。

7.3　光缆环境性能试验

由于通信光缆布放到实际线路的路由会遇到各种自然环境条件的作用或者人为因素的影响，而光缆在使用环境中应保持光传输性能、环境性能、机械强度、电气性能的长期稳定，因此，人们应该在深入研究光缆的温度衰减、渗水、阻水油膏滴落与蒸发、阻燃、耐电痕腐蚀等性能的基础上，设计和制造能够胜任任何可能面临的环境条件的光缆。我们必须按照光缆的实际使用环境条件来选择合理的光缆结构。

光缆环境性能试验的目的是模拟光缆实际使用的环境条件，进一步了解光缆在测量环境中的高、低温度变化下引起的光纤的附加衰减，光缆纵向和横向水渗透情况，高温下阻水油膏是否滴落与蒸发，在感应电场和燃烧环境中光缆能否耐电痕腐蚀，光缆的阻燃程度等。光缆环境性能测量就是想通过试验来评价所设计的光缆结构是否合理，以达到确保光缆在实际环境中能够长期安全可靠地运行的目的。

7.3.1　温度循环试验

温度循环试验是指对光缆进行温度循环来确定光缆经受温度变化的衰减稳定性。光缆中光纤衰减随温度的变化，通常是由光纤热膨胀系数与光缆加强件及各护层之间热膨胀系数差异引起的光纤弯曲和拉伸造成的。衰减与温度关系的测量试验条件应在模拟最恶劣的温度条件下进行。

温度循环试验可用来监视光缆在储存运输和使用中温度变化时光缆的性能，或者检验在一个选定的温度范围(通常比上述的温度范围更宽)光缆结构中与光纤基本无微弯状态有关联的衰减稳定性。

试样长度通常为一个工厂制造长度或有关规定的满足试验要求的长度。但是，试样还应能达到衰减测量所需的精度。我们建议：多模光纤光缆的试样长度不小于 1000 m；单模光纤光缆的试样长度不小于 2000 m。

为了获得再现值，光缆试样松绕成圈或绕在光缆盘上放入气候室内。光缆弯曲半径会影响到光纤对不同的膨胀和收缩（如光纤在光缆中的滑动）的能力。因此，光缆的试验条件应能在正常使用条件下进行。

影响试验结果的主要因素包括试验温度条件、光缆支架的类型和材料。通常建议的内容如下：

（1）光缆盘缠绕直径要足够大，以确保光纤能调整不同的伸长和收缩。因此，缆盘缠绕直径应大于光缆运输选定的缆盘直径。

（2）消除试验条件下产生的光缆膨胀（或收缩）的任何危险。实际上，我们应特别小心防止试验中光缆的残余应力。例如，光缆试样不应紧绕在缆盘上，因为紧绕会限定低温下试样的收缩。另外，多层紧绕会限制高温下试样的膨胀。

（3）推荐采用松绕。例如，大直径松绕圈，它具有柔软垫层缆盘或无应力装置。若需要时，为限制受试光缆长度，允许将光缆中的几根光纤连接起来，对被连接光纤进行测量。应限制连接光纤数，并将连接光纤置于气候室外。试验装置是由一台确定衰减变化的适合的衰减测量仪和一个容纳试样大小合适的气候室，气候室的温度应可控制，以保持在规定试验温度下温差变化在 ±3℃ 范围内。气候室的温度应可控制，以保持在规定试验温度下温差变化在 ±3℃ 范围内。

在起始测量时，试样应在 20℃±5℃ 的温度下至少放置 24 h，对试样进行外观检查并在起始温度下测量衰减基准值。

温度循环试验的步骤如下：

（1）将处于环境温度的试样放入具有同样温度的气候室内。

（2）以合适的冷却速率，将气候室的温度降低至适当的温度 T_A。

（3）待气候室的温度达到稳定后，将试样暴露到低温下停留适当的时间 t_1。

（4）以合适的加热速度，将气候室的温度升高至适当的温度 T_B。

（5）待气候室的温度达到稳定后，将试样暴露到高温下停留适当的时间 t_1。

（6）以合适的冷却速率将气候室的温度降低到环境温度值，这个试验过程就构成了一个温度循环，如图 7-24 所示。

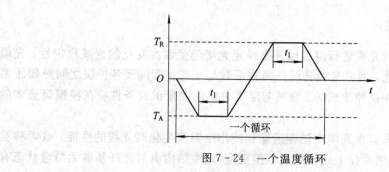

图 7-24　一个温度循环

（7）除非另有详细的规范要求，试样应经历两个温度循环试验。

（8）有关详细规范应阐述的内容：

① 试验过程中衰减变化和观察比较。

② 在哪段时间后完成观察。

（9）试样从气候室取出之前应在环境温度下达到温度稳定。

（10）如果有关规范指出储存和使用的不同温度范围，则允许用如图 7-25 所示的一个组合试验的温度循环来代替两个不同的温度循环。

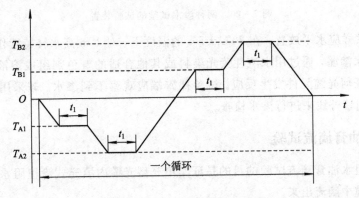

图 7-25　组合试验的温度循环

（11）T_A、T_B 和 t_1 与冷却（或加热）速率应在详细的规范中规定。由于光缆结构不同，缆芯的温度与气候室的温度也不同。恢复时间如下：① 如果试样从气候室中找出用于试验条件的不是标准大气压条件，则试样应在标准大气压条件下获得稳定的温度；② 比较详细的规范中对不同类型的试样，应绘出特定的恢复曲线。

试样的合格判据应在详细的规范中陈述。典型的损伤形式包括光学连续性失效、光纤衰减增加或光缆的物理破坏。

7.3.2　渗水试验

光缆渗水性能的好坏是保证光缆的长期安全可靠工作的重要条件，光缆的渗水问题是制造商和用户所关心的重要问题之一。渗水试验的目的是确定在规定长度方向上阻止水迁移的能力。这个试验适用于连续的阻水光缆。

我们可以选择方法 A 或者方法 B 进行光缆的渗水试验。方法 A 是用于检验缆芯外部空隙与外护层之间的水迁移。方法 B 则用来检验设计的光缆全横截面的阻水结构的水迁移。

对试样的要求是：方法 A 在位于光缆试样 3 m 一端处去除 25 m 宽的圈护层和绕包层，以使 1 m 高的水柱的水密套筒作用在裸露的缆芯上，并在圈护层中形成桥接间隙。方法 B 受试长度光缆试样长 1 m，受试长度应不超过 3 m。如果需要，试样先按变曲试验程序进行弯曲试验，再从试样的中部截取最大光缆长度为 3 m。试样的一端插入水密套筒，让 1 m 高水柱对试样进行作用。两种渗水试验的试验装置如图 7-26 所示。（需要注意的是，对于铠装层未设计为阻水的铠装光缆，在施加密封之前可剥除铠装。）

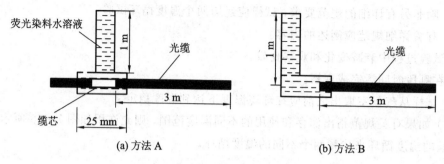

(a) 方法 A (b) 方法 B

图 7-26 两种渗水试验的试验装置

试验时，试样应水平放置，在 20℃±5℃ 的温度下，对 1 m 高水柱持续作用 24 h。为直观清晰地检查水渗漏，通过用水溶性荧光染料或其他合适的着色剂组成溶液。所选择的荧光染料应不与任何光缆元件发生反应。试验裸露端应观察不到渗水。若采用的是荧光染料水溶液，则可用紫外线来进行渗水检查。

7.3.3 阻水油膏滴流试验

光缆中的阻水油膏滴流试验的目的是证实填充型光缆内填充式涂覆阻水油膏在规定温度下是否从光缆中滴流出来。

从每种光缆中取 5 个光缆试样进行试验验证。每个光缆试样代表着规范中规定的光缆类型。光缆试样的每个试样长度应为 300+50mm。试样制备的步骤如下：

(1) 从试样的一端剥去一节 130 mm±2.5 mm 长的外护层。

(2) 从试样光缆同一端去掉 80 mm±2.5 mm 长的所有非光缆本征元件（如铠装、屏蔽、内护套、螺旋加强件、阻水带、其他的缆芯包带等），不要干扰光缆的保留件（如容纳光纤的松套管、用来保持圆形的填充物等）。

(3) 轻轻地去除经过步骤(1)、(2)后试样黏附的一些填充式涂覆阻水油膏，但要确保试样基本上保持的是填充式涂覆（即不要擦干净）。

(4) 若预先允许，在施加类具、塞子（插头）之前，称量每个试样的重量。

(5) 在包含有如光纤束或光纤带的光缆结构测量时，光纤束或光纤带会因自重作用发生滑动。为确保试样未处理端的这些元件一点都不会扰动试样的填充物，用夹具、环氧树脂填塞或用其他方式固定光纤束和光纤带，以满足试验目的的要求。

(6) 在详细规范允许时，可将松套上端密封起来以达到模拟长的光缆试样的情况。

阻水油膏滴流试验的仪器和设备有温度试验箱、盛料器皿和天平等。温度试验箱应具有足够的热容量，以便在试验期间保持规定的温度，并具有足够的空间放置试样。例如，温度试验箱为空气环流型，则空气不应直接吹到试样上。收集滴流物的盛料器皿应为非吸湿性容器。天平精度应至少为 0.001 g，并且能称出空的与滴有允许量的滴落物盛料器皿之间的重量差。

阻水油膏滴流试验的步骤如下：

(1) 将温度试验箱预热至规定的温度。

(2) 将制备好的试样放入试验箱内，制备好的一端朝下垂直悬挂。将预先经称重的清洁盛料器皿直接置于(但不能碰)悬挂的试样下。

(3) 有关标准规定,可按下列步骤对试样进行预处理,否则继续步骤(4):

① 使箱内温度达到稳定,除非另有规定,每个试样预处理 1 h。

② 预处理结束后,以另一个预先经称重的清洁盛器皿替换原先的那个。对预处理期间使用的盛料器皿称重,记录预处理期间可能滴流的填充式涂覆阻水油膏重量。滴流量大于规定值应作为一次试验失效。除非另有规定,此值应为试样重量的 0.5% 或 0.5 g。

③ 除非另有规定,试验时间应为 23 h,然后继续步骤(5)。

(4) 使箱内温度达到稳定。除非另有规定,试验时间应为 24 h。

(5) 试验时间结束后从试验箱内取出盛料器皿并对其称重。

(6) 记录每一个试样可能滴流的填充式涂覆阻水油膏重量,除非另有规定,滴流量不大于 0.005 g,作为"无滴流",试验温度和是否进行预处理应在有关标准中规定。

所有试样中应允许出现一个大滴流量 0.05 g。如果最初的 5 个试样中有 1 个滴流量大于 0.05 g,但小于 0.1 g,则应按要求制备 5 个追加试样,按试验程序中步骤(1)~(6)进行试验。如试样中滴流量无一大于 0.05 g,则试验合格。

光缆环境性能试验还有对水底光缆的耐静压性试验、ADSS 全介质光缆的耐电痕试验、阻燃光缆的阻燃试验、防白蚁试验等,读者可查阅有关资料,在此不再详述。

习　题

一、思考题

1. 什么是光纤衰减测试的后向散射法?

2. OTDR 组成框图是怎样的?

3. 什么是 OTDR 的距离精度? 它与那些因素有关?

4. OTDR 的特性参数包括哪些?

5. 为什么用 OTDR 测试光纤时要加一段盲区光纤?

6. 光纤的色散测量常用哪些方法? 简述相位法测量光纤色散的原理。

7. 简述频域法(扫频)测试多模光纤带宽的原理,画出其测试原理图。

8. 光缆的机械性能试验要做哪些项目?

9. 光缆的耐环境性能试验要做哪些项目?

10. 距离精度是指 ODTR 测试长度时的仪表准确度,请问 OTDR 的距离精度与哪些因素有关? 哪个因素对距离精度的影响最大?

二、填空题

1. 强光脉冲经过光纤时会产生_____散射,若在光脉冲注入端收集光纤在不同长度上反向(后向)传回的这些散射信号,便可提取光纤在长度方向上的光纤_____信息,用这种方法测试光纤衰减被称为_____。

2. OTDR 的性能参数包括_____、_____、_____、接收电路设计、光纤的回波损耗和反射损耗。

3. 在使用 OTDR 时,脉冲选择较宽,使用信噪比会_____,但距离信息会变得

_____。脉冲选择较窄时信噪比会_____，却使距离信息_____。

4. 测量不同的长度的光纤线路，需要不同脉宽的测量脉冲。脉宽越宽，光功率越_____，测量距离也越_____，动态范围也越_____。但脉冲宽度越宽，盲区(尤其是近端盲区)越_____，不可测试的损耗区和不可分辨的事件区越大。

5. OTDR 测试要有一定的平均时间，平均时间越长，OTDR 对噪声信号的抑制性能越_____，损耗测试的精度也越_____。在一般情况下，平均时间应在_____分为好。

6. 一般的光纤参数测量装置至少由_____、_____和_____等三部分组成。

7. 我国通信行业标准 YD/T 901—2018 规定："层绞式室外光缆在长期允许拉力(600 N)下光纤应无明显的_____和_____；在短暂拉力(1500 N)下光纤附加衰减应不大于_____ dB 和应变不大于_____%。

8. 光缆环境性能测试中的温度循环试验，其目的是确定光缆经温度变化的_____稳定性。

9. 色散的测量按光强度调制的波形来划分有两类方法：_____和_____。

10. 用 OTDR 对一根折射率为 n 的光纤进行测试时，光脉冲从始端发出再经光纤断点返回的时间为 T，那么，断点距始端的距离为_____。

三、计算题

1. 在用后向散射法测量光纤的衰减特性时，测得 A、B 两点间来去方向的总时间差 $\Delta t =50\ \mu s$，A、B 两点间的衰减 $A(\lambda)_{AB}=1.5$ dB。如果此光纤的纤芯折射率 $n=1.5$，求 AB 段光纤的长度和平均衰减系数各是多少？

2. 在用相移法测量单模光纤的色散时，其光纤长度 $L=100$ km，测试波长 $\lambda_1=1.3\ \mu m$，$\lambda_2=1.4\ \mu m$，测得时延差 $\Delta t=50$ ps，对应的相角差 $\Delta\phi=5°$。求此光纤的色散系数 O 为多少？该测试系统所用的正弦调制频率 f 为多少？

参 考 文 献

[1]   王明鉴，施社平. 新编电信传输理论. 北京：北京邮电大学出版社，1996.

[2]   李立高. 通信电缆工程. 北京：人民邮电出版社，2005.

[3]   陈昌海. 通信电缆线路. 北京：人民邮电出版社，2005.

[4]   赵志森，等. 光纤通信工程. 北京：人民邮电出版社，1987.

[5]   慕成斌，等. 中国光纤光缆40年. 上海：同济大学出版社，2007.

[6]   李恩铭. 无线通信用物理发泡聚乙烯绝缘皱纹铜管外导体射频同轴电缆的开发
      与生产. 成都：中国通信学会通信线路委员会2002年光缆电缆学术年会论文
      集，2002.

[7]   江斌，李春峰，等. 对称数字通信电缆电性能的测试. 成都：中国通信学会通信
      线路委员会2002年光缆电缆学术年会论文集，2002.

[8]   李然山，李强，等. 综合布线的发展. 成都：中国通信学会通信线路委员会2002
      年光缆电缆学术年会论文集，2002.

[9]   徐乃英. 全塑市内通信电缆高频串音的改进. 成都：中国通信学会通信设备制造
      技术专委会第三届电缆光缆制造学术年会，1995.

[10] 范载云. 超五类数字电缆标准介绍. 成都：中国通信学会通信线路委员会1999
      年光缆电缆学术年会论文集，1999.

[11] 淮平. 局域网用第五类电缆的研制与开发. 成都：中国通信学会通信线路委员
      会1999年光缆电缆学术年会论文集，1999.

[12] 蔡永晖. 数字通信电缆质量要素与特性阻抗、串音衰减的关系. 大连：大连轻工
      业学院学报，2005(5).

[13] YD/T 1019—2013. 数字通信用实心聚烯烃绝缘水平对绞电缆. 北京：中华人
      民共和国信息产业部颁布，2013.

[14] YD/T 1319—2013. 通信电缆——无线通信用50 Ω泡沫聚乙烯绝缘编织外导体
      射频同轴电缆. 北京：中华人民共和国信息产业部颁布，2013.

[15] YD/T 1120—2013. 通信电缆——物理发泡聚乙烯绝缘皱纹铜管外导体漏泄同
      轴电缆. 北京：中华人民共和国工业和信息化部颁布，2013.

[16] IEC 61156 - 5. 数字通信用对绞或星绞多芯对称电缆，2012.

[17] 宋杰. 数字通信对称电缆绝缘外径的一种确定方法. 上海：电线电缆，2005(6).

[18] GB 4098.3—1983. 射频电缆特性阻抗测量方法，1983.

[19] GB 4098.4—1983. 射频电缆衰减常数测量方法，1983.

[20] 方建成. CATV同轴电缆回波损耗测量及某些波形的分析. 光纤与电缆及其应
      用技术，1998(6).

[21] 胡先志. 光纤与光缆技术. 北京：电子工业出版社，2007.

[22] 陈丙炎. 光纤光缆的设计和制造. 杭州：浙江大学出版社，2003.

[23] 何珍宝. 浅谈多模光纤的发展前景. 苏州：2012年海峡两岸光通信论坛，2012.

［24］ YD/T 901—2018. 层绞式通信用室外光缆. 北京：中华人民共和国工业和信息化部颁布，2018.

［25］ YD/T 769—2010. 中心束管式通信用室外光缆. 北京：中华人民共和国工业和信息化部颁布，2010.

［26］ YD/T 908—2011. 光缆型号命名方法. 北京：中华人民共和国工业和信息化部颁布，2011.

［27］ YD/T 979—2009. D 光纤带技术要求和检验方法. 北京：中华人民共和国工业和信息化部颁布，2009.

［28］ YD/T 1770—2008. D 接入网用室内外光缆. 北京：中华人民共和国工业和信息化部颁布，2008.

［29］ 胡先志，林佩峰. G.657 光纤的性能特点. 武汉：光通信研究，2007(5).

［30］ 邹林森. 光纤与光缆设计、制造、测试、应用. 武汉：武汉工业大学出版社，2000.

［31］ 陈炳炎，张海军. 光纤二次套塑工艺探讨. 中国香港：网络电信，2009(6).

［32］ 丁敏慧，万家华. 光缆生产工艺控制的探讨. 上海：光纤与电缆及其应用技术. 2007(5).

［33］ 陈炳炎. 光缆的拉伸性能及其测试方法. 淮南：光纤光缆传输技术，1998(1).

［34］ 成琦，许德玲，等. 高屏蔽射频电缆组件的设计. 上海：光纤与光缆及其应用技术，2007(4).

［35］ ITU-T Recommendation G.657 – 2016. Characteristics of a Bending Loss Insensitive Single Mode Optical Fiber and cable for the Access Network，2016.

［36］ ITU-T G.652—2016. Characteristics of a single mode op tical fiber cable，2016.